· 网络空间安全技术丛书 ·

数据安全
架构设计与实战

DATA SECURITY ARCHITECTURE
DESIGN AND PRACTICE

郑云文 编著

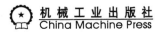

机械工业出版社
China Machine Press

图书在版编目（CIP）数据

数据安全架构设计与实战 / 郑云文编著 . —北京：机械工业出版社，2019.9（2025.1 重印）
（网络空间安全技术丛书）

ISBN 978-7-111-63787-5

I. 数…　II. 郑…　III. 数据处理 – 安全技术　IV. TP274

中国版本图书馆 CIP 数据核字（2019）第 213686 号

数据安全架构设计与实战

出版发行：机械工业出版社（北京市西城区百万庄大街 22 号　邮政编码：100037）

责任编辑：吴　怡　　　　　　　　　　　　责任校对：李秋荣

印　　刷：北京建宏印刷有限公司　　　　　版　　次：2025 年 1 月第 1 版第 9 次印刷

开　　本：186mm×240mm　1/16　　　　　印　　张：22.75

书　　号：ISBN 978-7-111-63787-5　　　　定　　价：119.00 元

客服电话：（010）88361066　68326294

数据安全问题其实一直存在，只是在大数据、基于大数据的人工智能时代变得更加重要。郑云文的这本书在覆盖信息安全、网络安全基础知识与最佳实践的基础上，对数据安全相关问题做了更深入的探讨。如同书中的观点，安全的系统是设计出来、开发出来的，没有一招见效的"安全银弹"。这本书非常适合软件开发型企业的开发主管、信息安全主管与开发工程师阅读，也适合高校信息安全专业的同学作为了解业界网络安全实践的参考书使用。

——谭晓生，北京赛博英杰科技有限公司创始人

数据安全是企业安全建设的重点与难点，相对应用安全和内网安全，大多数企业在数据安全的投入要少很多，但数据安全的重要性却要高很多。少数金融机构设置了专门的数据安全团队，投入大量人财物，未雨绸缪。但多数企业安全建设在数据安全领域还是被动的，其难处在于数据安全缺乏体系性解决方案和安全前置措施。这本书将为读者提供目前急缺的这部分内容，是数据安全领域不错的专业好书。

——聂君，奇安信首席安全官

这本书以数据安全实践为基础，结合网络与信息安全相关的理论、技术、方法、案例，系统全面地介绍了数据安全保护技术设计与实现中的知识和经验，并对数据安全相关的法律、法规、标准等合规性要求进行了梳理，是一本很好的数据安全架构设计与实现的参考书。

——王绍斌，亚马逊 AWS 大中华区首席信息安全官

这本书系统地总结了作者在互联网巨头公司安全部门长期工作的最新成果，体系性、实战性及可操作性都很强，对安全产业人员非常有参考价值！

——蔡一兵，恒安嘉新副总裁

这本书的作者云文是安全领域的一名老兵，他对于安全的热情和善于总结提炼的特点一

直令我印象深刻。随着信息化社会的高速发展，安全问题越来越多地得到大家的关注。但安全是一个庞大的系统工程，而数据安全往往是贯穿整个工程的核心焦点。数据安全的难点不仅在于复杂多样的对抗技术，更在于如何进行工程落地，整合成适配的解决方案，并在业务成长的过程中同样完善发展。这一切都深深地困扰着安全从业者。这本书作者结合在大型互联网企业的工作经验，针对上述难点，系统地讲述数据安全建设方法，并总结出一套保障数据安全的方法论。推荐从事安全工作的朋友们阅读此书。

——杨勇（Coolc），腾讯安全平台部负责人，腾讯安全学院副院长

这本书站在企业的角度对安全架构设计给出了详尽的指导，从理论到实现，都沉淀自作者多年的工作实践经验，有着重要的参考意义。这本书对数据安全建设给出了非常完整的框架，是当前企业接触互联网与大数据后所急需的工作手册。

——吴翰清，阿里云首席安全科学家

如何保障数据安全是目前各行业广泛面临的挑战，而保障好数据安全要涉及基础设施、系统架构、业务应用甚至生态链条的方方面面，做好、做扎实尤其不易。郑云文的这本书非常契合当前行业的需求，特别对于数据安全保障的关键环节有着翔实的实践经验分享，能够给安全从业者良好的借鉴。

——韦韬（Lenx），百度首席安全科学家，北大客座教授

市面上的书在企业安全领域分散的知识点很多，系统性的方法比较少，讲攻防的居多，讲数据安全的极少。企业安全、信息安全本质上还是要保护数据安全，但数据安全的问题大部分不是因为攻防对抗的缺漏引起的，而是发生在整个企业价值链和全生命周期，甚至在泛生态、产业链上也有衍生问题。对于这些问题的解决不能只靠单点技术对抗，而是需要有贯穿全局的视野和系统性风险防范的意识。这本书是难得的系统性讲述数据安全建设方法的书，对于广大安全从业者是不可多得的必备读物，对于从事安全数据分析（态势感知）的同学可以增加态势的全局能力，对于从事 SDL 的同学可以提升安全设计能力，对于从事应急响应的同学可以提升数据视角应急和溯源的能力。对红蓝对抗的攻方和防守方以及业务安全的风控，这本书补全了数据视角下需要的闭环运营工作的视野。强烈推荐。

——赵彦（ayazero），美团点评集团安全部总经理

如今已进入"数据为王"的时代，谁掌握了数据，谁就拥有了最宝贵的资源和最强大的业务潜能，同时必然面临着重大的安全威胁与责任。

业务系统快速迭代，攻防博弈不断升级，数据安全治理政策逐渐出台，这些因素合并产

生的压力与日俱增。为此，这本书针对数据安全保护这一核心问题，从安全架构基础、产品安全架构、安全技术体系架构、数据安全与隐私保护治理等多个角度进行了全面探讨和循序渐进的系统化梳理，并给出了在各阶段保障数据安全的有效解决思路和业界最佳实践，有利于读者快速了解数据安全的全貌，构建数据安全技术体系以及架构性思维模式，有助于相关单位从系统设计阶段就开始系统规划和引入安全策略、部署安全技术，并遵循数据安全治理要求，防患于未然。

这本书适合于信息系统设计、开发和运维人员，以及安全从业人员，同时也非常适合于网络空间安全与计算机学科的在校大学生。

——彭国军，武汉大学国家网络安全学院教授

这是围绕数据安全来考虑安全架构设计的书籍，作者从认证授权和数据资产保护的角度，对安全防御体系做出了诠释，将多年工作经验沉淀其中，值得一读。

——董志强，腾讯安全云鼎实验室负责人

随着互联网时代的发展，数据已经逐渐成为企业的核心资产，对数据资产的保护成为新的课题。这本书脱离传统的网络安全视角，以数据安全为中心展开讨论，在数据生命周期的各个流转阶段引入安全措施，观点新颖，既有丰富的理论知识也有最佳实践，是一本不错的信息安全专业书籍。推荐。

——胡珀（lake2），资深网络安全专家、腾讯安全平台部总监

随着欧盟《通用数据保护条例 GDPR》生效和各国监管法案的出台，数据安全和隐私保护已经成为企业安全建设的关注点。数据安全可以归类为信息安全或网络安全众多安全领域中的一个，也可以视为与信息安全和网络安全并驾齐驱的独立安全体系。数据安全在信息安全 CIA 三性基础上增加了数据主体的权利，如何平衡数据价值的合规利用和有效保护？需要数据安全的方法论和最佳实践，供企业在实践中借鉴和指导其落地。

郑云文的这本著作不仅包括数据保护的方法论和框架，同时对数据安全和隐私保护的核心技术做了详细阐述；这本书不仅适合产品经理、开发工程师理解数据安全的方法论，同时适合安全合规人员、律师了解相关技术措施在隐私保护上起到的作用。

——宋文宽，小米安全与隐私合规总监

数据安全是安全工程建设和运营的重要结果。这本书围绕数据安全，从技术、管理、合规等维度，与读者分享相关思考、方法论和实践，是该领域不可多得的一本好书。

——方勇，腾讯云安全首席架构师

数据安全是安全线人员和业务线人员都可以理解的为数不多的领域，业务线的人员很可能不懂 SQL 注入，也很可能不懂 WebShell，但是他们可以理解业务数据库中数据的价值以及数据丢失后对公司的损失。数据安全从广义来理解，技术视角是数据安全，2C 视角是个人隐私，这些都是目前安全领域的热门话题。相关的大部头文章其实很多，各种规范也层出不穷，但是如何落地到业务中呢？这本书的作者有着多年安全领域的从业经历，既有互联网公司的安全经验，也有运营商和传统制造领域的安全经验。作者把自己对数据安全的理解和实践，浓缩在这本书的 20 章中，强烈推荐安全从业人员研读这本书。

——兜哥，百度安全资深研究员，《企业安全建设入门》作者

很高兴能看到这本书出版，这本书内容丰富翔实，令人赞叹。曾经和郑兄在同一互联网巨头公司的安全平台部门共事过两年，打开这本书仿佛使我又回到了当年一起对抗黑产入侵、一起推动数据保护项目的日子。数据资产是互联网企业的核心资产，关系到企业的生命线。作为多年奋战数据安全保护战线的一名互联网安全老兵，郑兄从实战出发，很好地总结了数据安全体系的建设思路，将实践中的经验教训升级为朴实的方法论，非常具有借鉴价值。

——马传雷（Flyh4t），同盾科技反欺诈研究院负责人

我曾经跟郑云文共同工作过一段时间。在数据安全团队的职责上，不同的公司目前还是有一些区别的。普遍认为数据安全很难独立于传统的基础安全 / 应用运维安全而存在，因此，站在保护数据的视角来看，传统的很多做法本质上是为了保护公司的信息资产——数据。书中既有站在甲方安全运营视角下的传统建设思路和释疑，又有站在数据视角下的方法论介绍和实战经验。因此，本书的架构、内容，其实非常适合那些想要对数据进行保护，却不知道如何下手的企业和工程师，也很适合学生时期就计划投身于安全领域的新人。

——赵弼政（职业欠钱），美团点评基础安全负责人

在互联网和新兴技术高速发展的今天，数据信息充斥在各行各业中，并发挥着重要的作用。然而，在享受信息化时代带来便利的同时，数据安全问题也成为大家关注的焦点。无论是从 toG、toB、toC 的各业务场景来看，还是从网络安全（Cyber Security）的架构来看，数据安全（Data Security）都是一个主要的组成部分，而且在新兴技术日新月异的数据时代变得越来越重要，范围也越来越大。

中国云安全与新兴技术安全创新联盟已经把数据安全，包括大数据安全作为云安全之后的一个重要研究方向。

中央网信办赵泽良总工程师多次表示："数据安全已经成为网络安全的当务之急。"今年，国家互联网信息办公室就《数据安全管理办法》向社会公开征求意见。此外，还密集公布了《网络安全审查办法（征求意见稿）》和《儿童个人信息网络保护规定（征求意见稿）》。《数据安全管理办法》以网络运营者为主要规制对象，重点围绕个人信息和重要数据安全，在数据收集、数据处理使用、数据安全监督管理等方面进行了系统的管理规定，重点明确了使用范围、监管主体、个人信息收集和处理、问题处置等内容。

然而，在数据安全管理的要求下，达成数据安全的技术保障措施需要有一大批具有安全意识的业务研发人员和具有数据安全专业能力的安全人员。

这本书是云安全联盟（CSA）技术专家郑云文先生在数据安全领域实践多年的心得，适合广大架构师、工程师、信息技术人员、安全专家阅读，是一本实践性很强的安全架构设计书籍，被列为 CSA "注册数据安全专家"（Certified Data Security Professional）认证的学习参考资料。

安全防护的重心已经从"以 Network（网络）为中心"向"以 Data（数据）为中心"转

移，不论你是甲方企业还是乙方供应商，也不论你是进行单位的业务保障还是想提升个人能力，相信广大读者一定能从这本书受益。

李雨航（Yale Li）

CSA 大中华区主席

中国科学院云安全首席科学家

2019 年 6 月 26 日

　　初识云文是看到他写的一篇讲 SDL 的文章，觉得这个作者在安全领域很有研究，后来几经辗转联系到他，一聊下来大家非常投缘，于是就邀请云文加入腾讯数据安全团队一起开展数据安全工作。云文在数据安全团队工作期间做出了重要贡献，是多个重要安全系统的主要架构设计者，也是数据安全合规标准的主要制定者。

　　随着互联网时代的发展，越来越多的在线业务会产生大量数据，这些数据已经成为企业的核心资产。不同于过去的静态信息资产，现在的数据资产是流动的，对数据资产的动态保护已成为安全行业新的课题。数据安全已成为企业安全的重中之重，从过去的无数案例可以看到，许多企业因为数据泄露事件导致品牌受损、用户流失、高层辞职甚至业务停摆。

　　时势造英雄。越来越多的安全从业者开始关注和研究数据安全，也在实践过程中摸索出一些经验。这本书即是云文多年的数据安全研究和实践经验的总结。在这本书中，云文以精湛的文笔系统地阐述了数据安全体系，将数据安全架构设计、数据安全治理与数据全生命周期的预防性设计引入安全体系中。这本书与众不同之处在于它脱离传统的网络安全视角，而是从防御者的角度出发，将安全建设从"以产品为中心"逐步过渡到"以数据为中心"，并围绕数据生命周期的各个阶段引入安全措施进行保护，既有丰富的理论知识，又有能落地的最佳实践，可作为安全人员的案头必备书籍。

　　此外，还应当认识到，网络安全是一个整体，安全体系的建设也是一个漫长的过程，时代变化很快，唯有紧跟形势，不断学习、不断迭代优化，方能立于不败之地。

胡珀（lake2）

资深网络安全专家

腾讯安全平台部总监

2019 年 6 月 17 日

你一定听说过非常厉害的黑客，各种奇技淫巧，分分钟拖走大量数据！或入侵到目标内网，Get Shell、提升权限、拖走数据库！抑或根本不用进入内网，直接远程操作一番，就能窃取到大量数据，犹如探囊取物一般容易。

可是，站在黑客的对立面，作为防御的一方，公司频频遭遇入侵、网络攻击或数据泄露事件，一方面会面临巨大的业务损失，另一方面也会面临来自用户、媒体、监管层面的重重压力。

数据安全这是一个非常严峻的问题。数据泄露事件层出不穷，就算是安全建设得比较好的企业，也不能保证自己不出问题，况且在日常安全工作中，还面临着三大困境——资源有限、时间不够、能力不足，使得我们距离数据安全的目标还有不小的差距。

"资源有限"体现在企业在安全方面的投入往往不足，特别是在预防性安全建设、从源头开始安全建设的投入方面，更加缺乏。在有的产品团队，人力几乎全部投在业务方面，没有人对安全负责，产品发布上线后，也缺乏统一的安全增强基础设施（例如在统一的接入网关上实施强制身份认证），导致产品基本没有安全性可言。

"时间不够"是因为业务开发忙得不可开交，完成业务功能的时间都不够，哪里还有时间考虑安全呢？这也是为什么我们经常会发现有的 JSON API 接口根本就没有身份认证、授权、访问控制等机制，只要请求过来就返回数据。

"能力不足"体现在具备良好安全设计能力和良好开发能力的人员太少，基层开发人员普遍缺乏良好的安全实践和意识，写出来的应用频频出现高危漏洞。就算能够事先意识到安全问题，在实现上，安全解决方案也是五花八门，重复造轮子，且互不通用，往往问题多多，效率低下；就算发现了安全问题，然而牵一发而动全身，修改了问题还担心业务服务是否正常运转。

在几大困境面前，各产品团队往往寄希望于企业内安全团队的事后防御。殊不知，事后解决问题，也有诸多局限：

- 时间不等人，险情就是命令！当漏洞或事件报告过来的时候，无论是节假日，还是半夜时分，都需要立即启动应急响应，"三更起四更眠"屡见不鲜。数量不多时还可以承受，但长此以往，负责应急的同学身体也吃不消，需要不断招聘新人及启用岗位轮换机制。
- 依赖各种安全防御系统，没有从根本上解决问题，属于治标不治本，黑客经常能找到绕过安全防御系统的方法，就如同羸弱的身体失去了铠甲的保护。
- 事后修复很可能会影响业务连续性，即便产品团队已经知道问题出在哪里了，但是由于业务不能停，风险迟迟得不到修复，因此还可能引发更大的问题。

安全不是喊口号就能做好的。实际上，安全是一项系统性工程，需要方法论的指导，也需要实践的参考。

我们如何才能克服上述三大困境，更好地保护业务，防止数据泄露呢？本书尝试通过一套组合拳逐一化解：

- 通过安全架构方法论的引入，探讨如何从源头开始设计产品自身的安全架构，快速提升产品自身的安全能力，让产品（网络服务等）天然就具有免疫力，构建安全能力的第一道防线。
- 梳理安全技术体系架构，建立并完善安全领域的基础设施及各种支撑系统，让产品与安全基础设施分工协作，并对协作进行疏导（即"哪些应该交给产品自身来实现，哪些交给安全基础设施进行落地"），减少各业务在安全上的重复性建设和资源投入，避免重复造轮子，让业务聚焦到业务上去，节省业务团队在安全方面投入的时间。产品外部的安全能力，构成了第二道防线。
- 以数据安全的视角，一览企业数据安全治理的全貌，协助提升大家的架构性思维，站在全局看问题，了解数据安全与隐私保护治理实践。

总的来说，这是一本有关数据安全架构的技术性书籍，但也会涉猎数据安全治理的内容，目的在于让大家了解数据安全的全局，培养架构性思维模式，希望能给企业安全建设团队或有志于从事安全体系建设的读者一些建设性的参考。

内容简介

随着数据时代的到来，安全体系架构逐步由之前的"以网络为中心"（称之为网络安全）过渡到"以数据为中心"（称之为数据安全）。本书将使用数据安全这一概念，并以数据的安全收集或生成、安全使用、安全传输、安全存储、安全披露、安全流转与跟踪、安全销毁为目标，透视整个安全体系，进而将安全架构理念融入产品开发过程、安全技术体系及流程体系中，更好地为企业的安全目标服务。

我们将站在黑客的对立面，以防御的视角，系统性地介绍安全架构实践，共包含四个部分。

第一部分为安全架构的基础知识，为后续章节打好基础。

第二部分为产品安全架构，从源头开始设计产品自身的安全架构，提升产品的安全能力，内容包括：

- 安全架构 5A 方法论（即安全架构的 5 个核心要素，身份认证、授权、访问控制、审计、资产保护）。
- 产品（或应用系统）如何从源头设计数据安全（Security by Design）和隐私安全（Privacy by Design）的保障体系，防患于未然。

第三部分为安全技术体系架构，通过构建各种安全基础设施，增强产品的安全能力，内容包括：

- 建立和完善安全技术体系（包括安全防御基础设施、安全运维基础设施、安全工具与技术、安全组件与支持系统）。
- 安全架构设计的最佳实践案例。

第四部分为数据安全与隐私保护领域的体系化介绍，供读者了解数据安全与隐私保护的治理实践，内容包括：

- 数据安全治理，包括如何设定战略，组织、建立数据安全文件体系，以及安全运营、合规与风险管理实践等。
- 隐私保护治理，包括隐私保护基础、隐私保护技术、隐私保护治理实践等。

本书使用的源代码发布在 https://github.com/zhyale/book1，欢迎读者在此提交问题或反馈意见。

安全理念

本书将使用如下安全理念：

- "主动预防"胜于"事后补救"。
- 默认就需要安全，安全贯穿并融入产品的生命周期，尽可能地从源头改善安全（架构设计、开发、部署配置）；对数据的保护，也不再是保护静态存储的数据，而是全生命周期的数据安全与隐私保护（包括数据的安全收集或生成、安全使用、安全传输、安全存储、安全披露、安全流转与跟踪、安全销毁等）；在安全设计上，不依赖于广大员工的自觉性，而是尽量让大家不犯错误。

- 数据安全与隐私保护可以和业务双赢，数据安全与隐私保护不是妨碍业务的绊脚石，也可以成为助力业务腾飞的核心竞争力。只有真正从用户的立场出发，充分重视数据安全，尊重用户隐私，才能赢得市场的尊重。

在安全架构实践中，我们将采用基于身份的信任思维：默认不信任企业内部和外部的任何人、设备、系统，需基于身份认证和授权，执行以身份为中心的访问控制和资产保护。在涉及算法或理论细节时，我们将基于工程化及建设性思维：不纠缠产品或技术的理论细节，只考虑是否属于业界最佳实践，是否可以更好地用于安全建设，做建设性安全。

读者对象

本书主要面向安全领域的从业者、爱好者，特别是：

- 网络安全、数据安全从业人员；
- 希望提升产品安全性的应用开发人员；
- 各领域架构师；
- 有意进入安全行业、隐私保护行业的爱好者、学生。

致谢

感谢我所任职过的公司，在工作中让我有了练兵、成长、积累的机会，也感谢各位领导、同事、安全圈同行与各位朋友的帮助，他们包括但不限于：谭晓生 @ 赛博英杰、李雨航 @CSA、聂君（君哥的体历）@ 奇安信、王绍斌 @ 亚马逊、蔡一兵 @ 恒安嘉新、杨勇（coolc）@ 腾讯、赵彦（ayazero）@ 美团、吴翰清 @ 阿里巴巴、韦韬（Lenx）@ 百度、彭国军 @WHU、董志强（killer）@ 腾讯、胡珀（lake2）@ 腾讯、郑斌（天明）@ 阿里巴巴、宋文宽 @ 小米、方勇（包子）@ 腾讯、刘焱（兜哥）@ 百度、赵弼政（职业欠钱）@ 美团、马传雷（Flyh4t）@ 同盾、王珂、郑兴（召唤）@ 腾讯、刘宁 @ 腾讯、郭铁涛 @ 腾讯、胡享梅（梅子）@ 腾讯（排名不分先后）以及一大批曾经一起奋战过的同事们（应公司要求不能列出名字和单位）。

感谢云安全联盟 CSA 大中华区主席、中国科学院云安全首席科学家李雨航为本书作序。

感谢资深网络安全专家、腾讯安全平台部总监胡珀为本书作序。

感谢编辑吴怡，为本书提出大量改进意见和建设性建议。感谢机械工业出版社的各位编辑、排版、设计人员。

感谢我的家人，是你们的支持，我才得以完成此书。

目 录 *Contents*

对本书的赞誉

序 一

序 二

前 言

第一部分 安全架构基础

第1章 架构 ……………………………… 2

1.1 什么是架构 …………………………… 2

1.2 架构关注的问题 ……………………… 4

第2章 安全架构 …………………………… 5

2.1 什么是安全 …………………………… 5

2.2 为什么使用"数据安全"这个术语 … 7

2.3 什么是安全架构 …………………… 10

2.4 安全架构 5A 方法论 ……………… 11

2.5 安全架构 5A 与 CIA 的关系 ……… 13

第二部分 产品安全架构

第3章 产品安全架构简介 ………… 16

3.1 产品安全架构 ……………………… 16

3.2 典型的产品架构与框架 ………… 17

3.2.1 三层架构 ……………………… 17

3.2.2 B/S 架构 ……………………… 18

3.2.3 C/S 架构 ……………………… 19

3.2.4 SOA 及微服务架构 ………… 19

3.2.5 典型的框架 …………………… 20

3.3 数据访问层的实现 ……………… 21

3.3.1 自定义 DAL ………………… 21

3.3.2 使用 ORM …………………… 22

3.3.3 使用 DB Proxy ……………… 23

3.3.4 配合统一的数据服务简化
DAL ……………………………… 23

第4章 身份认证：把好第一道门 … 24

4.1 什么是身份认证 …………………… 24

4.2 如何对用户进行身份认证 ……… 26

4.2.1 会话机制 ……………………… 27

4.2.2 持续的消息认证机制 ……… 29

4.2.3 不同应用的登录状态与超时
管理 ……………………………… 30

4.2.4 SSO 的典型误区 …………… 31

4.3 口令面临的风险及保护 ………… 32

4.3.1　口令的保护 ··············· 33

4.3.2　口令强度 ··············· 33

4.4　前端慢速加盐散列案例 ·········· 34

4.5　指纹、声纹、虹膜、面部识别的
数据保护 ·················· 35

4.6　MD5、SHA1 还能用于口令
保护吗 ··················· 36

4.6.1　单向散列算法简介 ······· 36

4.6.2　Hash 算法的选用 ······· 38

4.6.3　存量加盐 HASH 的安全性 ······ 38

4.7　后台身份认证 ··············· 39

4.7.1　基于用户 Ticket 的后台身份
认证 ··················· 40

4.7.2　基于 AppKey 的后台身份认证 ··· 41

4.7.3　基于非对称加密技术的后台
身份认证 ··············· 41

4.7.4　基于 HMAC 的后台身份认证 ··· 42

4.7.5　基于 AES-GCM 共享密钥的
后台身份认证 ··········· 44

4.8　双因子认证 ··············· 44

4.8.1　手机短信验证码 ········· 44

4.8.2　TOTP ··············· 44

4.8.3　U2F ··············· 45

4.9　扫码认证 ················ 45

4.10　小结与思考 ··············· 46

第 5 章　授权：执掌大权的司令部 ··· 48

5.1　授权不严漏洞简介 ··········· 48

5.2　授权的原则与方式 ··········· 49

5.2.1　基于属性的授权 ········· 49

5.2.2　基于角色的授权 ········· 50

5.2.3　基于任务的授权 ········· 51

5.2.4　基于 ACL 的授权 ········· 51

5.2.5　动态授权 ··············· 52

5.3　典型的授权风险 ··············· 52

5.3.1　平行越权 ··············· 52

5.3.2　垂直越权 ··············· 53

5.3.3　诱导授权 ··············· 53

5.3.4　职责未分离 ··············· 53

5.4　授权漏洞的发现与改进 ··········· 54

5.4.1　交叉测试法 ··············· 54

5.4.2　漏洞改进 ··············· 54

第 6 章　访问控制：收敛与放行的
执行官 ················ 56

6.1　典型的访问控制策略 ··········· 56

6.1.1　基于属性的访问控制 ······· 57

6.1.2　基于角色的访问控制 ······· 57

6.1.3　基于任务的访问控制 ······· 57

6.1.4　基于 ACL 的访问控制 ······· 58

6.1.5　基于专家知识的访问控制 ······· 58

6.1.6　基于 IP 的辅助访问控制 ······· 59

6.1.7　访问控制与授权的关系 ······· 61

6.2　不信任原则与输入参数的访问
控制 ··················· 61

6.2.1　基于身份的信任原则 ······· 61

6.2.2　执行边界检查防止缓冲区
溢出 ··················· 62

6.2.3　参数化查询防止 SQL 注入
漏洞 ··················· 62

6.2.4　内容转义及 CSP 防跨站脚本 ··· 68

6.2.5　防跨站请求伪造 ··········· 70

6.2.6 防跨目录路径操纵 ············· 75

6.2.7 防 SSRF ························· 76

6.2.8 上传控制 ····················· 77

6.2.9 Method 控制 ················· 78

6.3 防止遍历查询 ····················· 79

第 7 章 可审计：事件追溯最后
一环 ·························· 81

7.1 为什么需要可审计 ··········· 81

7.2 操作日志内容 ··················· 82

7.3 操作日志的保存与清理 ···· 82

7.3.1 日志存储位置 ············· 82

7.3.2 日志的保存期限 ········· 83

第 8 章 资产保护：数据或资源的
贴身保镖 ················· 84

8.1 数据安全存储 ··················· 84

8.1.1 什么是存储加密 ········· 84

8.1.2 数据存储需要加密吗 ··· 87

8.1.3 加密后如何检索 ········· 88

8.1.4 如何加密结构化数据 ····· 88

8.2 数据安全传输 ··················· 89

8.2.1 选择什么样的 HTTPS 证书 ····· 91

8.2.2 HTTPS 的部署 ··············· 92

8.2.3 TLS 质量与合规 ············ 93

8.3 数据展示与脱敏 ··············· 94

8.3.1 不脱敏的风险在哪里 ··· 94

8.3.2 脱敏的标准 ················· 94

8.3.3 脱敏在什么时候进行 ····· 94

8.3.4 业务需要使用明文信息
怎么办 ···················· 95

8.4 数据完整性校验 ············· 95

第 9 章 业务安全：让产品自我
免疫 ························ 97

9.1 一分钱漏洞 ····················· 97

9.2 账号安全 ······················· 99

9.2.1 防撞库设计 ················· 99

9.2.2 防弱口令尝试 ············· 99

9.2.3 防账号数据库泄露 ····· 100

9.2.4 防垃圾账号 ··············· 100

9.2.5 防账号找回逻辑缺陷 ··· 100

9.3 B2B 交易安全 ················· 101

9.4 产品防攻击能力 ············· 103

第三部分 安全技术体系架构

第 10 章 安全技术体系架构简介 ····· 106

10.1 安全技术体系架构的建设性
思维 ························ 106

10.2 安全产品和技术的演化 ········· 107

10.2.1 安全产品的“老三样” ····· 107

10.2.2 网络层延伸 ··············· 107

10.2.3 主机层延伸 ··············· 108

10.2.4 应用层延伸 ··············· 108

10.2.5 安全新技术 ··············· 108

10.3 安全技术体系架构的二维
模型 ························ 109

10.4 风险管理的“三道防线” ········· 110

10.5 安全技术体系强化产品安全 ····· 112

10.5.1 网络部署架构 ··············· 112

10.5.2 主机层安全 ··············· 113

10.5.3　应用层安全 ·············· 115

10.5.4　数据层安全 ·············· 117

第 11 章　网络和通信层安全架构 ····· 119

11.1　简介 ······························· 119

11.2　网络安全域 ······················ 120

11.2.1　最简单的网络安全域 ······· 120

11.2.2　最简单的网络安全域改进 ··· 121

11.2.3　推荐的网络安全域 ·········· 121

11.2.4　从有边界网络到无边界
网络 ······················· 122

11.2.5　网络安全域小结 ··········· 124

11.3　网络接入身份认证 ·············· 125

11.4　网络接入授权 ··················· 127

11.5　网络层访问控制 ················ 127

11.5.1　网络准入控制 ············· 127

11.5.2　生产网络主动连接外网的
访问控制 ··················· 129

11.5.3　网络防火墙的管理 ·········· 130

11.5.4　内部网络值得信任吗 ······· 131

11.5.5　运维通道的访问控制 ······· 132

11.6　网络层流量审计 ··············· 132

11.7　网络层资产保护：DDoS
缓解 ······························· 133

11.7.1　DDoS 简介 ················· 133

11.7.2　DDoS 缓解措施 ············· 134

11.7.3　专业抗 DDoS 方案 ········· 134

第 12 章　设备和主机层安全架构 ····· 136

12.1　简介 ······························· 136

12.2　身份认证与账号安全 ·········· 136

12.2.1　设备 / 主机身份认证的主要
风险 ······················· 137

12.2.2　动态口令 ················· 137

12.2.3　一次一密认证方案 ········· 137

12.2.4　私有协议后台认证方案 ····· 138

12.3　授权与访问控制 ··············· 138

12.3.1　主机授权与账号的访问
控制 ······················· 138

12.3.2　主机服务监听地址 ········· 139

12.3.3　跳板机与登录来源控制 ····· 140

12.3.4　自动化运维 ··············· 141

12.3.5　云端运维 ················· 142

12.3.6　数据传输 ················· 142

12.3.7　设备的访问控制 ··········· 143

12.4　运维审计与主机资产保护 ······· 144

12.4.1　打补丁与防病毒软件 ······· 144

12.4.2　母盘镜像与容器镜像 ······· 145

12.4.3　开源镜像与软件供应链攻击
防范 ······················· 145

12.4.4　基于主机的入侵检测系统 ··· 147

第 13 章　应用和数据层安全架构 ····· 150

13.1　简介 ······························· 150

13.2　三层架构实践 ··················· 151

13.2.1　B/S 架构 ·················· 152

13.2.2　C/S 架构 ·················· 153

13.3　应用和数据层身份认证 ········· 154

13.3.1　SSO 身份认证系统 ········· 154

13.3.2　业务系统的身份认证 ······· 155

13.3.3　存储系统的身份认证 ······· 155

13.3.4　登录状态管理与超时管理 ··· 156

13.4 应用和数据层的授权管理 ……… 156
　　13.4.1 权限管理系统 …………… 156
　　13.4.2 权限管理系统的局限性 … 157
13.5 应用和数据层的访问控制 ……… 158
　　13.5.1 统一的应用网关接入 …… 158
　　13.5.2 数据库实例的安全访问
　　　　　原则 ……………………… 159
13.6 统一的日志管理平台 …………… 159
13.7 应用和数据层的资产保护 ……… 160
　　13.7.1 KMS 与存储加密 ……… 160
　　13.7.2 应用网关与 HTTPS …… 164
　　13.7.3 WAF（Web 应用防火墙）… 165
　　13.7.4 CC 攻击防御 …………… 167
　　13.7.5 RASP …………………… 168
　　13.7.6 业务风险控制 …………… 169
13.8 客户端数据安全 ………………… 171
　　13.8.1 客户端敏感数据保护 …… 172
　　13.8.2 安全传输与防劫持 ……… 172
　　13.8.3 客户端发布 ……………… 174

第 14 章　安全架构案例与实战 ……… 176

14.1 零信任与无边界网络架构 ……… 176
　　14.1.1 无边界网络概述 ………… 177
　　14.1.2 对人的身份认证（SSO 及
　　　　　U2F）…………………… 178
　　14.1.3 对设备的身份认证 ……… 178
　　14.1.4 最小授权原则 …………… 178
　　14.1.5 设备准入控制 …………… 179
　　14.1.6 应用访问控制 …………… 179
　　14.1.7 借鉴与改进 ……………… 180
14.2 统一 HTTPS 接入与安全防御 … 181

14.2.1 原理与架构 ………………… 181
14.2.2 应用网关与 HTTPS ……… 182
14.2.3 WAF 与 CC 防御 ………… 183
14.2.4 私钥数据保护 ……………… 183
14.2.5 负载均衡 …………………… 184
14.2.6 编码实现 …………………… 184
14.2.7 典型特点 …………………… 185
14.3 存储加密实践 …………………… 186
　　14.3.1 数据库字段加密 ………… 186
　　14.3.2 数据库透明加密 ………… 186
　　14.3.3 网盘文件加密方案探讨 … 187
　　14.3.4 配置文件口令加密 ……… 188
14.4 最佳实践小结 …………………… 189
　　14.4.1 统一接入 ………………… 189
　　14.4.2 收缩防火墙的使用 ……… 190
　　14.4.3 数据服务 ………………… 190
　　14.4.4 建立 KMS ……………… 191
　　14.4.5 全站 HTTPS ……………… 191
　　14.4.6 通用组件作为基础设施 … 191
　　14.4.7 自动化运维 ……………… 192

第四部分　数据安全与隐私保护治理

第 15 章　数据安全治理 ……………… 194

15.1 治理简介 ………………………… 194
　　15.1.1 治理与管理的区别 ……… 194
　　15.1.2 治理三要素 ……………… 196
15.2 数据安全治理简介 ……………… 196
　　15.2.1 数据安全治理的要素 …… 197
　　15.2.2 数据安全治理与数据安全管理
　　　　　的关系 …………………… 201

15.3 安全项目管理 …………………… 203

15.4 安全运营管理 …………………… 204

15.5 合规与风险管理 ………………… 208

15.6 安全开发生命周期管理

（SDL）………………………… 208

　　15.6.1 SQL 注入漏洞案例 ……… 209

　　15.6.2 SDL 关键检查点与检查项 … 211

　　15.6.3 SDL 核心工作 …………… 212

15.7 风险管理 ………………………… 212

　　15.7.1 风险识别或评估 ………… 212

　　15.7.2 风险度量或成熟度分析 … 216

　　15.7.3 风险处置与收敛跟踪 …… 220

　　15.7.4 风险运营工具和技术 …… 221

15.8 PDCA 方法论与数据安全

治理 …………………………… 224

第 16 章　数据安全政策文件体系 ……… 227

16.1 数据安全文件体系 ……………… 227

　　16.1.1 四层文件体系架构简介 … 228

　　16.1.2 数据安全四层文件体系 … 228

　　16.1.3 标准、规范与管理规定的

关系 …………………… 229

　　16.1.4 外部法规转为内部文件 … 231

16.2 数据安全政策总纲 ……………… 232

　　16.2.1 数据安全的目标和范围 … 232

　　16.2.2 数据安全组织与职责 …… 233

　　16.2.3 授权原则 ………………… 233

　　16.2.4 数据保护原则 …………… 234

　　16.2.5 数据安全外部合规要求 … 234

16.3 数据安全管理政策 ……………… 234

　　16.3.1 数据分级与分类 ………… 234

　　16.3.2 风险评估与定级指南 …… 235

　　16.3.3 风险管理要求 …………… 237

　　16.3.4 事件管理要求 …………… 238

　　16.3.5 人员管理要求 …………… 239

　　16.3.6 配置和运维管理 ………… 242

　　16.3.7 业务连续性管理 ………… 243

16.4 数据安全标准 …………………… 244

　　16.4.1 算法与协议标准 ………… 244

　　16.4.2 口令标准 ………………… 247

　　16.4.3 产品与组件标准 ………… 248

　　16.4.4 数据脱敏标准 …………… 251

　　16.4.5 漏洞定级标准 …………… 251

16.5 数据安全技术规范 ……………… 252

　　16.5.1 安全架构设计规范 ……… 253

　　16.5.2 安全开发规范 …………… 255

　　16.5.3 安全运维规范 …………… 256

　　16.5.4 安全配置规范 …………… 257

16.6 外部合规认证与测评 …………… 259

第 17 章　隐私保护基础 ………………… 262

17.1 隐私保护简介 …………………… 262

　　17.1.1 典型案例 ………………… 262

　　17.1.2 什么是隐私 ……………… 263

　　17.1.3 隐私保护与数据安全的

关系 …………………… 264

　　17.1.4 我需要了解隐私保护吗 … 264

　　17.1.5 隐私保护的技术手段 …… 265

　　17.1.6 合规遵从 ………………… 265

17.2 GDPR ……………………………… 268

　　17.2.1 简介 ……………………… 268

　　17.2.2 两种角色 ………………… 269

17.2.3 六项原则及问责制 ········ 270

17.2.4 处理个人数据的六个法律
依据 ················· 271

17.2.5 处理儿童数据 ······· 271

17.2.6 特殊的数据类型 ······ 272

17.2.7 数据主体的权利 ······ 272

17.2.8 数据控制者和数据处理者
的义务 ··············· 274

17.2.9 违规与处罚 ········· 276

17.3 个人信息安全规范 ········· 276

17.3.1 简介 ············· 276

17.3.2 个人信息安全原则 ····· 277

17.3.3 个人信息的生命周期
管理 ················· 277

17.4 GAPP 框架 ·············· 279

17.5 ISO 27018 ·············· 280

第 18 章 隐私保护增强技术 ········ 281

18.1 隐私保护技术初探 ········· 281

18.2 去标识化 ··············· 283

18.2.1 匿名化 ············ 283

18.2.2 假名化 ············ 284

18.2.3 K - 匿名 ··········· 284

18.3 差分隐私 ··············· 286

18.3.1 差分隐私原理 ········ 286

18.3.2 差分隐私噪声添加机制 ··· 288

18.3.3 数值型差分隐私 ······ 288

18.3.4 数值型差分隐私的
局限性 ··············· 291

18.3.5 离散型差分隐私 ······ 292

18.3.6 差分隐私案例 ········ 294

18.3.7 差分隐私实战 ········ 294

第 19 章 GRC 与隐私保护治理 ······ 297

19.1 风险 ··················· 297

19.2 GRC 简介 ·············· 298

19.2.1 GRC 三领域 ········· 299

19.2.2 GRC 控制模型 ······· 304

19.3 隐私保护治理简介 ········· 306

19.4 隐私保护治理 GRC 实践 ···· 307

19.4.1 计划 ············· 308

19.4.2 执行 ············· 308

19.4.3 检查 ············· 311

19.4.4 处理 ············· 311

19.5 隐私保护能力成熟度 ······· 311

第 20 章 数据安全与隐私保护的
统一 ··············· 317

20.1 以数据为中心的统一治理 ····· 317

20.1.1 统一的数据安全治理 ···· 317

20.1.2 统一数据目录与数据流图 · 319

20.1.3 统一数据服务 ········ 319

20.2 统一的数据安全生命周期管理 ·· 320

20.2.1 数据安全生命周期 ····· 321

20.2.2 全生命周期的数据主体权利
保障 ················· 326

20.2.3 典型案例 ··········· 327

20.3 数据安全治理能力成熟度模型
（DSGMM）·············· 334

附录 数据安全架构与治理总结 ····· 338

参考文献 ··················· 340

01

第一部分

安全架构基础

第 1 章　架构

第 2 章　安全架构

P　　　A　　　R　　　T　　　1

第 1 章

架　　构

我们都听说过"架构"这个词，那么架构是指什么呢？本章力求用最简单的语言，让读者明白"架构"并不是虚无缥缈的概念，而是一种在方案设计、系统实现、产品部署、安全改进等项目活动中所必需的思维模式、通用语言和沟通桥梁。

1.1　什么是架构

没有图纸，我们能够直接建造简易的建筑，如围墙、小棚等。但是，没有图纸，我们能够建造出埃菲尔铁塔吗？如图 1-1 所示。没有图纸，就没有宏伟的建筑。架构所要提供的正是类似于"图纸"这样一种东西。

 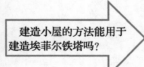 

建造小屋的方法能用于建造埃菲尔铁塔吗？

图 1-1　没有图纸就无法建造的埃菲尔铁塔

架构是系统中所有元素以及元素间关系的集合。简言之，架构由元素和关系组成，如图 1-2 所示。

通俗地说，架构就是系统中包含了哪些元素，这些元素之间的关系是什么样的。也有人把架构简单地总结成"几个框"加上"几根线"，那么这几个框就是元素，框之间的线就是关系，这样就很好理解了。回到埃菲尔铁塔这个例子，元素就是铁塔有哪几个主要部分，关系就是这些部分之间是如何组合在一起的。

图 1-2　架构的定义

元素往往也称为**组件**或**逻辑模块**，比如当我们说"组件"的时候，表示这是一个独立存在的元素，是一个基本的功能单元（就像一个零部件），如开源组件：

- Nginx 提供前端 Web 服务功能。
- MySQL 提供数据库功能。

而逻辑模块，表示一个抽象的逻辑单元，往往并不独立存在，而是依附、融入或横跨在多个组件上，如本书即将讲到的安全架构的 5 个主要的逻辑模块。

由抽象到具体，架构包括如下几个常用的概念：

- 概念架构（Conceptual Architecture）：在产品的早期，或者需要向上汇报的时候，通常会使用概念架构，以尽可能简化、抽象的方式，传达产品的概念或理念；概念架构仅涉及基本的定义（组件和组件之间的关系），不涉及接口细节等内容。
- 逻辑架构：在产品需求逐步明确后，通常会用到逻辑架构，体现出业务逻辑模块及之间的关系。
- 物理架构：在产品发布或部署时，需要用到物理架构，体现具体的组件及部署位置。

接下来，我们将主要使用概念架构或逻辑架构，并使用架构图来展示元素（组件或逻辑模块）以及元素之间的关系。例如，常见的三层架构如图 1-3 所示。

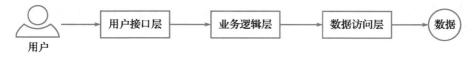

图 1-3　三层架构示例

其中：用户接口层、业务逻辑层、数据访问层构成了三层架构的元素（模块），中间的箭头表示了它们之间的访问顺序关系。

🎯提示　有关架构的进一步知识，可参考 TOGAF：The Open Group Architecture Framework[⊖]等资料（TOGAF 是一个被广泛接受的架构框架。除此之外，也存在其他的架构框架可供参考）。这些内容不是本书的关注重点，因此不再展开讲述。

⊖　TOGAF: https://en.wikipedia.org/wiki/The_Open_Group_Architecture_Framework

1.2 架构关注的问题

对用户而言，一个好的产品主要体现在如下方面：

- 是否提供预期的功能。
- 质量是否过关，且没有副作用（不会给用户带来额外的损失或麻烦）。

如果一把菜刀，切几次菜之后刀刃就变形了，那么这把菜刀从质量上讲就是不合格的。架构的出发点也是一样的，需要考虑的主要因素也是功能和质量，如图 1-4 所示。

对于产品功能，需要对功能模块、组件进行分割与组装，且保障模块及组件之间的高内聚低耦合。这个部分主要是软件架构师或系统架构师需要关注的范围。

对于产品质量，主要关注以下方面（如图 1-5 所示）：

- 性能（在预期的用户量／并发数条件下，产品功能能否满足用户正常使用的需要）。
- 安全性（防止黑客攻击、入侵，导致服务器不可用、数据被篡改、数据泄露等安全事件，以及确保安全相关的法律合规）。
- 扩展性（在用户规模大幅增长时，能否通过扩容解决问题）。
- 可维护性（日常运维是否尽可能自动化，降低运维人员投入，如软件更新、数据更新、日志清理、证书 /License 到期提醒等）。

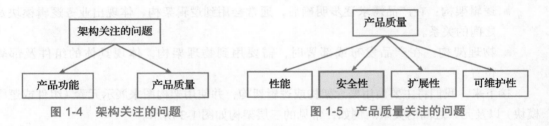

图 1-4 架构关注的问题　　　　图 1-5 产品质量关注的问题

其中安全性部分，由于专业性强，涉及的领域众多，本书将其单独提取出来，即为产品安全架构。

第 2 章
安 全 架 构

安全架构是架构在安全性这个方向上的细分领域，也是本书关注的重点。

本章主要介绍安全的基本概念与相关术语，并提出安全架构的 5A 方法论。

2.1　什么是安全

在提到安全架构之前，我们先看看安全的定义：安全是产品的质量属性，安全的目标是保障产品里信息资产的保密性（Confidentiality）、完整性（Integrity）和可用性（Availability），简记为 CIA（如图 2-1 所示）。

- 保密性：保障信息资产不被未授权的用户访问或泄露。
- 完整性：保障信息资产不会未经授权而被篡改。
- 可用性：保障已授权用户合法访问信息资产的权利。

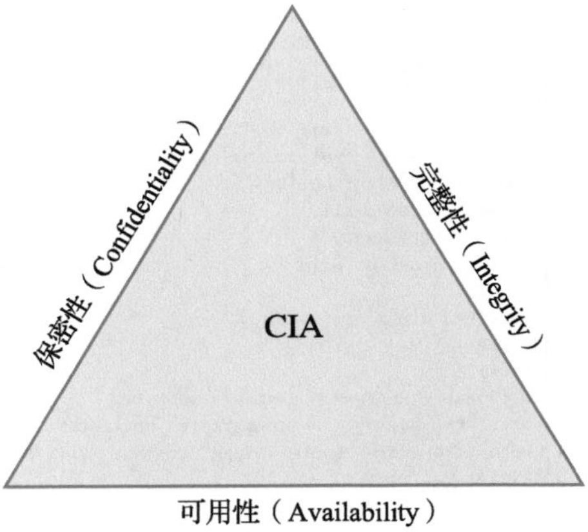

图 2-1　安全的目标：CIA 三要素

1. 保密性

为了理解保密性，先来看几个简单的案例。

影响保密性最典型的一个场景就是内容被窃听，远在网络时代之前，保密性就广泛应用。比如 1945 年苏联送给美国大使馆的一枚精制美国国徽名为"The Thing"（被译为"金唇"），里面就藏着一个窃听器，被悬挂在大使馆长达 8 年之久，让苏联获知大量美国情报。

"The Thing"窃听器之所以没有被美国特工检测出来，是因为使用了一种当时非常先进的被动式调谐的无线电技术，窃听器本身不需要电源，不发射电磁波，只接受外面定向发射过来的电磁波，并在调谐后反射回去。这就超出当时美国特工的知识范围了，美国的反窃听设备没有检测到任何无线电信号，于是这枚国徽顺利地通过了检测。

以 IT 系统为例，假设某外企实施薪酬保密制度，员工张三在工资系统中查询自己工资的时候，利用系统缺陷（平行越权漏洞，后面会讲到），知道了其他员工的工资，这就属于保密性被破坏。也就是，信息被不该知道的人知道了！

其他可能导致保密性被破坏的场景包括：

■ 海底光缆窃听。

■ 使用嗅探工具（sniffer）嗅探网络流量，如图 2-2 所示。

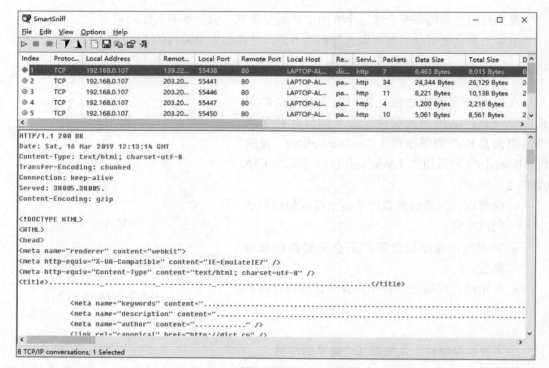

图 2-2 嗅探

■ 射频辐射（20 世纪 90 年代，有很多人遇到过家里黑白电视机被邻居家 VCD 播放机正在播放的节目所覆盖的情况）。

■ 黑客攻击导致的数据泄露（SQL 注入、拖库）。

2. 完整性

在上面的例子中，如果张三不经过公司的加薪流程，就可以自行在工资系统中修改自己的工资，这属于完整性被破坏。也就是信息被未经授权的人篡改了！

其他导致完整性被破坏的场景包括：

- 主机感染病毒或木马，比如 2017 年 WannaCry（想哭）木马横扫江湖，感染众多计算机。
- 操作系统内核文件被替换。
- 网站被入侵后，内容被篡改。
- 网络劫持篡改（很多 HTTP 网页中加塞的广告就是这么来的）
- 应用层越权操作。
- 文件下载被替换。

3. 可用性

接着前面的例子，如果张三使用脚本持续高频地查询工资系统，并导致其他员工访问不了工资系统，这就属于可用性被破坏，也就是让大家都访问不了。

这就好比停车场堆满了石头、餐馆被不吃饭的人占满、高速公路停满了汽车，无法继续提供原来的服务了。

典型的破坏可用性的场景包括：

- DDoS 或 CC 攻击，导致网络拥塞、主机资源耗尽，从而网站无法打开。
- 缓冲区溢出导致服务异常中止。

> 除了 CIA 三要素，根据组织或实际业务需要，还可以添加更多的安全目标，如可追溯性（或称为可审计性）。在发生影响数据保密性、完整性、可用性的安全事件之后，可基于记录的日志追踪溯源，复盘事件发生的全过程，找到导致事件发生的根本原因，加以改进。但从根本上讲，追溯也不是最终的目的，通过追溯与改进，最终的目的还是保障数据的保密性、完整性、可用性。
>
> 此外，在实际工作中，我们最常使用的是网络安全、信息安全、数据安全等概念，作为业内人士，也经常赋予它们不同的含义，且有广义和狭义之分，为便于区分，下面简单介绍几个概念的区别。

2.2 为什么使用"数据安全"这个术语

在安全领域的发展历程中，使用了信息安全、网络安全、网络空间安全、数据安全等概念。那么本书为什么选择"数据安全"这个术语呢？让我们先来看看每个术语的含义。

1. 信息安全

广义的信息安全（Information Security），是基于"安全体系以信息为中心"的立场，泛指整个安全体系，侧重于安全管理。例如 ISO 27001 信息安全管理体系就使用了广义的信息安全概念。

狭义的信息安全，在不同的组织内部，往往有不同的含义，主要有：

- 内容合规，防止有毒有害信息内容（黄赌毒等）的发布、传播。
- DLP（Data leakage Prevention，数据泄露防护），防止内部数据泄露等，例如在技术手段上，通过综合性的 DLP 解决方案，防止内部保密资料流出公司；在管理政策上，防止员工有意或无意地泄露信息，如员工收集内部保密资料提供给竞争对手等。

2. 网络安全

网络安全这个概念也是不断演化的，如图 2-3 所示，最早的网络安全（Network Security）是基于"安全体系以网络为中心"的立场，主要涉及网络安全域、防火墙、网络访问控制、抗 DDoS（分布式拒绝服务攻击）等场景，特别是以防火墙为代表的网络访问控制设备的大量使用，使得网络安全域、边界、隔离、防火墙策略等概念深入人心。

后来，网络安全的范围越来越大，向云端、网络、终端等各个环节不断延伸，发展为网络空间安全（Cyberspace Security），甚至覆盖到陆、海、空、天领域，但 Cyberspace 这个词太长，就简化为 Cyber Security 了。

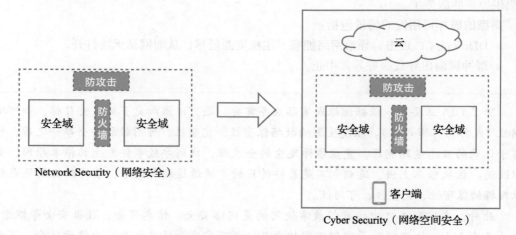

图 2-3　网络安全概念的演变

所以，我们现在所说的网络安全，一般是指网络空间安全（Cyber Security），仍基于"安全体系以网络为中心"的立场，泛指整个安全体系，侧重于网络空间安全、网络访问控制、安全通信、防御网络攻击或入侵等。

3. 数据安全

广义的数据安全（Data Security）是基于"安全体系以数据为中心"的立场，泛指整个安全体系侧重于数据分级及敏感数据全生命周期的保护。它以数据的安全收集或生成、安全使用、安全传输、安全存储、安全披露、安全流转与跟踪、安全销毁为目标，涵盖整个安全体系。

　　数据安全，也包括个人数据安全与法律合规，也就是隐私保护方面的内容。

　　狭义的数据安全往往是指保护静态的存储级的数据，以及数据泄露防护（DLP）等。

4. 对比与小结

　　从信息安全到网络安全再到数据安全，体现了人们对安全认知的演变历程，也体现出使用者所在企业安全工作的侧重点（或立足点、视角）如图 2-4 所示。

　　早期，信息安全的范围最大（有句话是"信息安全是个筐，什么都可以往里面装"），而网络安全（Network Security）是信息安全的子集，网络安全（Network Security）可看成是海关（或检查站），需要核对身份、检查物品（品类数量控制 / 检验检疫），是站在网络边界（以及重要的流量节点）看世界，如图 2-5 所示。

　　现在，信息安全这个词仍有使用，不过使用场景不是很多了，且有狭义化的趋势，多数情况下可以被网络空间安全（Cyber Security）所覆盖，也就是说，Cyber Security 范围最大。但 Cyber Security 并没有完全覆盖数据安全，如数据安全里面的长臂管辖权（治外法权），如图 2-6 所示。

图 2-4　安全概念的演变

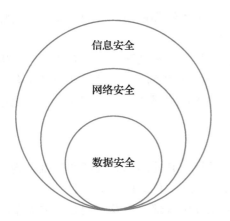

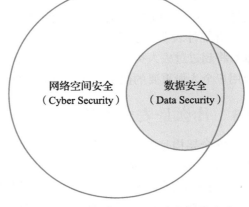

图 2-5　早期的信息安全、网络安全、数据安全范围　　图 2-6　当前的网络空间安全与数据安全

　　数据安全更接近安全的目标，可看成是数据的随身保镖，随着数据流动，数据流到哪里，安全就覆盖到哪里。图 2-6 为安全概念由信息安全到数据安全的变迁。

　　大家其实不用纠结究竟应该使用哪个术语，我们完全可以根据企业的需要、侧重点，选择相应的术语。即使你所在企业使用的是其他术语，本书所介绍的相关实践也是可以参考的，因为它们之间存在大量的交集。

随着信息时代向数据时代的转变，本书将主要使用广义的数据安全这个概念，它更接近安全保护的目标，更适应业务发展的需要，并且这里的数据不仅包括静态的、存储层面的数据，也包括流动的、使用中的数据。我们需要在使用数据的过程中保护数据，在数据的全生命周期中保护数据，特别是保护涉及个人隐私的数据。也就是说，数据安全这个词，可以将信息安全、网络安全以及隐私保护的目标统一起来。

下面小结一下各种安全术语的差异和典型的使用场景，如表 2-1 所示。

表 2-1　各种安全术语及适用场景

术语	狭义	广义	典型使用场景
信息安全	防止敏感信息的不当扩散，包括控制有毒有害信息（黄赌毒）、内部人为泄密等	安全体系架构"以信息为中心"，泛指整个安全体系	强调安全管理体系；强调信息及信息系统的保密性、完整性、可用性；强调内容合规；强调 DLP（防止内部人为的信息泄露）；强调对静态信息的保护（比如存储系统、光盘上的信息）
网络安全	侧重于网络安全域、网络访问控制、防网络攻击等	安全体系架构"以网络为中心"，泛指整个安全体系	强调网络边界和安全域；强调网络入侵防御；强调网络通信系统或传输安全；强调网络空间主权
数据安全	以保护数据本身为核心，包括加密、脱敏、防差分隐私分析等	安全体系架构"以数据为中心"，泛指整个安全体系	强调全生命周期中的数据保护；强调数据作为生产力；强调数据主权或数据主体权利；强调长臂管辖权；强调隐私保护

通常，如无特定的语境或上下文关联，以上三个术语都使用广义的含义，泛指整个安全体系，但在特定的环境，也可能使用狭义的含义。

有统计表明，全球数据量每两年翻一番，也就是说从现在开始，未来两年所产生的数据量将超过过去人类历史上数据量的总和。随着大数据时代的到来，数据无疑成为各企业以及用户个人最重要的数字资产，数据安全与隐私保护将成为安全体系建设中的重中之重。

2.3　什么是安全架构

安全架构是架构在安全性这个方向上的细分领域，其他的细分领域如运维架构、数据库架构等。在 IT 产品的安全性上，常见到三类安全架构，组成了三道防线：

- 产品安全架构：构建产品安全质量属性的主要组成部分以及它们之间的关系。产品安全架构的目标是如何在不依赖外部防御系统的情况下，从源头打造自身安全的产品，构建第一道防线。
- 安全技术体系架构：构建安全技术体系的主要组成部分以及它们之间的关系。安全技术体系架构的任务是构建通用的安全技术基础设施，包括安全基础设施、安全工具和技术、安全组件与支持系统等，系统性地增强各产品的安全防御能力，构建第二道防线。
- 审计架构：独立的审计部门或其所能提供的风险发现能力，但审计的范围是包括安全风险在内的所有风险，构建第三道防线。

在具备 SDL（Security Development Lifecycle，安全开发生命周期）流程的企业中，通常会有系统架构师、安全架构师、运维架构师或数据库架构师（当然，在名称上不一定是架构师这种叫法）等人员参与产品的正式方案评审活动，其中安全架构师的职责就是对该产品的安全性进行评估。

本书主要介绍前两个方面的架构：

- 产品安全架构：如何打造一个安全的产品（本书第二部分）。
- 安全技术体系架构：如何构建并完善通用的安全技术基础设施（本书第三部分）。

2.4　安全架构 5A 方法论

无论是进行产品的安全架构设计或评估，还是规划安全技术体系架构的时候，都有几个需要重点关注的逻辑模块，它们可以在逻辑上视为安全架构的核心元素。

以应用 / 产品为例，核心元素包括：

- 身份认证（Authentication）：用户主体是谁？
- 授权（Authorization）：授予某些用户主体允许或拒绝访问客体的权限。
- 访问控制（Access Control）：控制措施以及是否放行的执行者。
- 可审计（Auditable）：形成可供追溯的操作日志。
- 资产保护（Asset Protection）：资产的保密性、完整性、可用性保障。

本书将这 5 个核心元素称为安全架构 5A（即 5 个以 A 开头的单词）或 5A 方法论。我们将其进一步扩展：

- 主体的范围不局限于用户，将其扩展到所有人员（用户 / 员工 / 合作伙伴 / 访客等）、设备、系统。
- 安全架构从应用层扩展到空间立体，覆盖物理和环境层、网络和通信层、设备和主机层、应用和数据层。

由此，安全架构 5A 可用图 2-7 来表示。

安全架构的 5A 方法论将贯穿全书，成为安全架构设计（无论是产品的架构设计，还是安全技术体系的架构设计）、风险评估等安全工作的思维方式（或共同语言）。

其中，资产包括但不限于（如图 2-8 所示）：

- 数据：即信息资产，包括结构化数据（数据库、缓存、Key-Value 存储系统等）、非结构化数据（文档、图片、音频、视频等），不仅包括存储的数据，

图 2-7　安全架构 5A

也包括使用、传输、流转中的数据。

■ 资源：网络资源、计算资源、存储资源、进程、产品功能、网络服务、系统文件等。

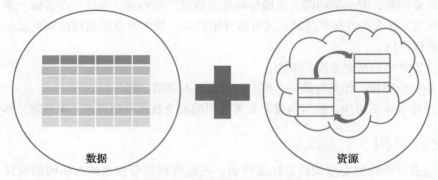

图 2-8　资产包括数据和资源

为什么资源也是需要保护的资产呢？让我们来看如下例子：

■ DDoS 攻击会占满网络带宽资源或主机计算资源，导致业务不可用。

■ 病毒、木马会造成主机计算资源破坏或权限被外部控制，或造成攻击范围扩大，数据泄露等严重后果。

在这几个核心元素中，用户访问资产的主线如图 2-9 所示。

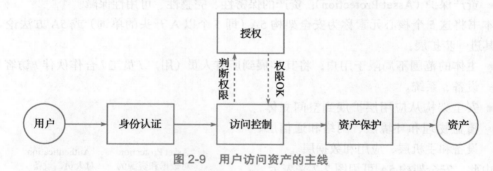

图 2-9　用户访问资产的主线

访问控制的依据是授权，查询授权表或者基于设定的权限规则，拥有访问权限才允许继续访问。

■ 用户首先需要通过身份认证，也就是要让系统知道用户是谁。

■ 用户需要具备访问目标资产的权限。

■ 访问控制模块会基于授权以及事先设定的访问控制规则，判断是否放行。

■ 在访问资产之前，须经过必要的资产保护措施，如数据解密、加密传输、脱敏展示、防攻击以及防批量拉取措施、隐私保护等。

可审计一般是指可供追溯的操作审计记录（操作日志记录等），没有直接体现在上述主线中，但会覆盖到每一个模块，如图 2-10 所示。

- 身份认证方面：SSO 系统需要记录用户的登录时间、源 IP 地址、用户 ID、访问的目标应用。
- 授权方面：需要记录权限申请流程的每个审批环节的时间、IP 地址、用户 ID、理由、通过或驳回权限申请的动作。

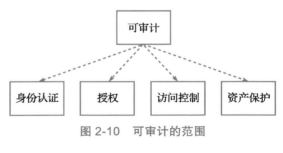

图 2-10　可审计的范围

- 访问控制方面：访问控制执行的结果是放行或驳回，通常来说，需要记录所有的驳回动作，以及对敏感资产的每一个请求及动作，便于追溯。
- 资产保护方面：记录用户访问的资产（特别是敏感资产）及操作（查询、添加、修改、删除等）。

2.5　安全架构 5A 与 CIA 的关系

在前面对安全的定义中提到，安全是产品的质量属性，安全的目标是保障产品里信息资产的保密性、完整性和可用性，简记为 CIA。从这里可以看出，CIA 是安全的目标，自然也是安全架构要达成的目标。

身份认证、授权、访问控制、审计、资产保护均是为了达成这个目标而采取的技术手段，如图 2-11 所示。技术手段运用得好，可以极大地降低管理成本，更好地达成安全目标。

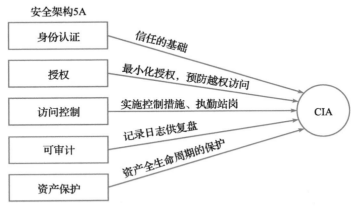

图 2-11　安全架构 5A 与 CIA 的关系

因此，安全架构 5A 与 CIA 的关系可总结为一句话：CIA 是目标，安全架构 5A 是手段。不过，也需要注意到，安全架构 5A 只是为了达成 CIA 而采取的技术性手段，并不能完全保证达到 CIA 这个目标。

02

第二部分

产品安全架构

第 3 章　产品安全架构简介

第 4 章　身份认证：把好第一道门

第 5 章　授权：执掌大权的司令部

第 6 章　访问控制：收敛与放行的执行官

第 7 章　可审计：事件追溯最后一环

第 8 章　资产保护：数据或资源的贴身保镖

第 9 章　业务安全：让产品自我免疫

P A R T 2

第 3 章
产品安全架构简介

产品安全架构要解决的问题是"如何打造一个安全的产品"。

从这一章开始,我们将探讨安全架构在产品中的落地实现,也就是如何保证产品自身的安全性。本章先概述产品安全架构的内容,然后分析典型的产品架构与数据访问流程,从而为以后的分析打下基础。

3.1 产品安全架构

产品安全架构就是构建产品自身安全特性的主要组件及其关系,如图 3-1 所示。

对于一款具体的产品来说,安全仅作为产品的质量属性,而不是独立存在的元素,与其他质量属性如性能、可扩展性、可维护性等并列,可用逻辑模块来描述。我们将基于安全架构 5A 方法论(第 2 章讲述的安全架构的 5 个核心元素)来讨论产品安全,保障所交付产品的保密性、完整性和可用性。

从这里开始,我们将着重强调尽可能地从源头做起,从产品自身做好安全质量的提升,防患于未然。至于产品外部的安全防御基础设施,如抗 DDoS、入侵检测系统、WAF(Web Application Firewall,Web 应用防火墙)、RASP(Runtime Application Self-Protection)等,将在第三部分讲述。

图 3-1 产品安全架构

本书所讨论的产品，其范围主要集中在互联网及相关行业，包括但不限于 Web 应用、网络服务、特定功能的服务器软件、客户端软件等，是最终交付运营的最小单元。

安全体系也是由一个个安全领域内的产品所构成，是安全体系的最小单元，如果这个最小单元的安全性都得不到保障，则整个安全体系的安全性更是无从谈起。

由于各企业的产品形态是不同的，有些产品不在本书的讨论范围之内，包括但不限于：

- 智能终端产品，如物联网终端、智能穿戴、手机等。
- 网络设备本身，如防火墙、路由与交换设备等。
- 专用通信系统（如蓝牙、无线电、专用协议等未采用 TCP/IP 协议的通信系统）。

在涉及这些产品安全性的时候，可参考本书提到的安全要素，基于实际业务场景进行风险评估和安全设计。

3.2　典型的产品架构与框架

前面已简单介绍了架构有关的基本概念，在服务器生产环境和安全的日常评估工作中，还会经常听到一些术语，如三层架构、B/S 架构、C/S 架构、框架、MVC 等。

安全架构师了解这些术语，有助于方案评估等工作的开展，避免跟业务团队之间缺乏共同语言。

3.2.1　三层架构

三层架构从安全角度看是比较推荐的一种逻辑架构，如图 3-2 所示。

图 3-2　三层架构

其中：

- 用户接口层（User Interface Layer，即通常所说的 UI），也可以称为表示层（Presentation Layer）；对 Web 应用来说，即在用户浏览器界面呈现的部分，跟用户交互，也常常被称为前端。
- 业务逻辑层（Business Logic Layer），业务的主要功能和业务逻辑都在这一层。
- 数据访问层（Data Access Layer，DAL），位于业务逻辑和数据中间，封装对数据的操作（添加、删除、修改、查询等），为业务逻辑提供数据服务。

构成三层架构的元素（逻辑模块），中间的箭头表示它们之间的访问顺序关系。

在实际分层中，三层仅仅是逻辑上的三层，实际也可能是多层，如七层架构（在逻辑上与三层架构是一致的)。

三层架构也不是指物理上需要三台服务器,在一台服务器上也可以实现三层架构。不过通常为了更好地执行访问控制,建议还是将它们分布在不同的服务器上为好。

三层架构也不局限于 B/S 架构,C/S 架构也可以有三层架构。

3.2.2 B/S 架构

B/S 架构,即 Browser/Server(浏览器 / 服务器)架构。在三层架构概念出现之前,开发人员一般是将 UI、业务逻辑、数据访问混合在一起开发的,如下所示:

```php
<?php
@header('Content-type: text/html;charset=UTF-8');
require_once('config.ini.php');
$id=$_GET['id'];
if($id)
{
    mysql_query("SET NAMES 'UTF8'");
    $conn=mysql_connect($host,$dbreader,$dbpassword) or die('Error: ' .
        mysql_error());
    mysql_select_db("vulnweb");
    $SQL="select * from userinfo where id=".$id;
    $result=mysql_query($SQL) or die('Error: ' . mysql_error());
    $row=mysql_fetch_array($result);
    if($row['id'])
    {
        ?>
        Username: <?php echo $row['username'] ?>
        <br>
        Description:  <?php echo $row['description'] ?>
        <br>
        Query OK!<br>
        <?php
    }
    else echo "No Record!";
    mysql_free_result($result);
    mysql_close();
}
?>
```

这份代码存在很多问题,首先就是三层混合在一起开发的问题(在后面还会提到数据和指令混合在一起导致 SQL 注入的问题、将数据库异常展示给用户的问题等)。

提示 至于如何按照三层架构的最佳实践来开发,留待读者思考(参考关键词:MVC 框架、ORM 模型,让每个脚本文件只能属于三层架构中的一层)。

这里先基于三层架构理念,给出推荐的 B/S 产品的三层架构,如图 3-3 所示。

有关 B/S 三层架构的简介先到这里,我们会在本书第 13 章进行进一步分析。

图 3-3　推荐的 B/S 三层架构

3.2.3　C/S 架构

C/S 架构，即 Client/Server（客户端 / 服务器）架构。这里先基于三层架构理念，给出推荐的 C/S 产品的三层架构，如图 3-4 所示。

图 3-4　推荐的 C/S 三层架构

有关 C/S 三层架构的进一步分析，会在第 13 章详细讲述。

3.2.4　SOA 及微服务架构

SOA 架构（Service-Oriented Architecture，面向服务的架构）概念曾经非常火热，在复杂的企业网络环境中有大量使用。它采用 XML（EXtensible Markup Language，可扩展标记语言）格式通信，采用 ESB（企业服务总线）对服务进行集中式管理，是一个中心化的面向服务架构，如图 3-5 所示。ESB 对不同的服务做了消息的转化解释和路由工作，让不同的服务互联互通。

由于 SOA 的复杂度较高，也令诸多企业望而却步。如果你所在的企业目前还没有 SOA 的相关实践，建议直接跳过，直接考虑微服务等新型架构。

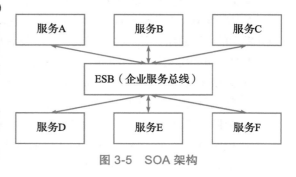

图 3-5　SOA 架构

微服务代表了一种新的应用体系结构，是 SOA 的轻量化发展，去掉了企业服务总线，将过去的大型单一应用程序分解成多个小型的独立的功能或服务套件，不再采用集中式的服务管理。微服务使用轻量级的 HTTP Restful API 或 Thrift API 进行通信，是一个去中心化的面向服务架构。

在微服务架构模式下，可以引入 API 网关（Gateway），来执行服务管理、统一接入，服

务之间的调用也经过 API 网关。有了 API 网
关来完成，如服务间身份认证、路由、负载均
衡、缓存等。API 网关不仅可以提供给移动
APP 客户端访问，也可以让后台业务访问，
如图 3-6 所示。

在微服务架构中，我们可将其中的每一个
服务都当作一个独立的产品进行分析。

图 3-6　微服务架构与 API 网关

> 网关就是不同网络间的互联设备，如同"一夫当关，万夫莫开"，是不同网络之间的
> 流量的必经之地。
> 应用网关是应用层流量的必经之地，可以通过硬件来实现，也可以通过软件来实现。
> API 网关与应用网关类似，主要区别在于 API 网关是给应用访问的，也包括手机
> APP 访问；而应用网关通常是提供给人通过浏览器访问的。

3.2.5　典型的框架

框架是对架构的可重用部分的实现（半成品软件）。使用框架之后，可以节省大量人力
（避免了重复劳动），让程序员将主要精力聚焦在业务上。

典型的框架包括：

- .Net Framework（微软）
- Spring（Java MVC 框架）
- Django（Python 语言编写的 Web 框架，采用了 MVC 思想）

MVC 即 Model View Controller，是模型 – 视图 – 控制器的缩写，是一种框架设计模式（就是
设计框架的经验总结，是一种知识或思想），这种思想要求把应用程序的输入、处理和输出分开。

MVC 和三层架构并不冲突，对应关系如图 3-7 所示。

- 模型（Model）：属于业务逻辑层，以 Django 为例，主要用于定义各个类（Class）的
  数据结构以及不同类之间的关系。
- 视图（View）：对应 UI 层的输出（即响应，Response），解决如何呈现的问题。
- 控制器（Controller）：对应 UI 层的输入（即请求，Request），解决"如何处理用户的
  输入"，并交给正确的业务逻辑模块去处理。

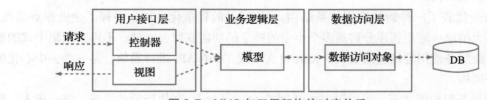

图 3-7　MVC 与三层架构的对应关系

3.3　数据访问层的实现

在上面列出的典型的分层架构中，主要涉及：

- 前端跟业务逻辑的分离，这一部分相对成熟，例如采用 MVC 框架，或采用 Angular、Vue、React 等前端框架构建的单页面应用（前后端使用 JSON 通信）等方式。
- 业务逻辑跟数据访问层的分离。
- 数据访问层跟数据库的分离。

为了实现这些分离，其中最重要的一个部分就是数据访问层（DAL）的实现。

数据访问层在实现方式上，可以采取多种方式，如自定义 DAL 编码、ORM 框架、DB Proxy、配合统一的数据服务简化 DAL 等。无论采用哪一种方式，都应当满足一个条件：数据库口令只在一个地方（通常为配置文件）出现，且加密存储。

3.3.1　自定义 DAL

自定义 DAL（数据访问层），就是自行编码来实现数据访问层，通过数据访问层完成所有对数据库的操作。

我们以 Janusec Application Gateway（https://github.com/Janusec/janusec）为例，来看看它是如何体现分层访问以及对数据库口令的保护的。Janusec 使用了 PostgreSQL 数据库来统一管理（存储、添加、查询、修改、删除）数字证书并对证书私钥加密保护。

首先，数据库口令只在一个文件（/config.json）中出现，且被加密了，如图 3-8 所示。

```
 1   {
 2       "node_role": "master",
 3       "master_node": {
 4           "admin_http_listen": ":9080",
 5           "admin_https_listen": ":9443",
 6           "database": {
 7               "host": "127.0.0.1",
 8               "port": "5432",
 9               "user": "postgres",
10               "password": "8c7d4114c208e8679376fe1aa49096e0361c8c2dbdde937bad07806028442343d20f9a5994",
11               "dbname": "janusec"
12           }
13       },
14       "slave_node": {
15           "node_key": "",
16           "sync_addr": "http://127.0.0.1:9080/janusec-api/"
17       }
18   }
```

图 3-8　配置文件中对数据库口令加密

其次，在 data 模块（/data）中，定义了各种对数据库的操作，其中操作数字证书数据的部分为 /data/backend_certificate.go，在这个文件里面可以看到，用于更新证书的 SQL 语句为：

```
const sqlUpdateCertificate = `UPDATE certificates SET common_name=$1,pub_
cert=$2,priv_key=$3,expire_time=$4,description=$5 WHERE id=$6`
func (dal *MyDAL) UpdateCertificate(commonName string, certContent string,
encryptedPrivKey []byte, expireTime int64, description string, id int64) error {
    stmt, err := dal.db.Prepare(sqlUpdateCertificate)
    defer stmt.Close()
    _, err = stmt.Exec(commonName, certContent, encryptedPrivKey, expireTime,
description, id)
    utils.CheckError("UpdateCertificate", err)
    return err
}
```

这里的 $1 到 $6 均表示参数化操作，在后面的章节中，我们会介绍为什么要这么做，暂时只需要知道它可以很好地防止 SQL 注入就可以了。

在更新证书操作的业务逻辑部分（backend/certificate.go）可以看到，只需要简单地调用 DAL 中的函数，即可完成证书更新操作。

```
err = data.DAL.UpdateCertificate(commonName, certContent, encryptedPrivKey,
expireTime, description, id)
```

上述编码让业务逻辑和数据访问分布在不同的模块中，实现了业务逻辑与数据访问的分离。

3.3.2 使用 ORM

ORM（Object Relational Mapping）即对象关系映射，ORM 将关系数据库中的一行记录与业务逻辑层中的一个对象建立起关联，如图 3-9 所示，可以让开发人员聚焦于业务，从频繁地处理 SQL 语句等重复劳动中解放出来。

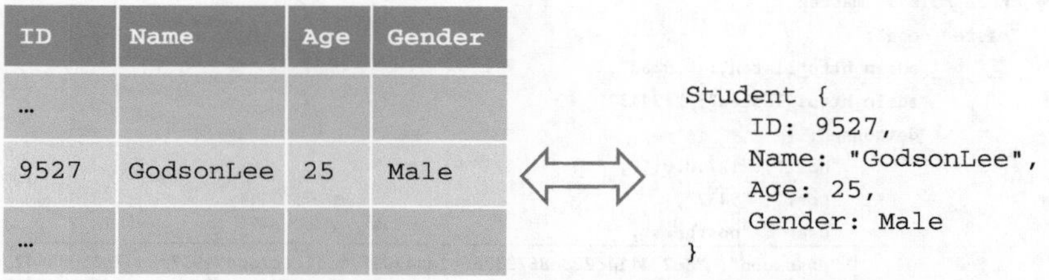

ID	Name	Age	Gender
...			
9527	GodsonLee	25	Male
...			

```
Student {
    ID: 9527,
    Name: "GodsonLee",
    Age: 25,
    Gender: Male
}
```

图 3-9　ORM 将数据库记录与业务逻辑中的对象关联起来

使用 ORM 之后，通常只需要定义好模型，配置好数据库账号，即可使用 ORM 内置函数操作数据库，而不再手工书写 SQL 语句。比如 Django 内置的 ORM 模块。

在实际使用 ORM 的时候，通常还存在一个安全问题，那就是数据库口令在配置文件中是明文存储的。为了解决这个问题，可以使用解密函数替换原来的口令，我们会在后面第 14 章介绍如何对第三方框架配置文件中的口令进行加密。

ORM 自身的类型校验以及参数化机制，对 SQL 注入等风险具有较好的预防作用。

3.3.3　使用 DB Proxy

如果是新业务，可以采用自定义 DAL、使用 ORM 等方式，但对于大量的存量业务来说，改进量很大，且随着时间的推移，很多业务原来的开发人员已经不在原岗位上了，需要寻找一种适合大规模推行、业务改进量较少的方法。

DB Proxy 是一种数据库访问中间件，可以实现如下特性：

- 读写分离。
- 分库分表（又称为 Sharding），如果是按列分表，每一个目标数据库中只包含部分数据，可以降低数据泄露的风险。
- 收敛访问路径，让所有访问数据库的流量都经过 DB Proxy。
- 收敛数据库账号，让数据库账号只在 DB Proxy 上加密存储。
- 参数检查，检查 SQL 语句的合法性，如检测到恶意请求，可加以阻断，充当数据库防火墙的作用。

用于存量业务改进时，可以在业务上采取跟 DB Proxy 在应用层集成的方式，如图 3-10 所示，也就是具体的业务不使用数据库账号（应用层账号将在后台身份认证章节讲述）。

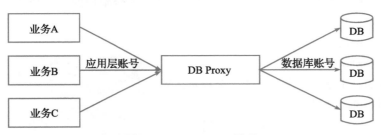

图 3-10　DB Proxy 原理

3.3.4　配合统一的数据服务简化 DAL

这是笔者最为推崇的一种方式，将数据库封装为数据服务，让数据库不再直接向业务提供服务，如图 3-11 所示。这一思路会在后续章节中展开。

图 3-11　数据服务

数据服务可以是基于 HTTP 的 Restful JSON API（请求和返回的内容格式都是 JSON 格式），也可以是 RPC 框架下的二进制数据流，还可以是基于 HTTP 的 RPC 通信。在这种模式下，数据访问层主要包含 RPC 访问函数，让业务只需要像操作本地函数一样，即可访问到远程的数据。

第 4 章
身份认证：把好第一道门

这里重复一下"基于身份的信任思维"：不信任企业内部和外部的任何人、任何系统，需基于身份认证和授权，执行以身份为中心的访问控制和资产保护。

可见，身份是一切信任的基础。本章聚焦于产品安全架构的第一个核心逻辑模块：身份认证（Authentication），包括：

- 对人的身份认证。
- 后台间身份认证。
- 对设备的身份认证（在后面的安全技术体系架构部分再展开讲述）。

本章先介绍身份认证的基本要点，然后介绍如何对用户进行身份认证，还介绍了口令面临的风险及保护方法，以及如何进行后台身份认证，最后介绍了其他一些常见的认证方法。

4.1　什么是身份认证

在古代，皇宫可不是任意出入的地方，出入需要出示腰牌，如图 4-1 所示。

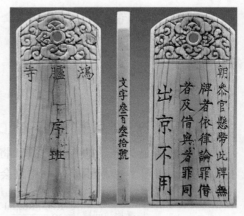

图 4-1　腰牌

> 腰牌充当了身份的信物，可是腰牌有没有漏洞呢？据《清宫档案》记载，清朝咸丰时期，一个卖馒头的小贩名叫王库儿，一天在街上捡到一块牌子，认出是出入紫禁城的腰牌，这个王库儿也是胆大，忍不住想一探紫禁城的欲望，径直来到城门口，没想到侍卫看了他的腰牌之后就直接放行了。他在里面闲逛，发现紫禁城里没有商铺，竟有了一

个疯狂的想法：在紫禁城里卖馒头！第二天，王库儿就挑起一担馒头进了紫禁城，没想到生意出奇的红火，宫里的人也没有怀疑他的身份，还以为是御膳房的人呢。后来生意越做越好，连太后都成了他的客户。原来腰牌是一位校尉（武官官职）丢失的，丢失之后不敢上报，自行做了一个假的使用，而真的就被王库儿用了近两年才被发现。皇帝本欲处死王库儿，但皇后求情，就从轻发落了他。

君王调兵遣将，需要用到虎符（如图 4-2 所示），作为君主身份的证明。虎符分为两半，君主和将领各持一半（如图 4-3 所示），将领持左符，右符留在中央，调兵时派人带上右符，作为君主身份的证明（契合得严丝合缝，且接缝上的文字可作为防伪标记），验证无误后方可调动军队。

图 4-2 虎符

图 4-3 虎符的一半

公元前 257 年，秦军攻赵，兵临邯郸城下，赵国求救于魏国、楚国。但魏王屈服于秦国势力按兵不动。赵国的相国见魏不肯相助，就写了一封告急信给魏国的相国信陵君，信陵君求助于魏王妃子如姬，盗出魏王掌握的半个虎符，假传王命，会同楚军援军解了邯郸之围，史称"窃符救赵"。

在现代生活中，我们出差旅行也离不了一样东西，订机票、住酒店都需要它：身份证，在需要实名认证的场景中用于证明自己的身份。在以前也出现过遗失身份证被他人冒用的情况，不过随着在线查验机制的完善，这种情况慢慢不多见了。

那么，在网络系统中，是否需要访问者证明自己的身份呢？答案是：需要。没有身份认证，授权、访问控制等进一步的安全机制就无从谈起。作为业务开发人员，由于精力有限，往往只能聚焦在业务实现上，而忽略了其他部分，从而产生了一个大漏洞。

先来看一个场景：一个对外网开放的接口，可以根据用户的 ID 查询用户的收货地址，使用 JSON 格式返回数据，某一次查询如下（域名仅为举例）：

```
curl https://example.com/recipient_query.php?id=1
```

返回信息如下所示：

{"id":1,"username":" 李狗剩 ","address":" 子虚市乌有村二组 ", "phone":"1 □ 8001 □ 8000"}

是不是这样就可以了呢？安全人员检测发现，如下方法可以返回数据：

```
curl https://example.com/recipient_query.php?id=2
curl https://example.com/recipient_query.php?id=3
```

进一步发现，无论是谁都可以访问这个地址并获得数据。那么，黑客就可以用脚本进行遍历了：

```
curl https://example.com/recipient_query.php?id=4
...
curl https://example.com/recipient_query.php?id=99999999
```

问题出在哪里呢？原来，这个服务根本就没有对请求者的身份进行鉴别，也就是身份认证机制是缺失的。

身份认证就是确定访问者（含调用者）的身份。最简单的身份认证界面如图 4-4 所示。

身份认证过程可用图 4-5 解释。

在身份认证通过之后，该用户就可以查询自己权限范围内的数据了，如图 4-6 所示。

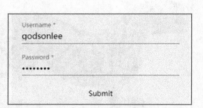

图 4-4　最简单的身份认证界面

图 4-5　身份认证过程　　　　　图 4-6　身份认证通过之后的请求

当然，如果一个业务本身提供的就是面向外部所有用户的公开信息（如门户新闻、公告等），自然无需认证。但是，只要涉及不能在外网公开的内容，就必须要用到身份认证。接下来，我们就来看看如何进行身份认证。

4.2　如何对用户进行身份认证

不要在每个业务中自行建立一套身份认证系统，业务系统应尽可能使用统一的 SSO（Single Sign On，单点登录系统），而不要自行设计身份认证模块。所谓单点登录就是不管员工或用户访问哪个业务，只有一个身份认证入口，在这里完成身份认证动作。比如我们访问某互联网公司的视频、游戏等多个业务时，可以使用同一个登录入口、同一套账号体系，如图 4-7 所示。

图 4-7　单点登录系统

单点登录系统作为企业统一建设并提供认证服务的基础设施，其好处不言而喻：

- 避免各业务自行重复建设，在很大程度上简化了业务的工作量。
- 可以统一强化对用户隐私的保护，避免用户隐私（口令、双因子保护口令、生物特征等）因分散存储、保护不当而泄露。
- 内部 SSO 系统，可与 HR 系统关联，离职销户，消除员工离职后的风险。

最典型的身份认证场景是用户输入自己的用户名和口令，SSO 单点登录系统验证无误后，返回一个认证通过的票据（Ticket），在后面的访问中，有如下常见的票据使用方式：

- 会话机制：用户带上这个 Ticket 访问应用系统（但只使用一次），应用系统验证 Ticket 无误后，跟用户建立自己的会话，在这个会话的有效期内，用户和应用系统不再访问 SSO（适用于 To B 业务，访问的数据不一定是访问者自己的数据）。
- 全程 Ticket 机制：用户全程带上这个 Ticket，可以访问自己权限范围内的数据（适用于 To C 业务，即访问的资源都是用户自己的资源）。
- 持续的消息认证机制：每次请求都执行身份认证。

> 顾名思义，Ticket 就是票的意思，如日常生活中的景区门票、机票等。SSO 可看成是景区售票窗口，买票之后就可以拿着票入园了，门口的保安会检查门票的真实性（可通过扫描机制跟 SSO 后台系统进行比对）、有效性（是否在有效日期之内）。

4.2.1　会话机制

可能有的同学不太清楚会话（session）是什么，这里简单介绍一下。由于 HTTP 协议本身是无状态的，也就是说，除了请求本身所携带的信息，服务器不会知道更多关于用户侧的信息，特别是不知道用户是谁、登录了没有等。

会话可以理解为浏览器和服务器之间的小秘密（共同约定），用于记录一些常用的状态（比如是否登录），浏览器侧和服务器侧分别记住一些东西，例如：

- 用户侧：只需要记住一个会话 ID（常常写作 sid 或 session、sessionid 等）即可，它通过 Cookie 机制下发给浏览器，浏览器会在随后的请求中带上它。

- 服务器侧：通常有一个会话管理器，里面的内容可以看作一张表，具体记住哪些内容是可以自定义的，典型的有用户名、是否登录、到期时间等，甚至也可以加上上次登录的 IP、上次登录使用的 User-Agent 等。这张表可以记在内存、数据库或文件中，取决于 Web 应用的配置。

我们在浏览网站的时候，通过按 F12 打开浏览器的调试控制台，刷新页面，就可以看到请求的发送过程以及请求的头部，如图 4-8 所示。

服务器收到 sessionid 之后，到会话管理器中查询（可理解为查表），就能够了解更多的信息，比如用户 ID 或用户名，如表 4-1 所示。

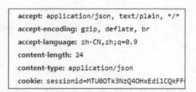

```
accept: application/json, text/plain, */*
accept-encoding: gzip, deflate, br
accept-language: zh-CN,zh;q=0.9
content-length: 24
content-type: application/json
cookie: sessionid=MTU0OTk3NzQ4OHxEdi1CQkFF
```

图 4-8 在请求的 Cookie 中携带 sessionid

表 4-1 服务器侧应用会话管理样例

SessionID	UserID	LastIP	LastUserAgent	LastLoginTime
MTU0OTk3Nz ...	1025	10.10.99.99	Mozilla/5.0 (Windows NT 10.0; Win64; x64) AppleWebKit/537.36 ...	1544022380

灵活使用会话管理，比如记录用户当前登录的 IP、User-Agent，还可以达到其他管理目的，例如在认证通过之后，限定使用当前 IP、限定使用当前浏览器，避免会话被黑客窃取后用于假冒身份访问。也就是说，首次认证通过之后，服务器侧生成 sessionid 之后，在会话中记录 IP、User-Agent 信息，后续用户使用该 sessionid 再次访问时，可以校验 IP、User-Agent 是否跟认证通过时一致，如果不一致，服务器就会认为该会话存在风险，要求重新认证。即使黑客窃取到用户的请求（拿到 sessionid 等信息），在尝试假冒用户身份重放请求时，因为 IP 地址不一致或 User-Agent 有差异，从而会话认证不通过，可跳转到认证入口要求重新认证，这样在黑客没有窃取到原始的用户名和口令的情况下，可以防止恶意登录。

通常来说，用户 IP 也可能发生变化，比如员工携带笔记本电脑出差访问的场景，可以仅校验 User-Agent；而对于安全性要求很高，需要限定登录 IP 地址的应用来说，就可以利用这一点，同时限制 IP、User-Agent。

接下来介绍使用会话机制的身份认证原理，如图 4-9 所示。

持 SSO 颁发的 Ticket 访问应用系统，应用系统验证 Ticket 无误之后，会建立会话机制，通过 Cookie 字段自动传递，存在有效期限制，超过设定的有效期会失效。在会话有效期内，用户不需要再访问 SSO，应用系统也不再去验证该用户的 Ticket。

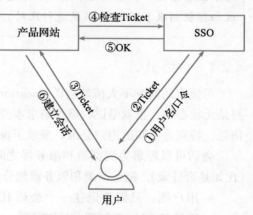

图 4-9 认证过程（会话机制）

> Cookie 用于身份等敏感信息的传递，所以也需要额外的保护。典型的做法是为其启用 HttpOnly 和 Secure 属性。启用了 HttpOnly 属性之后，可以防止其被 JavaScript 读取到，使用 document.cookie 无法获取到其内容；启用 Secure 属性之后，则只能通过 HTTPS 传递。在 Cookie 中尽量不要存储敏感的数据，不得不存储的时候，建议考虑加密措施。

4.2.2　持续的消息认证机制

在通常的业务场景中，都是先认证，然后在认证通过的会话有效期内和授权范围内访问业务。但在某些场景中，如手机 APP 访问后台服务器，这种传统的一次性认证并不一定是最佳的，为了保证用户体验，一次性认证后的会话有效期需要设置得特别长，这就带来了新的风险：如果会话凭据（Cookie 或 Session）被窃取，则用户的身份就会被盗用，给用户带来各种损失。鉴于此，我们可以采用持续的消息认证机制（也可以和会话机制配合使用），每次请求都执行身份认证。

持续的消息认证可以采用密码学上的认证加密机制，典型的如 AES-GCM（Advanced Encryption Standard-Galois/Counter Mode）。为了便于理解，我们把 AES-GCM 的作用总结为一句话：

带着 AES-GCM 消息来，我就相信你！

相信是你说的，相信内容完整无误（未经篡改），也相信这个秘密没有其他人知道！

看到 AES，很多读者应该很熟悉了，不就是一种常用的对称加密算法嘛。是的，AES 是一种常用的对称加密算法（如图 4-10 所示）。

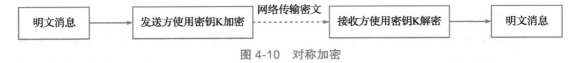

图 4-10　对称加密

但是在实际使用中，又会遇到选用什么模式的问题，比如 ECB、CBC、CTR、OCB、CFB 等。本书不打算深入加密算法本身，因此，仅基于工程实践，给出如下建议：

如果你不知道选用什么模式，那就选 GCM 模式，它在多数场景下适用，除非你清楚知道各模式的区别。

就算只用其中一个功能（比如认证或加密），不用其他功能，这个建议也是适用的。

在 GCM 模式出现之前，AES 对称加密只是确保了消息的保密性，加密后的消息即使被篡改了，通常也可以被解密，只是解密出来的结果是乱码，并不能确认消息的发送者以及消息的完整性。

GCM（Galois/Counter Mode）是在加密算法中采用的一种计数器模式，带有 GMAC 消息认证码。AES 的 GCM 模式属于 AEAD（Authenticated Encryption with Associated Data）算法，同时实现了加密、认证和完整性保障功能。

为什么其他不带认证码的模式无法实现消息的认证呢？

这是因为一个密码学的常识：加密不是认证，不带认证码的加密解密过程可以理解为多轮转换或洗牌，就算密文被篡改，也是可以被解密的，只是解密出来的数据是乱码，计算机并不能区分这个是否是乱码（只能人眼区分），或者是否具有可读的意义。而带认证码的密文，解密函数在解密过程中如果发现被篡改，会直接抛出异常。

4.2.3 不同应用的登录状态与超时管理

我们思考以下这样的一种情况，用户在成功登录过一次 SSO 之后，是否可以直接访问所有的使用该 SSO 认证的应用？答案是存在风险。

在这些应用中，有些应用是保密性比较高的，当员工认证通过的 Ticket 被窃取，身份就会被盗用；还有一个更简单的场景是，当员工离开座位而没有锁定屏幕时，可能会被路过的同事操作电脑，访问一些敏感的应用（比如工资系统），如图 4-11 所示。

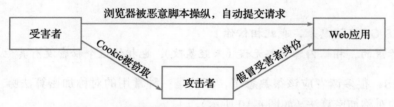

图 4-11　身份被攻击者窃取后假冒身份访问应用

为了解决这个问题，可以使用前面提到的基于每个应用自身的会话机制。

每个应用可以设置自己的会话超时时间（比如 30 分钟），在会话有效期内如果存在请求，则会话超时会重新计算（也就是顺延）。在会话超时后，应用系统会通过重定向跳转到 SSO，重新进行认证，这样在大部分工作时间中，员工本地浏览器是没有高保密系统的会话凭据的。员工日常登录各应用系统就会是这样的场景：

- 登录大多数办公应用，很少需要输入口令进行身份认证，登录的频次取决于 SSO 设定的默认有效时间；
- 登录敏感度比较高的应用，一般需要输入口令进行身份认证，并且会话很快就失效。

图 4-12 和图 4-13 是典型的已启用会话超时的例子。

大家在景区游玩的时候，经常会遇到需要额外购票才能进入的场馆，持大门的门票无法进入。普通业务就相当于景区的普通项目，持景区大门的门票即可，无需额外购票，而敏感业务就相当于这些景区内需要额外购票的项目。

图 4-12　某在线支付的超时退出界面　　　　图 4-13　某交易系统超时退出界面

4.2.4　SSO 的典型误区

在使用 SSO 登录的时候，使用最多的方式是跳转到 SSO 系统后才让用户输入认证凭据（用户名 / 口令等），而有些业务是在自己的前端界面上设置输入认证凭据的表单，这两种情况究竟有什么不同呢？

第一种方式是只向 SSO 提交口令，这也是我们所推荐的方式，如图 4-14 所示。

第二种方式是，业务自行收集口令，然后在后台进行 SSO 认证，如图 4-15 所示。

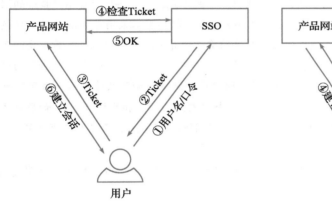

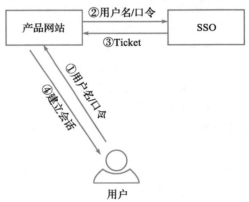

图 4-14　只向 SSO 提交口令（推荐）　　　图 4-15　业务自行收集口令（不推荐）

这种方式有一个明显的问题，基于"不信任任何人，也包括内部员工"的思维，如果企业尚未执行开发与运维人员的职责分离，在开发和部署可能由同一人担任的情况下，开发人员可以添加几行代码，把收到的口令暗自记录下来，从而导致口令被内部人员收集并泄露。

对业务来说，就是"不要当二传手"，也就是不要收集用户口令。如果采集了用户的口令，免不了有"瓜田李下"的嫌疑，因为在业务这里可以获取到口令的副本。与 SSO 集成的时候，应该让用户直接到 SSO 系统及界面执行身份认证。

如果企业已经具有统一接入的应用网关，可以直接在应用网关这里检测是否经过身份认证，如果访问的业务需要身份认证但并未携带认证凭据，就跳转到 SSO 登录界面（这部分内容在后面的章节展开）。

4.3 口令面临的风险及保护

我们常常会听到某某网站发生了口令泄露事件，并且引起广泛的社会关注，可见口令泄露是口令面临的最大风险。

典型的泄露原因有：

- 不恰当的口令存储方式及数据库被拖库，如明文存储、弱散列算法（如 MD5）且未加盐。
- 用户在不同网站使用同一口令所引起的撞库。除了利用已泄露的密码对（用户名和密码）进行撞库之外，还有一种情况，就是利用已知弱口令，在保持弱口令不变的情况下，变换用户名，撞出使用该弱口令的用户（这个撞库方法曾经被用来绕过防撞库措施）。
- 登录模块针对撞库的控制措施缺失或不足。

互联网发展早期，很多网站采用了明文记录用户口令的方式，这也导致大量用户口令的泄露；后来，网站大多采用 MD5 单向散列的方式来存储口令，起初黑客采用暴力破解工具从最简单的数字组合开始计算，但是每次都得把已经算过的重新计算一遍，效率很低，后来发明了一种称为"彩虹表"的技术。所谓彩虹表，就是针对各种数字或数字字母的组合、已泄露的弱口令，预先计算它们的 MD5 值，并进行索引（可以简单地理解成：为了快速检索而做了重新排序，实际上是采用了 B+ 树之类的数据结构，可快速找到对应的记录和原始口令）。如果黑客拿到 MD5 值，且用户的原始口令强度不高，就可以直接在彩虹表中找到，而不用重新计算。

假设有三个弱口令：123456、654321、888888，分别计算它们的 MD5 值并存入带索引的数据库，如下所示：

```
e10adc3949ba59abbe56e057f20f883e
c33367701511b4f6020ec61ded352059
21218cca77804d2ba1922c33e0151105
```

假设黑客某天获取到用户的口令散列为：

```
c33367701511b4f6020ec61ded352059
```

经过简单查表，就得到了用户的原始口令：654321，如图 4-16 所示。

Decrypt Hash Results for: c33367701511b4f6020ec61ded352059		
Algorithm	Hash	Decrypted
md5	c33367701511b4f6020ec61ded352059	654321

图 4-16 某 MD5 彩虹表在线查询

4.3.1　口令的保护

假设由于没有统一的单点登录系统可用，你需要自行为业务设计一套认证系统，或者你承担了单点登录系统的建设重任，该如何设计才能有效地保护用户的口令呢？

结论是：

- 用户的口令一定不能明文存储。
- 用户的口令在服务器侧一定需要执行加盐散列操作。
- 用户身份认证环节一定要使用 HTTPS 传输。
- 建议用户侧不要直接发送明文的口令（即使采用了 HTTPS 传输加密）。

用户的口令属于用户的个人隐私，如保护不当，会与法律或监管要求、合规要求冲突。用户的口令泄露之后，会给企业的声誉带来严重影响，如被坏人利用，则可能给用户个人带来资金安全等损失；更有甚者，由于用户往往在不同的网站使用相同的口令，黑客可以使用这些泄露的口令，假冒用户身份，尝试登录其他网站，造成损失范围的进一步扩大（俗称"撞库"）。因此，对用户口令，需要执行特别的保护措施。

首先，让我们来看看各种存储方式的风险，如表 4-2 所示。

表 4-2　各种口令存储方式

序号	服务器存储方式	问题或风险
01	明文存储或 BASE64	数据库文件被拖走则大量用户口令泄露，因此不能使用
02	单向散列	数据库文件被拖走则基于彩虹表大部分复杂度不高的口令会泄露，不推荐单独使用
03	加盐单向散列	如果盐值随数据库文件被拖走，由于彩虹表失效，需要暴力破解，延缓了破解时间，黑客一般只能破解部分弱口令
04	慢速加盐散列	比较安全，暴力破解的时间成本大幅增加，但宝贵的服务器资源浪费在延时上面，会导致并发服务能力下降，因此不宜大量在服务器侧使用

 提示　彩虹表即预先计算的 HASH 表，并对 HASH 值进行索引，可通过 HASH 值快速查询到明文口令。慢速加盐散列，可视为将加盐单向散列的动作重复很多次，常见算法包括 bcrypt、scrypt、PBKDF2 等，通过延缓时间（百毫秒级）来提高暴力破解难度。

通过风险对比，发现加盐单向散列在这几种方式里面，对安全与效率做到了较好的权衡，但仍存在暴力破解的风险。为了解决这个问题，我们可以考虑结合第 4 种方式的优点，将慢速加盐散列做进来，不过是做到前端用户侧去，这样既能充分利用服务器资源，也能让慢速 HASH 起到延时防撞库的作用。

4.3.2　口令强度

当提到口令强度的时候，我们最常听到的一个词就是弱口令，无论是用户口令，还是在后台的服务器操作系统、数据库等场景中，包括：

- 太简单很容易被猜出或被暴力破解的口令，如 123456、P@ssw0rd 等
- 已经泄露的口令（对用户而言，历次数据泄露事件中泄露的用户口令，可用于撞库；对于后台服务器而言，包括员工私自开源（或黑客入侵后翻找文件）、配置文件中泄露的口令，且这些口令可能还用在其他服务器上）

💡 **提示** P@ssw0rd 这个口令看起来还是挺复杂的，但是因为用的人太多，早已被各大弱口令字典所收录。

对用户来说，如果后台已经做了较好的保护，那么在前端提示用户使用较强的口令就非常必要了，可以在设置口令的同时，提示用户口令强度，例如：10 位以上，且包含大写字母、小写字母、数字、特殊符号中的三种。

对后台来说，如果有能力实施动态口令，不再使用静态的口令，那自然是最好的。

暂无能力实施动态口令的话，那么设置一个高强度的静态口令就非常必要了。基于口令所使用的字符集（字母、数字、符号）和口令长度，看能够组合出多少种可能，这个数字的数量级越大，暴力破解所需要的时间就越长，强度就越高。如果给定一个口令，使用现在最先进的 GPU 破解时间需要 100 年（或更高的数量级）以上，则该口令为高强度。而要达到这一要求，建议的口令强度标准是：14 位以上，且包含大写字母、小写字母、数字、特殊符号。

高强度口令往往设定起来不是那么简单，太简单了不符合强度要求，太复杂了就记不住。如何解决这个问题呢？

这里有两个思路可供参考：

- 密码短语，就是将几个单词拼接在一起，并替换部分字母，例如：IL0veTheL@zyD0g（助记词：我爱这只懒狗）。
- 诗词助记密码，比如：Csbt34.Ydhl12s（助记词：池上碧苔三四点，叶底黄鹂一两声）。

4.4 前端慢速加盐散列案例

前面提到，慢速加盐散列在对抗暴力破解方面，有非常明显的效果。但服务器侧的资源是宝贵的，消耗在这种延时的运算中非常不值得，为了解决这个问题，我们可以将延时运算转移到用户侧去。这种百毫秒级的延时，对用户的影响是几乎可以忽略不计。

以开源应用安全网关 Janusec Application Gateway⊖的后台管理系统的登录模块为例，看看它是如何处理用户口令的，如图 4-17 所示。

图 4-17 前端慢速加盐散列案例

⊖ https://github.com/Janusec/janusec

　　首先，在用户侧浏览器，通过 JavaScript 对口令执行 bcrypt 慢速加盐散列运算，这里的盐值取用户名、口令和固定字符串拼接而成，延时 300 ～ 500 毫秒，并生成一个比较长的密文字符串，作为替代口令。在实际传输过程中，不再传输原始口令，而是传输这个替代口令。

　　由于慢速加盐散列的结果通常是比较长的字符串，作为服务器侧的口令输入，符合通常意义上的强口令。

　　后端再执行一次 SHA256 加盐散列，后端盐值是在创建时随机生成的，并写入数据库，在修改口令时会重新生成新的盐值。

　　慢速加盐散列措施是自动化工具绕不过去的一道坎，工具在提交之前，也必须基于密码字典执行同样的慢速加盐散列动作，在拖延时间方面可以起到很好的作用，直至令攻击者耗不起，从而放弃尝试。如果执行百毫秒级（通常可采用 300 ～ 500 毫秒）的慢速加盐散列，则针对非特定用户的自动化工具就失去了意义。

4.5　指纹、声纹、虹膜、面部识别的数据保护

　　目前业界主要的认证方式，除了口令或动态口令，还有生物认证，使用范围不断扩大，比如指纹考勤、出入境自助刷指纹通关、人脸识别门禁等等。

　　生物特征，包括指纹、声纹、虹膜、面部特征等，属于用户的个人隐私，如果处理或保护不当，会与法律法规或监管要求、合规要求冲突。与口令相比，这些隐私需要更强的保护措施。

　　如果上传用户的生物识别图像（指纹图像等），则无论是否加密，图像都有可能泄露（例如被收买的员工，利用组织授予的权限将数据导出）；且由于生物识别图像不能修改，一旦泄露，将造成不可挽回的损失。因此，上传生物识别图像是万万不可的。如果指纹数据泄露后，试想用户有多少个指头可以用于修改呢？

> 　　2019 年 2 月，国内某人脸识别公司发生数据泄露，超过 250 万人的 680 万条记录泄露，包括身份证、人脸识别图像、捕捉地点等。据调查，该公司数据库没有密码保护，自 2018 年 7 月以来，该数据库一直对外开放，直到泄露事件发生后才切断外部访问。

　　可行的方法只有上传经过处理的生物特征值，而不是原始图像。如果是用于手机等智能终端的身份认证，则建议指纹比对仅在硬件层级完成，指纹数据不出手机。

> 　　按 GDPR 相关条款，原则上禁止处理用户的生物识别数据等特殊类型的个人数据，如果一定需要处理，则需要合法的依据，如经过用户明示同意（此条最为重要）、法定义务等。由于 GDPR 具有长臂管辖权，即使你的企业不在欧洲，但只要涉及处理欧盟公民的个人数据，就在 GDPR 的管辖范围内。

生物认证的关键技术点在于：

- 受制于温度、湿度、采集位置、时间、环境的变化，每次采集的生物特征其实都是不一样的。
- 需要通过算法来比对，以判断特征值 1 和特征值 2 是否为同一个人。

因此，口令的保护方法并不能用于保护生物特征，即不能使用单向散列保护保护生物特征。为了保护这些隐私数据，可以考虑通过如下方式：

- 通过对称加密（AES 128 或以上）存储用于比对的生物特征。
- 认证过程需要携带及验证时间戳（timestamp），防止重放攻击（黑客通过截获的生物特征伪造请求）。

如果不需要上传生物特征也能解决认证问题时，就不要上传，比如智能终端（如手机）上的指纹认证。

4.6 MD5、SHA1 还能用于口令保护吗

2004 年国际密码学会议（Crypto 2004）上，王小云教授及团队展示了 MD5 的碰撞方法和实例，如图 4-18 所示。

```
d131dd02c5e6eec4693d9a0698aff95c2fcab58712467eab4004583eb8fb7f89
55ad340609f4b30283e4888325714415a085125e8f7cdc99f d91dbdf280373c5b
d8823e3156348f5bae6dacd436c919c6dd53e2b487da03fd02396306d248cda0
e99f33420f577ee8ce54b67080a80d1ec69821bcb6a8839396f9652b6ff72a70

d131dd02c5e6eec4693d9a0698aff95c2fcab50712467eab4004583eb8fb7f89
55ad340609f4b30283e4888325f1415a085125e8f7cdc99f d91dbdf7280373c5b
d8823e3156348f5bae6dacd436c919c6dd53e23487da03fd02396306d248cda0
e99f33420f577ee8ce54b67080280d1ec69821bcb6a8839396f965a b6ff72a70
```

图 4-18 两组产生 MD5 碰撞的实例（十六进制内码）

上面的两组十六进制数据，有 6 个字节不同，却产生了相同的 MD5 输出：

```
79054025255fb1a26e4bc422aef54eb4
```

2017 年 2 月，来自 CWI 研究所（荷兰）和 Google 公司的研究人员发布了世界上第一例公开的 SHA-1 碰撞实例[⊖]，两个内容不同的 PDF 文件，但具有相同 SHA-1 消息摘要，如图 4-19 所示。

MD5 和 SHA-1 算法相继被找到了碰撞（输入不同但摘要相同），也就是说这两种算法不安全了。那么 MD5 和 SHA-1 算法究竟是什么样的算法呢？

4.6.1 单向散列算法简介

单向散列算法，又叫 HASH 算法，原本的用途是把任意长的消息 M 转换成固定长度的摘要 D，可记为 HASH(M)=D，且满足：

⊖ SHA1 碰撞的两个文件参见 https://shattered.io/

- 过程是单向的，无法将摘要 D 还原为消息 M，即运算不可逆。
- 实践中无法找到另一消息 M2，使得 HASH(M2)=D，即无法找到两个不同的消息拥有相同的摘要。

图 4-19　两个不同文件的 SHA1 碰撞（两个文件背景颜色不同）

此前业界使用最多的单向散列算法，就包括 MD5 和 SHA-1，主要用于文件完整性检查、证书签名完整性、口令保护等领域。

打个比方，因为下载速度的原因，Alice 从某非官方网站上下载了一份免费软件，他想确认下载的软件是否跟官方一致，于是就检查了官方网站上该软件的 MD5 值，对比软件实际的 MD5，发现是一样的，于是他就放心地运行了。

以前这样是可以的，但自从 MD5 和 SHA-1 被发现碰撞，这两种算法已经变得不可靠了，而需要使用更强的算法，比如 SHA256。

下面以 SHA256 为例，看看散列后的效果：

```
import hashlib

sha256 = hashlib.sha256()
sha256.update(b"123456")
print(sha256.hexdigest())
```

输出为：

```
8d969eef6ecad3c29a3a629280e686cf0c3f5d5a86aff3ca12020c923adc6c92
```

如图 4-20 所示，这个过程是单向的，也就是说无法直接从散列后的结果推算出原始的明文。

图 4-20　单向散列

而要想破解它的话，目前还只能通过暴力破解的方式，也就是不断尝试各种常用组合，但这种方式只能用于原始明文长度较小、复杂度不高的情况，常用于弱口令的破解尝试。

> **提示** 当用于消息传递的完整性保障时，可使用 HMAC-SHA256 算法（在后面的算法标准章节会提到）。

4.6.2　Hash 算法的选用

新建业务可选用如下 Hash 算法：

- SHA-2：这是一个合集，包括 SHA-224、SHA-256、SHA-384、SHA-512，推荐其中的 SHA-256 或 SHA-512。
- SHA-3，第三代安全散列算法。
- 慢速加盐散列：包括 bcrypt、scrypt、PBKDF2 等。

SHA-3 的出现并不是为了取代 SHA-2，而是随着 MD5、SHA-1 相继被破解，NIST（美国国家标准与技术研究院）感觉 SHA-2 可能在未来也会面临风险，因为 SHA-2 和 SHA-1 采用了相同的处理引擎，所以需要准备一个与之前算法不同的备用算法，不过目前来看 SHA-2 还是安全的。由于目前支持 SHA-3 的库还是太少，SHA-3 还没有被大量使用。

4.6.3　存量加盐 HASH 的安全性

有的企业已经采用了加盐散列的做法，只是当时选用散列算法时 MD5 和 SHA-1 还没有被发现存在安全问题，现在该怎么办呢？

其实，截至目前（2019 年 2 月），对于口令的单向散列还是安全的，理由有二：

- 目前还没有找到给定短报文的 MD5/SHA-1 碰撞方法，哪怕是最简单的报文"123456"。
- 所有单向散列的目的都是寻求在实践中难以碰撞，而不是理论上绝对安全，因为对于所有输出长度固定的单向散列算法，只要输入样本数超过输出所能表达的全部变化数即可，以 SHA-512 为例，只要样本数大于 2^{512}（2 的 512 次方）就能制造出碰撞，但是，这个数字是个天文数字，太大了，实际中不可能真的这样去尝试。

因此，可以得出以下结论：

- 如果你的业务不涉及测评、认证、监管要求，暂时还可以维持现状，但一旦业界找到了给定字符串的碰撞方法，那就必须升级了。
- 如果你的业务有测评或认证需求，使用弱散列算法作为主保护措施会被视为风险项，越早改进越好。

现在我们假设业务之前使用了 MD5 散列算法作为保护措施，现在需要适应新的安全形式加以改进。由于散列是不可逆的，我们无法直接对现有的散列值进行复原，这时候可以把当前已有的加盐散列算法作为前置的辅助措施，新增一个字段作为新的加盐散列结果，使用强散列算法（如 SHA-256）对以前的结果再执行一次加盐散列，验证无误后删除原来的散列值即可。

下面验证一下这个思路，代码如下所示：

```
import hashlib

password = '123456'
salt1 = 'abcdefgh'
md5 = hashlib.md5()
md5.update((password+salt1).encode())
salted_md5 = md5.hexdigest()
print("SaltedMD5:", salted_md5)
salt2 = salt1
sha256 = hashlib.sha256()
sha256.update(salted_md5.encode())
print("SaltedSHA256:", sha256.hexdigest())
```

输出为：

```
SaltedMD5: 8a62f4a89ac76961e31ccf22e314d02b
SaltedSHA256: 98cb50d6c43a060ad8b1401a6d2b0829704fed29ee8a4d403e80a766dc2024b9
```

在验证新的字段可用之后，就可以删除原来的 MD5 加盐散列值了。

4.7　后台身份认证

针对用户的身份认证大家都比较熟悉了，比如通常的 Web 应用先对用户进行认证，认证通过之后在浏览器和网站之间建立会话，后续浏览器在 Cookie 中带上这个会话，就可以与网站多次通信。但在后台应用之间，不是用户身份认证的场景，这种方式就不太合适了，这时后台间的认证往往会被忽视。

我们先看一个案例：某运维系统 A 的后台，需要从口令系统 B 获取指定服务器的口令（指定的服务器作为参数传递给口令系统 B）；口令系统为了防止其他无关业务访问，特意做了访问来源限制，只允许运维系统 A 的 IP 地址来访问，如图 4-21 所示。

图 4-21　口令系统的 IP 访问控制

很明显，口令系统 B 并没有验证来自运维系统 A 的查询请求的身份，也就是说，只要 IP 是运维系统 A 的，它就会返回结果。那么，如图 4-22 所示，如果黑客控制了运维系统 A 会怎样？

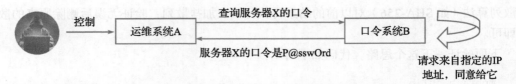

图 4-22　黑客控制 IP 限制的访问源

黑客可以直接利用运维系统 A 主机所在的 IP，不需要分析运维系统 A 的业务逻辑，即可遍历所有服务器的口令，进而可以控制全部服务器。

那么后台间应如何进行身份认证呢？有几类方法可以进行：

- 基于用户 Ticket 的后台身份认证（重点）。
- 基于 AppKey 的后台身份认证。
- 基于非对称加密算法的后台身份认证。
- 基于 HMAC 的后台身份认证。
- 基于 AES-GCM 共享密钥的后台身份认证（重点）。

提示　上述列举的后台间身份认证方式仅供参考，实际工作中不需要局限于这些认证方式。如果经过方案评估，认为你所在团队选择的方案更优，可继续使用。

4.7.1　基于用户 Ticket 的后台身份认证

基于用户 Ticket 的后台身份认证，就是在访问资源的过程中，后台系统也基于用户身份进行认证。

用户在通过 SSO 系统认证，获得 SSO 颁发的 Ticket 首次访问应用系统时，应用系统在验证 Ticket 无误之后，直接将其纳入会话缓存起来（即 Ticket 当 session）。这样后续每次请求都会带上 Ticket，后台之间请求数据的时候也带上这个 Ticket，也就是全程携带 Ticket。

不过通常来说，这只适用于 To C 业务（即 To Consumer，面向消费者的业务），消费者访问自己特定的资源，比如用户自己的网上相册、购物记录等场景。

如图 4-23 所示，基于用户 Ticket 的后台身份认证的过程如下：

1）系统 A 在请求后端系统 B 的数据时，把用户在 SSO 认证时通过的票据（Ticket）同时带上。

2）后端系统 B 收到 Ticket 之后，会去 SSO 系统校验用户身份。

3）SSO 校验通过之后，返回用户身份信息。

4）后端系统 B 返回用户特定的数据，

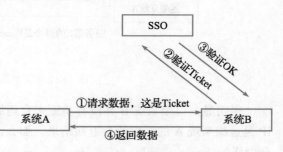

图 4-23　基于用户 Ticket 的后台身份认证

Ticket 对应的身份将临时缓存起来以便短期内继续使用。

由于这种方式访问的数据范围仅限用户个人创建的数据（UGC 数据），安全性比较高，推荐使用。

4.7.2 基于 AppKey 的后台身份认证

这种方式使用 AppID 和 AppKey 进行系统间的认证，其中：

- AppID 相当于用户身份认证中的用户名。
- AppKey 相当于用户身份认证中的口令。

AppID 和 AppKey 一旦泄露，则数据安全将得不到保障，仅适合对安全性要求一般的场景。

在认证过程中，建议使用 POST 方式传递 AppID 和 AppKey。

🎯 提示　有的业务在此基础上，使用了 AppID+AppKey+AppSecret 三个要素，这时，AppKey 可以视为会员卡（或不同的权限标识），而 AppSecret 可以视为口令（或密钥）。

4.7.3 基于非对称加密技术的后台身份认证

常见的非对称加密算法有 RSA 和 ECC，无论是哪一种，都有一个公钥和一个私钥。

简单地说，非对称加密的特点为：

- 公钥公开，私钥保密（私钥只能由所有者持有，且不能在网络中传递），如图 4-24 所示。

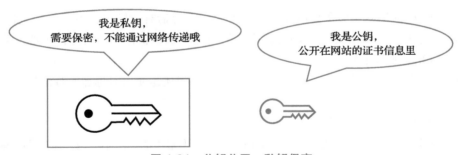

图 4-24　公钥公开，私钥保密

- 私钥加密的数据，只有对应的公钥能够解开（私钥加密的过程又叫数字签名，可用于证明私钥持有方的身份），如图 4-25 所示。
- 公钥加密的数据，只有对应的私钥能够解开（消息发给谁，就用谁的公钥加密，即只能用对方的公钥加密），如图 4-26 所示。

由此可见，如果需要验证请求者的身份，请求者可使用自己的私钥加密消息（请求的内容或时间戳），服务提供者收到之后，使用请求者的公钥解密，得到消息的同时，也确认了请求者的身份。

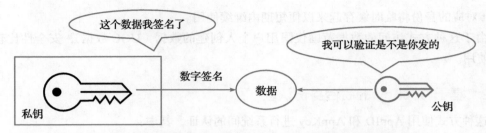

图 4-25 私钥加密的数据（数字签名）只有对应的公钥能解开

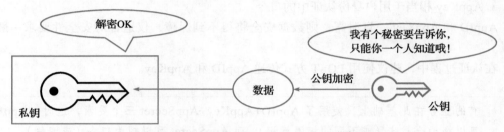

图 4-26 公钥加密的数据，只有对应的私钥能够解开

但需要注意的是，使用非对称加密算法进行身份认证的场景有限，主要是由于：

- 非对称加密算法的加密速度很慢，只能用于少量的加密运算。
- 私钥需要特别的保护，如果私钥的存放有可能泄露，则身份可能会被盗用。

因此，非对称加密不能用于大量消息传输或需要频繁对消息进行认证的场景，主要用于如下场景：

- 一次性认证场景（只在会话开始认证一次，在会话有效期内，不再重新认证），比如程序员在向 Github 提交代码时，往往使用证书认证机制（私钥留在本地，公钥配置在 Github 账号中）。
- 协商对称加密密钥场景（即真正对大量数据加密还是使用对称加密算法）。

4.7.4 基于 HMAC 的后台身份认证

这里又不得不讲一点跟密码学有关的知识了，不过不常用的算法咱不说，说的都是常用的！

为了便于理解，我们把 HMAC 的作用总结为一句话：

带着 HMAC 消息来，我就相信你。相信是你说的，相信内容完整无误（未经篡改）！

HMAC 的用途包括：

- 身份认证：确定消息是谁发的（对约定的消息进行运算，比如请求的参数以及当前时间戳）。
- 完整性保障：确定消息没有被修改（HMAC 运算结果不包含消息内容，通常和明文消息一起发送，不能保障消息的保密性）。

HMAC 的全称是 Hash-based Message Authentication Code（散列运算消息认证码），是加密和 HASH 算法的结合，可以视为 HASH 算法的安全加强版，如图 4-27 所示。

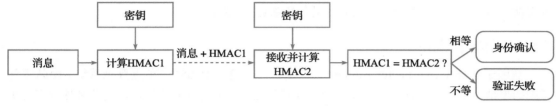

图 4-27　HMAC 示意图

HMAC 是不可逆的加密摘要，接收方可利用同时收到的消息明文 msg，以及预先就知道的密钥 key（可通过会话同步给客户端），执行同样的 HMAC-SHA256 运算，将得到的摘要 HMAC2 与收到的摘要 HMAC1 进行比较，相等则确认发送者身份跟声称的身份一致且消息未被篡改。

利用 HMAC 的特点，可用于内网后台间身份验证。为了防止重放，可以在消息体中加入时间戳等信息，以 HMAC-SHA256 为例（Python），如下所示：

```
import hmac
msg = b"clientid=1&queryid=9999&timestamp=1544022380"
key = b"LetMeIn"
h = hmac.new(key, msg, digestmod='SHA256')
h.hexdigest()
```

输出为：

```
'faf7ecfc5175f2248f10e52bce144e4294474e79832fda5c33821ac4bcc48144'
```

假设接收方为 https://www.example.com/query.php，用于 GET 请求参数时，可这样传递给接收方：

```
https://www.example.com/query.php?clientid=1&queryid=9999&timestamp=1544022380&
hmac=faf7ecfc5175f2248f10e52bce144e4294474e79832fda5c33821ac4bcc48144
```

接收方收到消息后首先会校验 HMAC，验证通过后，继续检查时间戳是否在当前时间允许的误差范围内（比如 500 毫秒），不在误差范围内的请求可视为重放请求抛弃掉。

由于 HMAC 本身不支持对原始消息本身的保密，如外网消息传递及认证（如客户端认证），需要配合 HTTPS 使用。

可能有同学会问，HMAC 只用于身份认证，需要发送具体消息吗？

只用于身份认证时不需要发送具体的业务消息，只需要双方约定一个指定的消息即可，例如时间戳就是一个很好的选择，这样只传递针对时间戳的 HMAC 运算结果就可以了。大多数场景，要么是请求资源，要么是传递消息，这些场景均需要发送具体的消息来表明自己的目的。少量场景，比如应用 A 只需要向应用 B 发送心跳，这时候可以把时间戳当作消息执行 HMAC 运算。

4.7.5 基于 AES-GCM 共享密钥的后台身份认证

HMAC 消息认证机制并没有对消息进行加密，如果需要确保消息的保密传输，就可以考虑使用 AES-GCM。关于 AES-GCM 的使用参见 4.2.2 节。

4.8 双因子认证

双因子认证（Two Factor Authentication，2FA）通常是 SSO（单点登录系统）团队需要考虑的事情。双因子认证就是在原来的口令基础上添加额外的安全机制。这些额外的安全机制包括但不限于如下形式：

- 手机短信验证码。
- TOTP（Time-based One-Time Password，动态口令），通常每 30 秒或 60 秒生成一个变化的 6 位数字。
- U2F（Universal 2nd Factor，通用双因子身份认证）。

4.8.1 手机短信验证码

利用人们随时携带手机的便利条件，向用户发送动态的验证码，用户在认证时输入该验证码，从而确认用户的身份。

这种方式的主要风险在于，坏人可以利用社会工程学的手段，骗取用户的短信验证码，或者利用手机木马窃取短信验证码；更有甚者，过去曾经出现过利用运营商的自助补卡功能，盗取用户手机号码的情况。

这种方式适用于对安全性要求不是特别高的场合（如手机 APP 登录），在安全与效率之间取得较好的均衡。

4.8.2 TOTP

TOTP（Time-based One-Time Password）即通常所说的动态口令，它是基于 RFC 6238[⊖]，每间隔指定的时间（常用的有 30 秒、60 秒）生成一个与时间相关的数字（通常为 6 位），可通过硬件或软件（如手机 APP）等载体实现。某银行的动态口令牌参见图 4-28。

动态口令和静态口令混合在一起使用时，已经是动态变化的口令，用户的静态口令就没有必要定期修改了，大大提升了用户体验。但这种方式对时间的要求比较高，需要手机（或动态口令硬件）的时间跟服务器侧的时间误差很小，不然会因累计时间误差导致生成的动态口令跟服务器生成的动态口令不一致，从而认证失败。这也是动态口令硬件需

图 4-28　动态口令牌

⊖ RFC 6238 参考：https://tools.ietf.org/html/rfc6238

要定期更换的原因。

TOTP 的安全性相对就比较高了，多用于企业内部员工的 SSO。

如果内部业务采用 TOTP 以及公网模式对外发布，让员工可以在家办公，由于 TOTP 的动态口令可在设定的时间周期窗（30 或 60 秒）内有效，如果黑客在获取动态口令之后实时向真实业务网站登录，就可以获得认证通过的凭据，给内部业务带来风险。

可见，动态口令也只适用于内网员工使用，如果用于向互联网发布的业务，仍存在被钓鱼网站窃取身份的可能性，如图 4-29 所示。

图 4-29　钓鱼攻击

Google 在实施零信任网络架构后，员工也像普通用户一样，使用外网地址访问公司业务，为了避免员工被钓鱼攻击，将原来的 TOTP 更换成了 U2F。

4.8.3　U2F

U2F[⊖]（Universal 2nd Factor，通用双因子身份认证），是由 Google 和 Yubico 共同推出的开放认证标准，使用 USB 设备或 NFC（Near Field Communication，近场通信）设备执行进一步的验证。

用户携带一个支持 U2F 的钥匙扣设备，即可访问所有支持此协议的应用（如 Github 网站），如图 4-30 所示。用户登录时，先输入用户名、密码，然后插入 U2F Key，触摸一下就完成登录认证。即使用户名和密码泄露，但没有这个物理设备，别人也无法通过认证。

图 4-30　U2F 设备

那么它与传统的 U 盾（USB Key，内置证书私钥，是目前较多银行专业版所使用的认证方式）有什么区别呢？U2F 和传统的 U 盾都是采用非对称加密技术，但是 U2F 是通用标准，可以在多个应用中使用，而 U 盾通常只能用于一个业务。与 U 盾相比，U2F 在安全性、用户体验上均有质的提升。

4.9　扫码认证

如果一个业务既可以从电脑上访问，也支持对应的手机 APP 访问，可以使用手机 APP 的扫码登录功能。如果某个业务支持第三方认证，且第三方认证支持扫码登录，同样也可以

⊖　U2F 参考：https://en.wikipedia.org/wiki/Universal_2nd_Factor

使用第三方的手机 APP 扫码登录。

例如当我们访问某个支持微信登录的知识分享网站时，选择通过微信登录后，会弹出一个二维码，如图 4-31 所示。

图 4-31　微信扫码登录网站

当我们用微信扫描出现在网页上的二维码时，就可以认证通过。

这种认证方式，本质上是一种信任传递机制，将手机 APP 上的身份传递到该应用上来，并且较好地解决了安全与效率的问题，登录体验比独立使用一套口令机制要方便很多。

在安全要求特别高的场合，还可以结合其他认证方式，进行组合认证。

4.10　小结与思考

在前面的内容中，涉及一个非常关键的问题：

涉及人员（包括用户、员工、合作伙伴等）的身份认证谁来做？

首先，可以肯定的是，不能让每个产品自己来做用户管理和身份认证（如图 4-32 所示），这会带来糟糕的用户体验、个人数据多处存储不受控制、保护方案参差不齐等问题，很容易导致个人账号数据泄露。

因此，统一使用 SSO 基本上是没有争议的了。但每个产品都直接跟 SSO 集成（如图 4-33 所示），这种方式也值得推敲。

在实践中，往往面向用户的应用能够较好地跟 SSO 集成，而面向员工的内部业务普

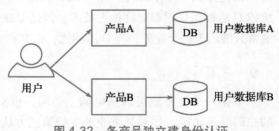

图 4-32　各产品独立建身份认证

遍做得较差，很多业务团队的人员会认为内部系统不需要搞这么复杂，结果很多内部系统（特别是一些内部运营系统）连基本的身份认证都没有。如果黑客已经进入内网，那么这些没有身份认证机制的内部业务就完全失去了防御能力。

　　为了解决这个问题，安全团队在设计整体安全解决方案的时候，可以考虑将各产品与SSO 集成的这个环节统一接管过来，在统一的接入网关上跟 SSO 集成，如图 4-34 所示。

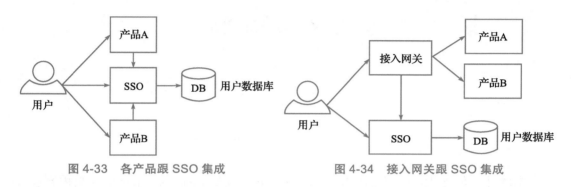

图 4-33　各产品跟 SSO 集成　　　　　　图 4-34　接入网关跟 SSO 集成

　　采用接入网关统一与 SSO 集成的方案后，可以让各产品团队聚焦到业务上。有关接入网关的进一步介绍，将在本书的第三部分详细展开。此外，对于 To C 业务，还有 OAuth 2.0等认证方式，可以让用户使用第三方的认证服务，此处不再介绍。

第 5 章
授权：执掌大权的司令部

本章讲述安全架构 5A 方法论中的第二个元素：授权（Authorization），主要内容包括：授权不严漏洞简介，授权的原则与方式，典型的授权风险，授权漏洞的发现与改进。

5.1 授权不严漏洞简介

我们经常会听到"授权不严漏洞"的说法，那么这到底是一个什么样的漏洞呢？请看图 5-1 所示场景。

用户 A 看到了他不该看到的资料，这是一种授权不严漏洞。

授权，顾名思义，就是向通过身份认证的主体（用户 / 应用等）授予或拒绝访问客体（数据 / 资源等）的特定权限。比如员工默认只能查询自己的薪酬数据，但指定级别以上的主管人员有权查询管辖范围内员工的薪酬数据。

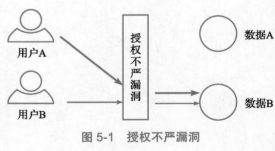

图 5-1　授权不严漏洞

我们再来看几个例子。某网站的一个普通的用户，无意中发现了一个隐秘的后台管理入口，点开后发现他竟然可以查看所有用户的资料、执行所有特权操作，这属于操作（新增、查询、修改、删除等）了业务规则允许范围之外的数据。

某用户经过研究，发现了一种可以不用付费就可以观看付费视频的方法，这属于对资源（网络资源、计算资源、存储资源、进程、产品功能、网络服务、系统文件等）的越权访问。

而在正常情况下，普通用户不能拥有管理特权，未付费用户无法享受付费用户才能享受的资源。特殊情况下，如果业务允许，则需要建立权限申请流程，比如员工访问另一位同事名下的某台服务器，需要先申请权限，然后才能执行运维操作。

授权的结果，可体现在规则、数据库中的授权表等形式上，作为访问控制的输入。

> 💡 **提示**　这里主要讨论应用系统自身如何对用户授权，没有讨论手机 APP 希望获取的手机访问权限（如拍照、录音、读取通信录、读取短信等，这部分内容主要涉及个人隐私，作为手机用户，需要谨慎分辨，合理授权，拒绝不该使用的权限）。

5.2　授权的原则与方式

从安全意义上，默认权限越小越好（甚至没有任何权限），满足基本的需要即可。例如，在隐私保护越来越重要的今天，用户的个人信息应默认只能用户自己访问；新员工默认只能访问基本的办公系统。

5.2.1　基于属性的授权

什么是属性呢？以汽车为例，图 5-2 展示了一些汽车的属性。

生活中，你看到的车辆有颜色、大小、品牌、排量等各种属性（attribute）。同样，人类有身高、体重、年龄等属性。可见，属性就是对一个客体或对象（object）的抽象刻画。在面向对象的编程中，常用以下这种方式来表示属性：

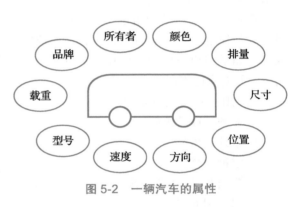

图 5-2　一辆汽车的属性

```
Object.attribute  //对象的属性
```

例如：

```
theCar.Color    //这辆车的颜色
theCar.Brand    //这辆车的品牌
```

基于属性的授权（Attribute-Based Authorization），是在规则明确的情况下，应用系统可以不用建立授权表，只将这种规则纳入访问控制模块即可，通过比对属性（或规则），比如是否为资源的所有者、责任人，来决定是否放行。例如：

- 用户有权查询、修改、删除自己的个人信息，但用户无权查询、修改、删除其他用户的个人信息（在信息的属性字段里面，有一个字段是该信息的所有者 /Owner，可用于比对）；如相册应用中，判断用户能否访问指定的照片，就是看当前用户是不是这张照片的所有者，如下所示：

```
If(theUser == thePhoto.owner) {放行}
```

- 允许用户的好友查看其发表的内容，拒绝非好友的访问，如下所示：

```
If(theUser in thePhoto.owner.friends) { 放行 }
```

- 设备的负责人有权对自己名下的设备进行运维管理（在设备的属性字段里面，有一个字段叫做"设备负责人"，也可能存在一个字段"备份负责人"，可用于规则比对），如下所示：

```
If(theUser == theDevice.owner || theUser == theDevice.backupOwner) { 放行 }
```

5.2.2 基于角色的授权

基于角色的授权（Role-Based Authorization），是在应用系统中先建立相应的角色（可以用群组），再将具体的用户 ID 或账号体系的群组纳入这个角色，如图 5-3 所示。

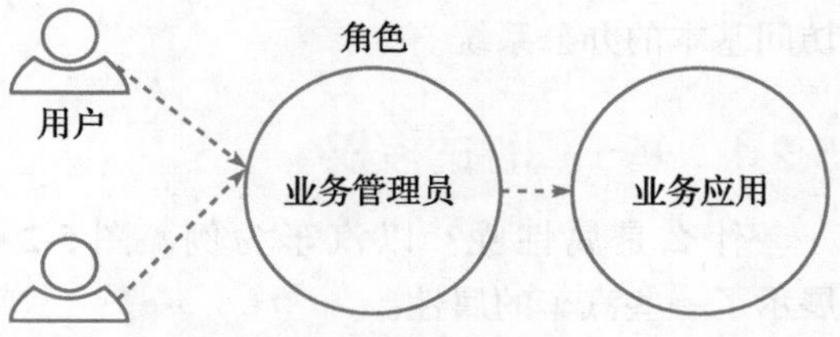

用户通过成为某种角色（或其所在的群组成为某种角色），从而拥有该角色所对应的权限。如果用户角色发生变化，不再属于某角色，则对应的权限就失效了。

角色典型的应用场景如下：

- 业务管理员角色。
- 审计员角色。
- 审批角色。
- 非自然人的组织账号（比如很多公司、机构拥有官方的社交网络账号），可将组织账号的维护管理权限授权给某个员工，从而该员工可以官方账号的名义发布信息。

可能读者会问：群组与角色是什么关系？角色，是应用系统内的不同权限等级的用户群体划分；群组，通常是指账号体系的群组（如部门群组）；角色可以用应用内的群组来管理，将账号体系的用户或群组（如部门群组）加入进来，比如财经系统的用户角色，可以将账号体系的财务部群组纳入进来，如图 5-4 所示。

如果不使用角色而是直接授权给指定的员工 ID，则在人员转岗或职责变化、新的人员加入等情况发生时，需要频繁地维护权限表，而在这一点上往往做不到及时维护，导致转岗的人员仍然持有重要的权限。使用角色后，只需要维护该角色内的人员清单即可，维护工作量大大减少。

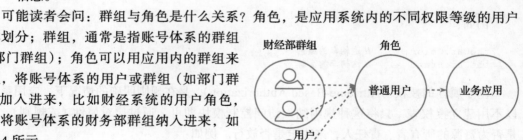

图 5-3 基于角色的授权

图 5-4 将群组授予某种角色

5.2.3 基于任务的授权

基于任务的授权，是为保障流程任务顺利完成而采取的临时授权机制，该授权需要一项正在进行的任务作为前提条件。

典型场景如下：

- 用户拨打客户服务电话，会生成一个工单，客户服务部的员工为了验证呼入用户的身份，或协助用户解决问题，有权获取该工单所对应用户的联系方式或资料，如图 5-5 所示。
- 如果快递包裹上不再允许直接展示完整的收件人的姓名、电话、地址（现在已经有部分快递开始使用脱敏的收件人信息），那么快递员就需要查看派单的收件人信息（或者通过 APP 间接拨打收件人的电话），如图 5-6 所示。
- 某员工只能在流程某一环节查看申请单信息（比如自己审批的那个环节才能看），流程处于其他环节时就看不到了。

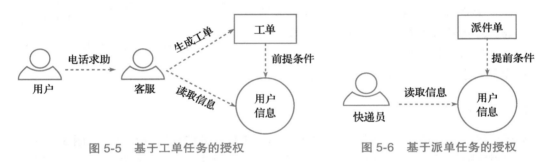

图 5-5　基于工单任务的授权   图 5-6　基于派单任务的授权

5.2.4 基于 ACL 的授权

ACL（Access Control List）即访问控制列表，在执行访问控制的时候，访问控制模块会依据 ACL 设定的权限表来决定是否允许访问。你可以把访问控制列表看成是一张表格，具体的字段取决于具体的业务场景。ACL 的主体可以是单个用户，也可以是一个群组（group）。

ACL 场景举例如下：

- 张三拥有防火墙策略审批系统的审批权（张三在具有审批权的名单中）。
- 李四授权王五登录自己名下的一台服务器（李四将王五纳入允许登录该服务器的名单中）。
- 只有财务部的员工才能使用这个财经系统。
- 防火墙上允许 A 系统跨区访问（或调用）B 系统（限定访问的源 IP、目标 IP、目标端口）。

这里，授权与访问控制的关系可以理解为：授权是司令官，是执行访问控制的依据；访问控制只能按司令官的意志来执行放行与否。

5.2.5 动态授权

动态授权是基于专家知识或人工智能的学习，来判断访问者的信誉度，以决策是否放行。比如分析某个请求，如果是正常的用户就允许访问，如果高度怀疑是入侵行为或未授权的抓取网站内容的爬虫，则可能拒绝访问或者需要额外的操作（如输入验证码等）。

5.3 典型的授权风险

典型的授权风险包括：

- 未授权访问（就是根本没有授权机制）。
- 平行越权和垂直越权（参见图 5-7）。
- 交叉越权（同时存在平行越权和垂直越权）。
- 诱导授权，隐私保护不力或用户自主授权模式太宽松，导致用户很容易被误导或诱导，轻易授权给第三方应用，交出自己的个人隐私数据。
- 职责未分离，将不同的管理权限授给同一人。

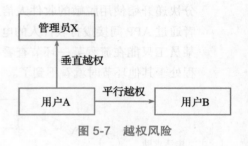

图 5-7 越权风险

5.3.1 平行越权

平行越权，通常是指一个用户可以访问到另一个用户才能访问的资源，如图 5-8 所示。例如，按照规则，用户只能查看自己的个人信息，正常的浏览行为也符合这一要求。但是，有人发现在查看自己的个人信息时，系统是通过传递给它的用户 ID 参数来进行区分的，就像这样：

```
https://example.com/query_info.php?id=1001
```

它可能会尝试修改这个参数，如下所示：

```
https://example.com/query_info.php?id=1002
```

如果这时，他发现页面展示的是另一个用户的个人资料，平行越权就出现了。

除了用户之外，不同的业务角色之间，也可能出现越权。

假设某采购业务系统在规则上限制不同的角色组不能互访，GroupA 负责硬件类采购，GroupB 负责软件类采购。UserA、UserB 分别属于 GroupA、GroupB（权限平级，但分属不同业务角色）。如果

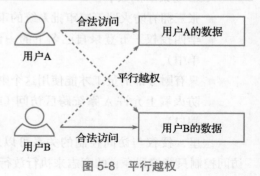

图 5-8 平行越权

UserA 能够访问 GroupB 才能访问的链接，或 UserB 能够访问 GroupA 才能访问的链接，也属于越权。

5.3.2 垂直越权

垂直越权，通常是低权限角色的用户获得了高权限角色所具备的权限，如图 5-9 所示。

典型的场景是黑客通过修改 Cookie 或参数中隐藏的标志位（如 is_admin=1），从普通用户权限提升到管理员权限。

管理特权本来只应被管理员访问，但如果设计不当，一名普通的用户可以通过简单的黑客手段（如篡改 Cookie 中的标志位），甚至可能不用任何修改就可以直接操作管理特权。

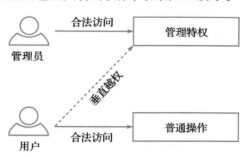

图 5-9　垂直越权

5.3.3 诱导授权

2018 年 3 月，纽约时报和英国卫报曝光美国某知名社交网络巨头 F 公司超过 5000 万用户信息泄漏（关系链、住址等）并被滥用，调查发现是被另一家做数据分析的咨询公司通过诱导授权的方式获取了用户的授权，收集了用户及其关系链好友的行为模式、性格特征、价值观取向、成长经历等数据，并用于在 2016 年美国总统大选中为某总统候选人助选（向目标受众推送广告），影响了很多选民的选票。这起事件让 F 公司面临严重的危机，市值大跌，涉事的咨询公司也受此影响破产。2019 年 7 月 13 日，美国联邦贸易委员会（FTC）与该公司达成和解协议，罚款 50 亿美元，以及包括长达 20 年的隐私保护监督等附加条件，结束对该公司的调查。

可见权限管理过于宽松，容易被诱导授权也是一种风险。作为数据控制者，应严格控制默认权限，以及用户对外的授权机制，防止批量数据泄露。

> 当然，从法律合规的角度来看，主要问题之一在于没有获得用户显式的同意，包括两个关键动作：1）选择框，即默认不能勾选，应由用户主动勾选；2）用户点击同意。

5.3.4 职责未分离

公司财务管理中，会计和出纳如果由一人担任，会出现贪腐现象（私吞公款再把账抹平），因此会计和出纳应由两人担任，如图 5-10 所示。

同样，开发人员和运维人员由一人担任，会出现随意变更生产环境，数据无意中泄露的情况，比如将生产环境中的数据导出到测试环境或本地。

操作系统管理员、数据库管理员、业务后台管理员如果由同一人担任，他就具备了把全部数据拿出来的权限，并且在日志上看不出异常。

在业务流程审核时，如果负责审批权限
的人和负责执行的人由同一人担任，他就可
能审核自己的单据，获取更多的权限或收益
（如收集发票报销）。

职责的分离，主要依靠管理手段来主动
规避。

图 5-10　会计和出纳应由两人担任

5.4　授权漏洞的发现与改进

5.4.1　交叉测试法

通常，是否具有授权机制，访谈业务团队中的软件设计人员是最快速的方法，但也有
局限性，特别是考虑到沟通不畅、理解分歧与配合不力的情况，业务团队往往更希望有一个
操作性非常强的方法可供重复开展工作。

这时，安全团队可以使用输出交叉测试法，交给业务的安全测试团队，来辅助发现授
权漏洞。

简单地说，交叉测试法就是不同角色（或不同权限等级）的用户，以及同一角色内的不
同用户，互相交换访问地址（含参数），把张
三使用的地址发给李四，把李四使用的地址
发给张三，看结果是否符合业务需要的权限
规则，如图 5-11 所示。

按组织内安全管理的成熟度，测试结果
可以考虑纳入业务发布上线的前置条件（即
准入条件之一）。

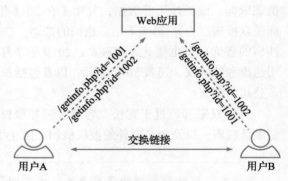

5.4.2　漏洞改进

图 5-11　交换链接测试法

漏洞改进主要有两种思路：

- 应用内建立授权模块（首选）。
- 使用外部权限管理系统（适用场景有限）。

1. 应用内建立授权模块

如果一个业务默认只允许用户访问自己的资料，典型的场景是同一个 URL 地址配合不
同的参数，需要在应用内建立授权模块，如图 5-12 所示，在用户访问资料之前，增加访问
控制模块。

如果当前用户访问的资源是自己的，按规则放行。

如果当前用户访问的资源不是自己的，到授权表中检查是否存在对应的授权记录，如

属于特定的允许访问的角色，如审批人员、客服人员，则在授权表指定的范围内受控地访问，包括只读权限、只能读取少量指定的资源等。

如既不是被授权的用户，也不属于任何被授权的角色，则拒绝访问。

2. 使用外部权限管理系统

如果要访问的资源不是用户自己的数据，或者跟用户自身没有关系，比如某种功能的使用权限，典型的场景是用 URL 地址进行区分，除了可以使用应用内的授权表之外，还可以使用应用外的权限管理系统，如图 5-13 所示。

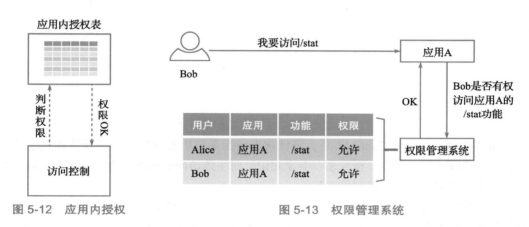

图 5-12　应用内授权　　　　　　　　图 5-13　权限管理系统

业务的应用管理员，可以到权限管理系统去配置接入，以及设置授权表。

第 6 章
访问控制：收敛与放行的执行官

访问控制（Access Control）是为降低攻击面而采取的控制措施，以及依据安全管理政策、业务规则或资源属性、授权表、专家知识，对主体访问客体的行为进行控制，确定是否放行，防止对资源进行未授权的访问。

本章内容主要包括：典型的访问控制策略，即什么情况下放行，什么情况下禁止。不信任原则与输入参数的访问控制，防止典型的 Web 高危漏洞。最后介绍防止遍历查询。

6.1 典型的访问控制策略

过去保卫一座宫城，一个常用的办法就是在宫城的周围挖出一条护城河，然后再建设几座桥梁或吊桥，派驻守卫。如果有人需要进宫，则需要出示身份凭证（如腰牌），验证身份和权限后决定是否放行。在这个场景中，出示腰牌的人，就是通过身份认证的主体；收敛访问路径，只允许从桥梁或吊桥经过，并验证权限，就是控制策略；宫城内的区域，对应访问的客体。

如图 6-1 所示，要执行访问控制，至少应包含如下三个要素：

- 主体（Subject），包括用户、管理员、系统调用方等。
- 客体（Object），包括资源、数据、文件、功能、设备、终端等。
- 控制策略，即主动访问客体的规则的集合。

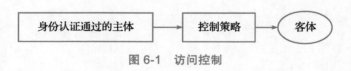

图 6-1　访问控制

其中，控制策略主要包括：

- 基于属性的访问控制。
- 基于角色的访问控制。
- 基于任务的访问控制。
- 基于 ACL 的访问控制，或自主访问控制（Discretionary Access Control，DAC）：即资产的所有者，在符合整体安全政策的条件下，有权按照自己的意愿，授予其他主体访问这些资源的权限。
- 基于专家知识的访问控制。
- 强制访问控制（Mandatory Access Control，MAC）：主体和客体都分配安全标签用于标识安全等级，基于主体和客体的安全标签所标明的等级，来决定主体是否能够访问客体（在 IT 与互联网系统中使用较少，本书不予展开）。

下面将简单介绍实践中常用的访问控制手段。

6.1.1　基于属性的访问控制

基于属性的访问控制（Attribute-Based Access Control，ABAC）：通过比对待访问的资源对象的属性（如所有者、责任人、所属部门等），来决定是否允许访问，如下所示：

```
if(user in asset.owner) { 放行 }
```

典型场景包括：
- 允许用户访问自己名下的资源（设备、个人信息等），禁止用户访问他人的秘密空间。
- 只允许设备负责人运维自己名下的设备。
- 禁止员工 A 尝试 SSH 登录员工 B 名下的服务器（员工 A 不属于该服务器责任人，且未经责任人授权）。

6.1.2　基于角色的访问控制

基于角色的访问控制（Role-Based Access Control，RBAC），授权是授给角色而不是直接授给用户或用户组，用户通过成为某个角色的成员，从而拥有该角色对应的权限（RBAC 是用得较多的一种模型），如图 6-2 所示。

图 6-2　用户先成为某种角色，进而获得该角色的权限

6.1.3　基于任务的访问控制

基于任务的访问控制（Task-Based Access Control，TBAC），是为保障流程任务完成而采取的动态访问控制机制（如图 6-3 所示），如：

- 流程各阶段的审批/处理权限。
- 快递员查看派单的收件人信息。
- 客服人员查看电话呼入的求助用户的资料。

在访问控制模块，会检查有没有任务（如派送单）作为决策依据，来决定是否放行。

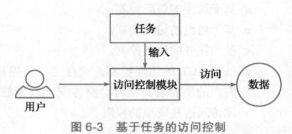

图 6-3　基于任务的访问控制

6.1.4　基于 ACL 的访问控制

不便使用上述 ABAC 或 RBAC 的情况下，直接向授权表插入授权记录，是最简单的做法，如运维权限、防火墙策略等。如图 6-4 所示。

在访问控制模块，会检查有没有 ACL 作为决策依据，如果命中 ACL 规则，就会按照 ACL 设定的动作执行（放行或拒绝）。

在基于 ACL 的访问控制场景中，白名单和黑名单是一个经常使用的访问控制机制。其中白名单用于允许访问，黑名单用于拒绝访问，常用于简单、直接、快速地做出访问决策的场景。

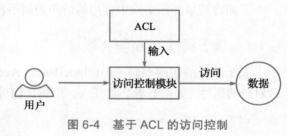

图 6-4　基于 ACL 的访问控制

典型的白名单或黑名单中的内容有：

- 用户 ID 或用户名（比如好友黑名单）。
- IP 地址（比如某保密系统只允许从指定的 IP 地址发起访问、WAF 中将攻击者 IP 加入黑名单）。
- 电子邮件地址（将重要的邮件地址加入白名单，垃圾邮件发送者加入黑名单）。
- 文件路径或进程名（常用于杀毒软件，加入白名单不再扫描）。

如果同时存在白名单和黑名单，通常白名单的优先级高于黑名单。比如 WAF 系统往往会添加一些内部地址为白名单，用于测试目的，即使提交的参数带有非法指令，也会放行。

6.1.5　基于专家知识的访问控制

当控制规则不便用非常简单的方法来实现，而需要借助一定的专家知识、经验、专业的解决方案才能完成时，笔者将其归类为基于专家知识的访问控制。

典型场景包括：

- 参数控制（参数化查询机制、检查参数的合法性等，防止引入缓冲区溢出、SQL 注入、XSS 等风险，常用于安全防御）；以黑客的某次 SQL 注入攻击尝试为例，如图 6-5 所示，可以将访问控制措施落地在接入网关上，在接入网关上启用 WAF 模块功能。当检测到攻击特征，网关的 WAF 模块会通知网关拦截：

图 6-5 参数检测与访问控制

- 频率或总量控制（例如只允许一分钟内访问 5 次、在 60 分钟内请求次数不能超过 300 次等，防止敏感数据被批量查询导出）。
- 行为控制（基于大数据或行为分析建模，得出信誉度，决定是否允许访问，可疑的行为记录下来继续观察，如防止黑产账号的访问）。
- 业务规则，如免费用户只能使用 30 天等。

6.1.6 基于 IP 的辅助访问控制

2018 年，某世界第二人口大国的国家身份证数据库系统被曝公民的个人数据泄露，且泄露规模达到惊人的 11 亿条记录。这个数据库存储了姓名、电话号码、邮箱地址等个人信息，甚至还包括指纹、虹膜等极度敏感的生物识别信息。据推测数据泄露的原因之一是该系统为第三方提供了一个白名单 IP 地址的访问机制，只要从这些指定的 IP 地址发起，就能访问到该数据库系统。这就意味着任何人，只要拥有了其中一个 IP 地址，不需要任何账号和口令，就能访问到这个极度敏感的数据，然后通过客户端工具，批量访问敏感数据。至于是第三方内部人士干的，还是黑客控制了第三方人员的电脑，就不得而知了。

这里的 IP 白名单机制，实际上就是一种限制访问者来源的访问控制机制，但是这种机制简单粗暴，实际防御中较为脆弱，一般只用于防火墙策略等少量场景中，不推荐将其作为应用系统中主要的控制手段，而是作为辅助的控制手段。一些适用于等级保护四级要求的业务，如金融、支付等，有"在指定地点发起运维操作"的要求，这时就可以使用防火墙策略，限制只允许指定房间或座位的 IP 地址访问运维管理后台。但主要的控制手段，还是需要使用"基于身份的授权与访问控制机制"。

有很多实际的数据泄露案例，把 IP 控制当作主要的控制措施，往往还会伴随着人为疏忽导致 IP 限制失效的情况。比如，互联网上存在大量不需要验证且直接对外网开放的数据库（如 MongoDB）。2018 年 12 月，推特用户 Bob Diachenko 发现一个位于美国的服务器上的 854GB 大小的 MongoDB 数据库泄露，无需密码，内容包括 2 亿份中国求职者的简历，包含候选人的个人信息，如手机号码、电子邮件、婚姻状况、工作经历等（如图 6-6 所示）。在事件发酵后，这份数据库才被保护起来，但日志显示，在保护之前，已有十几个 IP 地址访问过该数据库。

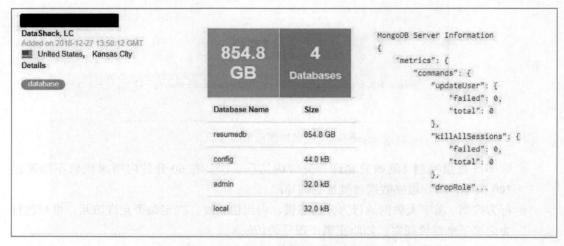

图 6-6　两亿中国求职者简历泄露

2019 年 2 月，国内某人脸识别公司发生数据泄露，超过 250 万人的 680 万条记录泄露，包括身份证、人脸识别图像、捕捉地点等。据调查，该公司数据库没有密码保护，自 2018 年 7 月以来，该数据库一直对外开放，直到泄露事件发生后才切断外部访问。

在搭建数据库的过程中，往往会由于服务默认监听所有 IP，导致数据库端口直接对外网开放。在使用互联网数据中心、云主机时，由于很多服务器默认会监听外网，这一隐患表现得特别明显（传统的数据中心由于设置有 DMZ 缓冲区，表现得稍微好一些，即使监听所有 IP 地址也不会直接对外网开放）。

 DMZ（Demilitarized Zone，非军事区）是一个安全等级介于服务器内网和互联网之间的网络区域，常用于部署直接对外提供服务的服务器，如 Web 业务的前端服务器。在 IDC（互联网数据中心）模式下，通常没有 DMZ 这个网络区域，而采用双网卡机制，一张网卡用于内网，另一张网卡用于外网，外网网卡可视为虚拟化的 DMZ。

但无论是在哪里部署，都需要首先设置身份认证。IP 地址限制可以帮助收缩来访者的来源范围，作为辅助性的访问控制措施。

如果业务需要部署数据库等高危服务，首先需要设置口令，不要使用空口令或默认口令。其次尽量不要部署在拥有外网网卡（或 IP 地址）的服务器上，如果需要在这样的服务器上部署，需要修改数据库的配置文件，只监听内网地址，防止无意中开放到互联网去了。

在后面我们会讲到，建议默认为所有服务器只配置内网 IP，需要对外提供服务时，可通过统一的接入网关，这样高危服务就不会误开放到外网去了。

6.1.7 访问控制与授权的关系

想必大家已经看到了，这里的内容跟上一章授权有一些重复的地方，那么访问控制与授权究竟是什么关系呢？

如图 6-7 所示，授权与访问控制的关系为：

- 授权是决策单元，是司令官，是执行访问控制的依据或输入之一。
- 访问控制是执行单元，只能按司令官的意志来确定放行与否；除此之外，还包括控制措施的实施。

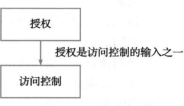

图 6-7 授权与访问控制

在实践中，决策单元与执行单元也经常整合在一起，合称为授权与访问控制，或者省略授权，只提访问控制，将授权隐含在访问控制内，特别是：

- ABAC（基于属性的访问控制），已经不再需要授权表作为输入了。
- 基于专家知识的访问控制，将决策单元交给专业的解决方案了，可以视为动态授权。但要把决策单元和执行单元分开的话，就需要保留两个术语了。

6.2 不信任原则与输入参数的访问控制

我们经常听到某某业务因为存在安全漏洞被黑客利用，导致服务器权限被获取，或者数据泄露。这些漏洞包括：

- 缓冲区溢出。
- SQL 注入。
- XSS（跨站脚本）。
- Path Traversal（路径遍历）。
- SSRF（服务侧请求伪造）。
- 上传脚本文件漏洞（WebShell）。

这些漏洞被利用，无一例外的是输入参数出现了问题，最终输入参数中的部分数据变成了可以执行的指令，或者越出了信任的边界。正常访问时，看起来一点问题都没有，但是如果有黑客恶意构造输入参数的话，就无法保障应用安全。

检查业务的实现方案，往往会发现应用采用了默认信任用户的机制，对用户提交的参数往往缺乏严格的事前控制，或检查力度很宽松。这跟我们要贯彻的"不信任任何人"的原则是相悖的。

6.2.1 基于身份的信任原则

应用应该默认不信任企业内部和外部的任何人 / 系统，需基于身份认证和授权，执行以身份为中心的访问控制和资产保护。

应用系统不能假设用户都是好人，也不能假设内部员工都是好人（由内部带来的数据泄露占据了很大比例）。这需要应用系统从一开始就考虑如下因素：

- 身份认证，包括对人的认证、对后台系统（调用方）的认证，如有更高的安全要求，还需要对设备进行认证。
- 授权，无论采用何种授权模型（基于角色或基于资源属性等），坚持最小化授权的原则。
- 访问控制，不信任任何传递过来的参数，确认其合法性才能放行；执行来源限制（如防火墙策略或指定源 IP），作为辅助性访问控制手段。

更多因素在后面的章节中讲述。

6.2.2 执行边界检查防止缓冲区溢出

在编码的时候，不能假定用户输入的都是在限定长度范围内的，如果不执行边界检查，一个超长的输入就可能带来缓冲区溢出（Buffer Overflow），导致以下风险：

- 系统崩溃。
- 让黑客获取到系统 root 权限。
- 内存数据泄露。

打个比方，有一个容量为 200 毫升的杯子（代表应用内的一个缓冲区），向其注入 500 毫升的水（代表黑客传递过来的参数），那么，就有 300 毫升的水（代表恶意的攻击载荷，即 Payload）溢出杯子之外，杯子外面的环境就被改变了。

载荷本来只是数据的一部分，但通过精心构造里面的 ShellCode（作为最终执行的代码）的内容和位置，溢出后 ShellCode 由数据变成了可执行的代码（300 毫升的水中有一部分化身为魔鬼）。

2003 年 8 月爆发的冲击波病毒、2004 年 5 月爆发的震荡波病毒，就是利用 Windows 中系统服务的缓冲区溢出漏洞进行攻击和传播，导致感染的电脑操作系统异常、不停重启（如图 6-8 所示）。

为了防止缓冲区溢出，所有接收外部数据的缓冲区，都需要在接收数据前执行边界检查，防止收到超出自身容量的数据。

应用系统除了自身需要安全编码之外，它所依赖的操作系统、运行环境、第三方开源组件也可能引入此类漏洞，这就要求我们关注操作系统及运行环境的补丁管理（补丁通常修复了已被发现的缓冲区溢出等漏洞）、开源组件的版本管理等。

图 6-8　冲击波病毒

6.2.3 参数化查询防止 SQL 注入漏洞

什么是 SQL 注入漏洞，让我们先来看一个例子。

图 6-9 中，测试环境中的操作系统、数据库、Web 服务器的类型及版本，以及数据库
名、root 账号的口令 HASH 值均被获取，而获取的方式就是利用了 SQL 注入漏洞。这是一
种因为拼接 SQL 语句而引入的漏洞类型。

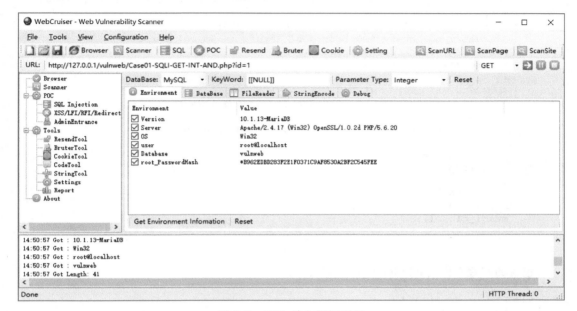

图 6-9　SQL 注入漏洞利用

在编码实践中，我们需要特别强调一个观点：指令是指令，数据是数据，不要将指令
和数据混在一起。体现在 SQL 语句上，一个重要的原则就是"不要拼接 SQL 语句"。推荐
的写法是基于预编译（Prepare）和参数绑定（Bind）的参数化查询机制，否则就会出现"数
据变指令"的情况，导致风险发生。

为了进一步说明漏洞成因，我们来动手实践一下，假设 MySQL 数据库 vulnweb 中有个
表，名为 userinfo，表结构及测试数据可用如下语句创建：

```
CREATE TABLE 'userinfo' (
    'id' int(11) DEFAULT NULL,
    'username' varchar(200) DEFAULT NULL,
    'description' varchar(500) DEFAULT NULL
) ENGINE=InnoDB DEFAULT CHARSET=utf8;
INSERT INTO 'userinfo' VALUES (1,'Alice','user one'),(2,'Bob','user two');
```

假设业务使用早期版本的 php，并使用了不安全的做法，读取用户信息的脚本 test.php
的内容为：

```
<?php
@header('Content-type: text/html;charset=UTF-8');
require_once('config.ini.php');
```

```
$id=$_GET['id'];
if($id)
{
    mysql_query("SET NAMES 'UTF8'");
    $conn=mysql_connect($host,$dbreader,$dbpassword) or die('Error: ' . mysql_error());
    mysql_select_db("vulnweb");
    $SQL="select * from userinfo where id=".$id;
    $result=mysql_query($SQL) or die('Error: ' . mysql_error());
    $row=mysql_fetch_array($result);
    if($row['id'])
    {
        ?>
            Username: <?php echo $row['username'] ?>
            <br>
            Description:  <?php echo $row['description'] ?>
            <br>
            Query OK!<br>
        <?php
    }
    else echo "No Record!";
    mysql_free_result($result);
    mysql_close();
}
?>
```

包含的配置文件 config.ini.php 内容为：

```
<?php
    $host="localhost";
    $dbreader="root";
    $dbpassword="P@ssw0rd9";
?>
```

用户使用链接及自己的 ID 如：http://127.0.0.1/vulnweb/test.php?id=1，可以查看到 ID
为 1 的用户信息，如图 6-10 所示。

对应的 SQL 语句为：

```
select * from userinfo where id=1
```

但是像下面这样修改参数：

```
http://127.0.0.1/vulnweb/test.php?id=-1 union select 1,char(65),database()
```

可以发现，用户名位置被 char(65) 所指定的字符 A 所取代，描述部分被数据库函数
database() 所生成的结果 vulnweb 所取代，如图 6-11 所示。

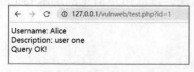

图 6-10　正常的查询

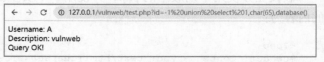

图 6-11　SQL 注入查询

用户提交的参数数据，有部分转化为 SQL 指令，最终执行的 SQL 语句为：

```
select * from userinfo where id=-1 union select 1,char(65),database()
```

这个场景，错误就在于将指令和参数直接拼接为一个字符串，从而将恶意参数带入 SQL 语句，最终改变了 SQL 语句的本意。

再来看一个例子，图 6-12 是某模拟银行的登录界面。

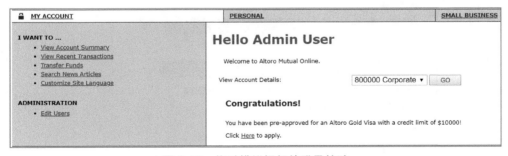

图 6-12　某模拟银行的登录界面

当用户名输入 admin'--，口令随意输入 123456 的时候，发现竟然登录成功了，如图 6-13 所示。

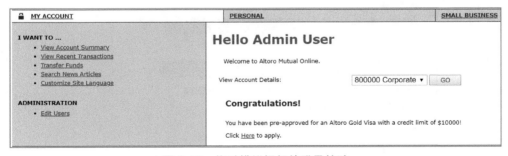

图 6-13　绕过模拟银行的登录校验

还原一下它的登录逻辑，判断该网站采用了拼接 SQL 语句，在上述非法输入的时候，判断口令的部分被注释掉了。

```
select user from users where uid='admin'-- ' and passw=HASH('123456')
```

于是 SQL 语句等价于：

```
select user from users where uid= 'admin'
```

从而绕过了口令判断部分。SQL 注入除了可以绕过登录，还可以读取文件，比如某个测试用例为：

```
http://127.0.0.1/vulnweb/Case01-SQLI-GET-INT-AND.php?id=1%20and%201=2%20union%20
all%20select%201,load_file(char(67,58,47,87,105,110,100,111,119,115,47,83,121,115,116,101,
109,51,50,47,100,114,105,118,101,114,115,47,101,116,99,47,104,111,115,116,115)),1%20%23
```

其中，Char() 包含的字符串等价于 'C:/Windows/System32/drivers/etc/hosts'。

看起来图 6-14 中文件内容格式不对，这是因为 HTML 会忽略文本中的换行、连续空格，查看网页源代码（Ctrl+U）即可看到原始的文件内容，如图 6-15 所示。

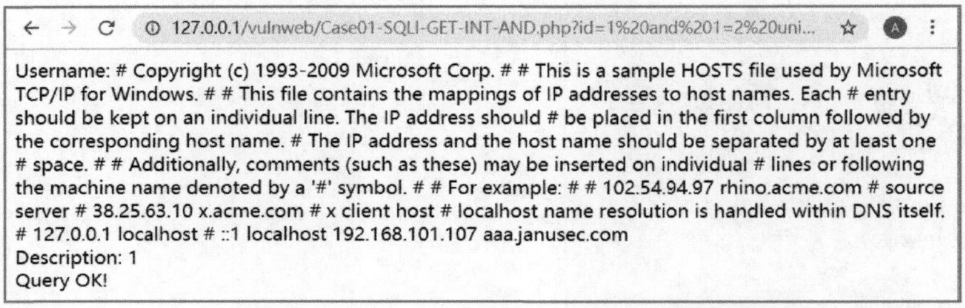

图 6-14　SQL 注入漏洞也可以用来读取系统文件

图 6-15　SQL 注入漏洞读取文件内容

当将上述测试用例中的查询改为 mysqli_multi_query 函数并提交：

```
http://127.0.0.1/vulnweb/Case18-MULTI-SQL.php?id=1;select%20*%20from%20userinfo%
20into%20outfile%20%27c:/xampp/htdocs/vulnweb/vulnweb.bak%27;%23
```

就将整张表的数据导出在网站的可下载目录下，这就意味着数据库可以很轻易地被拖走，如图 6-16 所示。

这也表明，使用可执行多 SQL 语句的函数，也将带来风险。综合看来，SQL 注入漏洞的威力实在不小。

那么在前面的例子中，为了避免漏洞，推荐的写法是什么呢？推荐的写法是基于预编译和参数绑定的参数化查询，也就是说，用户提交的参数只能作为函数的参数出现，而不能直接拼接。

图 6-16　整张表被拖库

> 提示　所谓拼接，就是将两个或多个字符串组合成一个字符串，比如"select * from userinfo where id="和"1 and 1=1"拼接起来，就是"select * from userinfo where id=1 and 1=1"。所谓参数化查询，就是将用户的输入作为函数的参数，比如 Query（"1 and 1=1"），在内置库函数 Query() 内部，会自动检查"1 and 1=1"是不是合法，这部分工作通常在语言的内置库中已经写好了，不需要程序员再去编写这部分代码。

代码改进如下（说明：下面使用的 mysqli 不适用于 PHP7，仅用于老业务的改进参考）：

```php
<?php
// filename: Case00-NO-SQLI.php
require_once('config.ini.php');
$id=$_GET['id'];
if($id)
{
    $mysqli=new mysqli($host,$dbreader,$dbpassword,"vulnweb");
    // check connection
    if (mysqli_connect_errno()) {
        printf("Connect failed: %s\n", mysqli_connect_error());
        exit();
    }
    // create a prepared statement
    if($stmt=$mysqli->prepare("select * from userinfo where id=?"))
    {
        $stmt->bind_param("i", $id); //s: string, b: blob, i: int
        $stmt->execute();
        $stmt->bind_result($rid,$rname,$rdes);
        $row=$stmt->fetch();
        if($rid)
        {
            echo "Username:".$rname."<br>";
            echo "Description:".$rdes."<br>";
            echo "Query OK!<br>";
        }
        else echo "No Record!";
    }
    $mysqli->close();
}
/* End of file Case00-NO-SQLI.php */
```

效果如图 6-17 所示。

图 6-17　消除 SQL 注入的代码参考

PHP7 预编译和绑定变量机制参考：

```
$pdo = new PDO('mysql:host=localhost;dbname=vulnweb;charset=utf8', $dbuser, $dbpassword);
$pdo->setAttribute(PDO::ATTR_EMULATE_PREPARES, false);
$st = $pdo->prepare("select * from userinfo where id =? and name = ?");
$st->bindParam(1,$id);
$st->bindParam(2,$name);
$st->execute();
$st->fetchAll();
```

> **注意**　示例代码仅用于证明基于预编译和绑定变量的参数化查询机制在防止 SQL 注入方面的作用，未考虑身份认证、授权等其他因素，也未按照三层架构将用户接口层、业务逻辑层、数据访问层分开；在实际编码过程中，应将访问数据库的部分统一放入数据访问层，或者使用 ORM 框架，尽量不要自己去连接数据库。

最后，凡事总有万一，当不得不使用拼接字符串充当 SQL 语句的时候，我们又该如何处理呢？这时候，如果接受的参数能够强制使用整型，就尽量事先声明整型变量，因为将字符串赋值给整型变量的时候，会产生异常，从而让程序中断。如果语言不支持事先声明变量类型（如 PHP，即使事先给变量赋整型值 0，在重新接收到字符串类型的值后，数据类型就变成字符串类型了），可以考虑使用强制类型转换。

在前面的例子中，在接收的参数前面添加强制类型转换（int）：

```
$id=(int)$_GET['id'];
```

如图 6-18 所示，经测试发现，刚才的 SQL 注入已经不可用了。而之前 id=1 and 1=2 时，返回的结果还是无记录。

当不得不使用字符串类型的时候，可以将字符串中可能出现的单引号替换为两个单引号，缓解部分 SQL 注入。

最后，不要将列名（即字段名）作为参数进行传递，一方面泄露了业务内部的逻辑信息，另一方面也可能引入 SQL 注入漏洞。如果需要用到相关的字段进行排序、聚合时，最好就是预先封装好相关的功能，或考虑使用索引（整型值）。

图 6-18　强制类型转换为整型

6.2.4　内容转义及 CSP 防跨站脚本

XSS（Cross-site Scripting，跨站脚本攻击），指攻击者构建特殊的输入作为参数传入服务器，将恶意代码植入到其他用户访问的页面中，可造成盗号、挂马、DDoS、Web 蠕虫（自动关注指定的用户，或自动发送消息等）、公关删帖等后果。

让我们先来看一个最简单的案例，如图 6-19 所示。

该例子中，我们输入的用户名直接展示在网页中，这就给黑客以可乘之机。比如我们在刚才的参数值中，添加含有恶意的 JavaScript 脚本，其作用是将网页的内容替换为 You are Hacked!（你被黑了！），如图 6-20 所示。

图 6-19　用户输入展示在页面上可能导致 XSS

```
http://127.0.0.1/vulnweb/Case51-XSS-GET.php?username=Alice<script>document.
documentElement.innerHTML="You are Hacked!"</script>
```

图 6-20　XSS 返回的网页源码

这种最简单的场景，在提交后立即返回的 XSS，称为反射型 XSS（就好像遇到一堵墙被弹回来一样），在 XSS 刚兴起的时候，浏览器还不会默认去拦截它，不过现在主流浏览器版本已经可以自动拦截了。如果你是安全测试人员，需要测试反射型 XSS 的实际效果，可通过 IE 禁用 XSS 筛选器来测试，如图 6-21 所示。

真正威胁比较大的 XSS，是存储型 XSS（或持久性 XSS），也就是黑客提交的恶意内容，被写入数据库，并最终能够影响到几乎所有的用户，所有浏览到含有恶意内容页面的用户浏览器，将自动执行脚本，把自己的 Cookie 发给黑客指定的地址、跳转到指定的网站（如广告、推销）等（如图 6-22、图 6-23、图 6-24 所示）。并且，即使启用 XSS 筛选器之后也不能拦截存储型的 XSS。

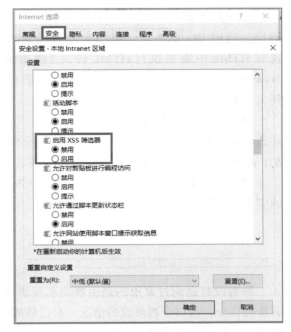

图 6-21　IE 浏览器可通过禁用 XSS 筛选器进行反射型 XSS 测试

　　造成跨站脚本（XSS）的主要原因是来自用户侧创建的不安全内容，经业务处理后，又出现在用户侧。除了出现在网页内容、Script 脚本中，恶意脚本还有可能出现在一些标签内部，构成内联 JavaScript 函数，如 onerror、onmouseover 等，甚至还可以出现在样式表中（expression、url 函数等），特别是使用外部样式表的时候。

图 6-22　模拟提交含有脚本的内容

图 6-23　脚本被写入数据库　　　　　图 6-24　提交的脚本在用户的浏览器执行

　　故此，防止 XSS 的方法就是服务器应检查并拒绝接收不安全的内容，或者对这部分内容进行转义（无害化处理）：凡是用户提交的内容，只要返回到用户侧（包括用户本人及其他用户），就需要执行转义处理。

　　采用何种转义方式，取决于该内容出现的位置（包括但不限于 HTML、JavaScript 代码块、行内 JS、CSS 等，虽然大部分场景出现在 HTML，但其他场景也不能排除），出现在 HTML 中需要执行 HTML 转义（使用预定义的代码如 < 或内码 '），出现在 JavaScript 中就需要执行 JS 转义（使用反斜杠 \），出现在 CSS 样式表中，就需要执行 CSS 转义（使用反斜杠 \）。

　　如果严格按照上述方法执行，有点过于复杂，我们可以采用适当的简化措施，重点关注语法闭合标签，如 < > ' " ( ) 等，至少应包括这些字符的 HTML 转义（转义后的字符为 < > ' " ( )）。

　　另，采用 CSP 策略（Content Security Policy，内容安全政策）可缓解 XSS 风险，如在响应头部添加：

```
Content-Security-Policy: default-src 'self'
```

6.2.5　防跨站请求伪造

　　你有没有遇到过家里的路由器莫名其妙地经常掉线的情况？有没有遇到过自己明明没有修改口令，但口令被修改的情况？自己明明没有执行某操作，但系统日志里偏偏有你的操作记录，这是怎么回事？

　　针对第一种情况，你是不是没有修改路由器的默认口令呢？

这些场景，都跟一个漏洞有关，江湖人称 CSRF（Cross-Site Request Forgery，跨站请求伪造），是一种操纵用户浏览器自动提交请求的攻击方法。

CSRF 由用户的浏览器自动发起，使用的是用户已认证通过的凭据，在 Web 应用上提交的请求或操作不是出自用户的本意。

如图 6-25 所示，黑客通常在受害者经常访问的第三方网站留下可以自动提交的针对目标网站的 HTTP 请求，受害者在访问第三方网站时如果已经登录了目标网站，受害者的浏览器就会自动提交请求。主要场景有：小额免密支付、管理员特权操作、修改密码、针对物联网设备默认口令的攻击等。

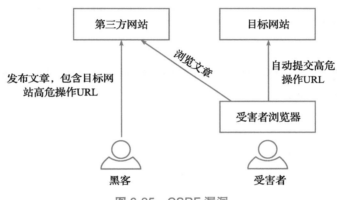

图 6-25　CSRF 漏洞

跨站请求伪造的执行方是受害者（用户）的浏览器，提交的请求为黑客所构造并放置于其他网站，执行请求的身份是受害者（用户）的合法身份。

可能有读者会问，浏览器怎么会自动提交请求呢？

其实这是一种很常见的操作，比如，网站 A 直接引用了网站 B（example.com）的图片：

```
<img src= "http://example.com/images/1001.png" />
```

那么，用户在浏览网站 A 的时候，就会自动去网站 B 下载该图片，也就是触发了自动提交获取图片的请求。就算这是一张假的图片（也许实际功能是在网站 B 添加一名管理员），浏览器也会提交该请求。

接下来，我们实际测试一下，看能否事先自动提交 POST 请求。

首先，假设在网站 127.0.0.2 上有这样一个页面：

```
<!DOCTYPE html>
<html>
<head>
<script src="jquery-1.11.1.min.js"></script>
<script>
    function CSRFRequest(){
        $.post("http://127.0.0.1/Vulnweb/Case20-INSERT.php",
```

```
        {
            username:"CSRFTestUser",
            description:"Test CSRF OK!"
        },
        function(data,status){
            alert("Return: " + data + "\nStatus: " + status);
        });
    }
</script>
</head>

<body>
<h2>CSRF Test</h2>
<p>Here it will display a false image which shows nothing.</p>
<img src=0 onerror="CSRFRequest()" />
</body>
</html>
```

这个文件构造了一张虚假的图片，并利用该错误触发 CSRF 请求。按 F12 打开浏览器的调试功能，浏览该页面，如图 6-26 所示。

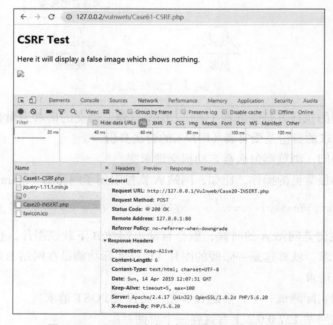

图 6-26　CSRF 测试（自动提交 POST 请求）

可以看到，在浏览 http://127.0.0.2 的时候，自动发起了针对 http://127.0.0.1/Vulnweb/Case20-INSERT.php 的 POST 请求。

如图 6-27 所示，该 CSRF 测试成功地在另一网站插入了记录，那么问题出在哪里呢？让我们看一下接收数据的 Case20-INSERT.php 是怎么处理的：

图 6-27　CSRF 自动添加的记录

```php
<?php
require_once('config.ini.php');
@$username=$_POST['username'];

if($username)
{
    $conn=mysql_connect($host,$dbreader,$dbpassword) or die('Error: ' . mysql_error());
    mysql_select_db("vulnweb", $conn);
    $description=$_POST['description'];
    $SQL="insert into userinfo (username, description) values('".$username."',
'".$description."')";
    $result=mysql_query($SQL) or die('Error: ' . mysql_error());;
  echo "Added!";
    mysql_close();
}
else
{
    ?>
    <form method="POST">
    Add user, please input username and descriotion here:<br />
    <input type="text" name="username" value="" size="30" />
    <br />
    <input type="text" name="description" value=""  size="30" />
    <input type="submit" value="Add" />
    </form>
    <?php
}
/* End of file  */
```

　　这就是一个普通的可以接收并存入数据的表单，但没有任何的安全控制机制。不过，这里我们暂时只关注 CSRF。问题就出在表单（Form）这里，谁都可以提交，没有任何特别的要求。

　　为了防范 CSRF 漏洞，最常使用的方法就是为表单添加一个隐藏的字段，这个字段的名称没有特别的要求，但通常会使用 csrftoken、csrf、token、csrf-token 等字段名，字段值是临时生成的，仅使用一次，或在较短的时间窗内针对该用户重复使用，只在用户浏览器和服务器之间共享，可以视为用户浏览器和服务器之间的约定，或共同的背景知识。在实际提交时，CSRF Token 不需要手工输入，浏览器会自动带上，如下所示：

```
<form action="" method="post">
<input type='hidden' name='csrftoken' value='Cl2Hg19AffWl1lcDjrMYm395' />
<label for="username">User name:</label>
<input type="text" name="username" value="" id="username">
<label for="password">Password:</label>
<input type="password" name="password" value="" id="password">
<input type="submit" value="login" />
</form>
```

如果提交后没有这个隐藏的字段，或者字段值不匹配，服务器就可以认为是 CSRF 攻击，从而拒绝响应该请求。而黑客无法提前知道这个值，从而无法伪造出一个合法的请求。

第二种方法，就是配合验证码（CAPTCHA）使用，原理跟 CSRF Token 基本一致，但在用户体验上，多一个手工输入的过程。为了防止自动留言机器人，很多网站在留言表单中也启用了验证码机制，如图 6-28 所示。

图 6-28 使用验证码防止自动留言机器人

此外，还有一种方法可供选用，那就是再次身份认证，可以跟首次身份认证相同，也可以不同，比如在正常的口令之外，设置第二次口令。再次身份认证常用于用户登录后访问特别重要的功能时使用（如图 6-29 所示），如修改口令、购物支付、转账确认、发送红包、查询工资等场景。

过去，经常有人遇到没有操作但密码被改的情况，那很有可能是修改密码的时候，没有要求输入原密码，被 CSRF 攻击利用了。

图 6-29 再次身份认证

> ⚠警告　有的 APP 可以开启小额免密支付功能，虽然方便，但是也有可能为黑客开启了方便之门，因此，建议谨慎使用该功能，除非限额很小。

知道了 CSRF 的原理，再回到本节开头的那个路由器莫名掉线的场景。如果你家里的路由器使用的还是默认口令，可能会受到影响。

黑客在大众用户经常访问的网站（论坛等），只要留下如下链接，就可使得批量用户的路由器受到影响。如果默认口令是 admin，那么下面这个语句有可能通过路由器的身份认证：

```
<img src=http://admin:admin@192.168.1.1 />
```

随后的语句，有可能使路由器掉线：

```
<img src=http://192.168.1.1/userRpm/StatusRpm.htm?Disconnect= 断线 &wan=0 />
```

而下面这句代码，就可能修改路由器的 DNS，劫持用户所有请求：

```
<img src=http://192.168.1.1/userRpm/LanDhcpServerRpm.htm?dhcpserver=1&ip1=192.1
68.1.100&ip2=192.168.1.199&Lease=120&gateway=0.0.0.0&domain=&dnsserver=8.8.8.8&dns
server2=0.0.0.0&Save=%B1%A3+%B4%E6/>
```

针对口令被修改的场景，如果需要修改口令，就一定要输入原口令才能修改。

6.2.6　防跨目录路径操纵

如果正常业务中设计的参数类型不当，很可能会被恶意利用。一个典型的场景就是将路径或文件名作为参数进行传递，如果处理不当，可能被恶意利用，使用 ../../ 等形式进行路径遍历，读取敏感系统文件如 /etc/passwd，这个漏洞被称为路径操纵（Path Manipulation），或路径遍历（Path Traversal，如图 6-30 所示）、跨目录漏洞等，会造成任意文件被下载的风险。

图 6-30　路径遍历

典型的场景如下：

```
path=/upload
path=/media
path=/img&file=welcome.png
file=logo.png
file=../../img/logo.png
```

其他场景还有：

```
http://example.com/download.jsp?path=../WEB-INF/struts-config.xml
http://example.com/download.jsp?path=..\WEB-INF\classes\hibernate.cfg.xml
```

如果修改为 config.inc.php 等配置文件，则可能直接泄露配置文件中的数据库 IP、账号、口令等敏感信息。在实际的业务设计中，应尽可能避免使用服务器侧的路径，或文件名。如业务无法避免，需要限定目录，并尽量使用整型的 ID 进行操作。

6.2.7 防 SSRF

URL 地址如果作为参数进行传递，也是高风险的参数类型，黑客可能提交内部域名或内部 IP，造成对内网的探测扫描，构成 SSRF 漏洞。

> 提示 SSRF（Server-Side Request Forgery，服务器端请求伪造），通常是由黑客提交经过构造的内网地址及参数，但由服务器侧发起的针对内网进行探测的请求，常用于攻击内部系统。

以 URL 地址和 SSRF 漏洞为例，假设某"看图识花"业务可以让用户提交花卉的图片或其外部的 URL 地址，该业务利用人工智能技术识别图中花卉种类，如图 6-31 所示。

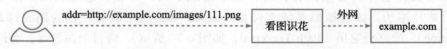

图 6-31　传递 URL 作参数的正常业务场景

但是，如果"看图识花"业务不判断地址归属，就可能出现图 6-32 这样的情况：

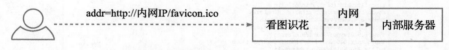

图 6-32　传递内网 URL 导致 SSRF 漏洞

"看图识花"业务开始根据黑客的意图，使用用户提交的内部地址，对内网进行探测。这一缺陷可被黑客用来探测内网地址或内网资源是否存在、判断是否使用了指定的框架或开源组件等，从而为直接进入内网做准备。

如业务无法避免地使用 URL 地址作为参数，最好使用白名单，即只允许访问指定的域名。但这一点往往也很困难，因为业务需要访问的地址可能是任意的。那么在这种情况下，至少需要将内部 IP 地址段纳入黑名单，禁止访问这些内部 IP 地址。

不过，在攻防对抗中，黑客也找到了绕过 SSRF 防御的对策，比如一种被称为 DNS Rebinding（DNS 重新绑定）的技术，其原理就是利用了自建 DNS 对两次查询返回不同的 IP 地址来绕过内外网检测。业务网站首先检查域名是外网域名还是内网域名，会向域名指定的 DNS 服务器进行查询，而这个 DNS 服务器是黑客可以自行指定的，因此就指向自建的 DNS 服务器。在一个时间窗之内，自建 DNS 服务器收到的第一次请求，返回外网 IP 地址，并设置 TTL 为 0，也就是禁止其他 DNS 服务器缓存，下次使用时，必须到指定的 DNS 服务器查询，如图 6-33 所示。

业务网站检查完毕，准备放行，执行抓取的时候，由于没有 DNS 缓存，会再次去黑客自建 DNS 查询，这就引入了风险。

如图 6-34 所示，在第二次查询的过程中，DNS 服务器返回了内网地址，在执行请求时，业务服务器就直接将请求发送到内网服务器，从而实现了探测内网的目的。

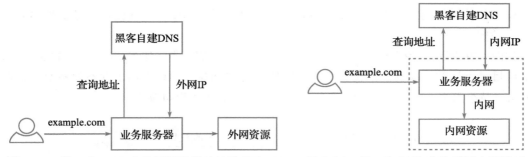

图 6-33　第一次 DNS 查询返回外网地址及 TTL=0　　　图 6-34　第二次 DNS 查询返回内网地址

为了防止这种绕过措施，可以从以下几个方面着手：

- 断绝该业务服务器跟内网的网络通路，例如部署在与内网隔离的网络区域，如 DMZ 或外网区。针对互联网行业来说，通常没有专用的外网区，可以考虑购置云主机来解决。
- DNS 只查询一次，这涉及一些开发工作，比如基于 IP 自行构建请求包（内置的基于域名的函数库，由于不能指定 IP 地址，就不能直接使用了）。
- 也可以考虑使用主机防火墙（如 iptables）封禁对内网的出向请求，但这要求对主机防火墙非常熟悉才能配置，并需要在配置之后进行内网连通性测试。这个选项非常容易出错，因此不推荐作为主要的防护措施。

6.2.8　上传控制

上传控制，主要是防止 WebShell 文件被上传，以及防止 WebShell 文件上传后被解析执行。

所谓 WebShell，就是以脚本网页文件（如 PHP、JSP、ASP、ASPX 或其他 CGI）形式出现的命令执行环境，也称为网页木马，可通过浏览器访问，在界面上可跟服务器端交互，在服务器上执行操作系统命令或脚本。图 6-35 就是一个简单的 WebShell 文件。

为了防止 WebShell 文件上传，应：

- 对于上传请求，不能信任请求头部声称的文件类型（存在 WebShell 冒充图片的案例）。
- 用户上传的文件只能存放在固定的

图 6-35　WebShell 文件

目录或其子目录下面（如果用户指定目录则可能会将用户上传的文件放在可解析目录下），且该目录不得由应用服务器提供解析执行功能。

- 用户上传的文件只能按静态文件处理，只能由处理静态内容的静态服务器（如Nginx、Apache）直接解析，而不能由处理动态内容的应用服务器（PHP、JSP、ASPX 等）来解析，防止恶意内容被解析执行。
- 不能使用原始文件名，防止其他环节失效时，恶意提交者直接使用原始文件名发起访问。

如图 6-36 所示，静态解析上传的文件，需要在静态服务器（如 Nginx）的配置文件中，将上传目录直接配置配静态解析，不再转发给后端的 PHP。如果采用了动态解析上传资源的方法，就给黑客上传 WebShell（或含有 WebShell 的图片）以可乘之机。

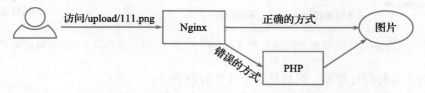

图 6-36　访问上传资源应只通过静态服务器访问

例如，Nginx 中不区分上传目录，默认将所有 PHP 文件交给 PHP 解析就可能会出问题：

```
location ~ \.php$ {
    ...
}
```

这样如果在上传目录下，黑客上传了 PHP WebShell 文件，服务器就被黑客控制了。

假设上传目录为 /upload，应该进行如下配置：

```
location ^~ /upload/ {
    alias /var/www/upload/;
    ...
}

location ~ \.php$ {
    ...
}
```

让访问 /upload/ 目录的请求，直接按静态资源的方式去访问，不交给 PHP。

6.2.9　Method 控制

Method 即提交 HTTP 请求的方法，HTTP/1.1 定义了 8 种方法（最新的 HTTP/2.0 对其保持了兼容）：

- GET，用于获取数据，这是浏览网页时最常使用的一种，比如从收藏夹打开网站。
- HEAD，类似于 GET 请求，但只返回响应头部信息，不返回内容，常被扫描器、爬虫工具等使用。
- POST，主要用于提交表单、上传文件。
- PUT，类似于 POST，但后面的请求会覆盖前面的请求，用于修改资源，一般使用较少。
- DELETE，删除资源。
- CONNECT，一般用于代理服务器。
- OPTIONS，获取服务器支持的方法。
- TRACE，一般仅用于调试、诊断。

其中，使用得最多的方法就是 GET 和 POST。需要注意的是，不要使用 GET 方法传递敏感数据。如下面的这个例子直接使用 GET 方法提交银行卡信息，这是存在风险的：

```
https://www.example.com/card.php?userid=1111&card=xxxx-yyyy-zzzz-8888
```

因为 GET 方法传输的参数，会在浏览器、服务器日志等多个地方留下日志（如果没有使用 HTTPS 的话，还会在经过的代理服务器留下日志），容易导致敏感信息泄露。当需要传输敏感数据时，建议使用 POST 方法。

6.3 防止遍历查询

遍历查询是导致数据批量泄露的主要原因之一，其他可能的原因还有数据库被拖库、SQL 注入等。

由于长期安全设计能力及安全防范意识的薄弱，很多企业在数据被批量窃取之后还后知后觉，被曝光后还认为自身没有问题，都是黑客的问题（在安全越来越重要的今天，很多关系到国计民生的企业也逐渐需要能够向监管机构和公众证明自身的安全性了）。

在介绍身份认证的时候，曾经介绍了一个没有身份认证从而导致查询收货地址接口被批量遍历查询的场景，如下所示：

```
curl https://www.example.com/recipient_query.php?id=1
curl https://www.example.com/recipient_query.php?id=2
...
curl https://www.example.com/recipient_query.php?id=99999999
```

现在假设身份认证机制已经加上，是否就解决问题了呢？

其实不然，身份认证是授权和访问控制的基础，但并不代表问题就此解决了。身份认证只解决了"用户是谁"的问题，并不能防止用户干坏事。

我们继续来看一个问题：谁有权查看用户的收货地址？

首先，是用户自己，用户需要查看和修改收货地址；这条收货地址的所有者是用户自己，根据 ABAC（基于属性的访问控制）的原则，允许用户自己访问；

其次，是送货员，但是基于最小化授权原则，不能是所有的送货员都有这个权限，根据 TBAC（基于任务的访问控制），必须有已派单给他的送货任务作为依据，送货完成后，该权限失效。

如果没有上述授权，任何人都可以调用这个接口，即使通过身份认证，也只能确定访问者的身份 ID；如果是实名认证通过的 ID，还可以定位到这个人；但如果没有实名认证机制，则跟匿名访问无异。

防止批量的遍历查询，还可以启用频率和总量控制，例如：每次只能查询一条，每分钟最多只能查询 10 条记录，每天不超过 100 条记录。

总结起来，防止通过遍历查询导致的数据泄露，要做到以下几点：

- 身份认证是前提。
- 应用接口不能信任企业内部和外部的任何人／系统，需基于身份认证和授权，执行以身份为中心的访问控制。
- 可以通过频率和总量控制缓解（但没有从根本上解决问题）。
- 可以通过监控告警和审计，识别数据泄露（事后措施，没有从根本上解决问题）。

第 7 章

可审计：事件追溯最后一环

可审计（Auditable）就是记录所有的敏感操作，并可用于事件追溯。记录下来的内容，即通常所说的操作日志。这一章将简要介绍操作日志的内容，以及如何保存、清理操作日志。

7.1 为什么需要可审计

如果发生了安全事件，作为企业的安全团队，最想做的事是什么呢？当然是尽快修复、找出原因，还有就是揪出黑客了！可事与愿违，往往只能做到临时解决问题，很难找出根本原因，更别提揪出黑客了。究其原因，就是没有可供分析的操作日志记录。

对于一款产品来说，它的审计功能主要体现在操作日志方面。当产品的安全事件发生后，需要确保能够通过操作日志来还原事件的真相（通常称之为"复盘"），找到事件发生的真正原因并改进相关的薄弱环节，如图 7-1 所示。

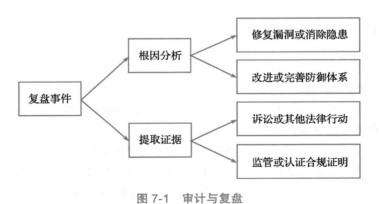

图 7-1 审计与复盘

审计的目的包括：

- 发现产品自身的安全缺陷，改进产品的安全特性，消除产品自身的安全隐患。
- 为安全防御体系的改进提供支持（例如为入侵检测贡献事件样本、防护策略等）。
- 为诉讼或其他法律行动提供证据。
- 满足监管或外部认证的合规要求（提取安全系统拦截或阻断非法请求的证据，可用于合规性证明）。

此外，我们还可以基于审计日志构建日常例行的大数据分析与事件挖掘活动，主动发现未告警的安全事件或隐患。

7.2 操作日志内容

时间（When）、地点（Where）、人物（Who）、事件（What），称为记叙文的四要素。
跟记叙作文一样，操作日志至少应当记录（如图7-2所示）：

- 时间。
- 用户IP地址。
- 用户ID（用户名）。
- 操作（增删改查）和操作对象（数据或资源）。

其中，常见的操作和操作对象包括：

- 对数据的新增、删除、修改、查询。
- 对资源的申请、释放、扩容、授权等。
- 对流程的审批通过、驳回、转移。
- 对交易的发起、支付、撤销。
- 对人员的授权、吊销授权。

图 7-2　操作日志

此外，操作日志应当排除敏感信息，记录敏感信息可能导致信息泄露，如业务一定需要记录的话，可采取脱敏措施（用 * 替换部分敏感信息），比如操作日志中涉及的银行卡号：**** **** **** 1234。

7.3 操作日志的保存与清理

7.3.1 日志存储位置

安全性要求不高的应用，一般在应用自身保存操作日志即可。

安全性要求较高的应用，应当提交日志或日志副本到独立于应用之外的日志管理系统，且无法从应用自身发起删除，如图7-3所示。

这里，日志管理系统是多个应用系统共用，通过应用层接口接收日志，而不是直接开放数据库端口（防止日志被外部篡改或删除）。也就是说，应用系统不需要持有日志管理系统的数据库账号，也就无法直接从应用自身发起对日志的删除操作。

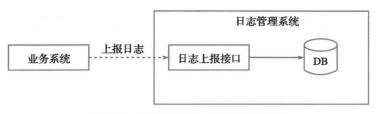

图 7-3 独立于业务之外的日志系统

7.3.2 日志的保存期限

综合各种监管要求，一般至少需要保留六个月的操作日志，用于追溯。

对于超时的日志，为了保障可维护性，应当配置成自动清理过期日志的机制，而不是人工清理。否则会由于人员的遗忘、疏忽，导致磁盘空间被占满的情况，影响应用的可用性。

第 8 章

资产保护：数据或资源的贴身保镖

资产保护（Asset Protection）就是保护资产全生命周期的安全性。

资产包括数据与资源两大类，其中，对数据的保护是资产保护的重中之重。而且保护的范围不再局限于数据的安全存储，而是包括数据的生成、使用、流转、传输、存储在内的全生命周期的安全管控，以数据的安全使用、安全传输、安全存储、安全披露、安全流转与跟踪为目标。

本章暂时聚焦于对产品自身资产的保护，主要内容包括数据的安全存储、传输、展示以及完整性校验等。而需要借助安全基础设施进行保护的场景放在本书的第三部分"安全技术体系架构"中讲述。

8.1 数据安全存储

最早提到"数据安全"这个概念的时候，人们通常会马上联想到"存储安全"，是的，过去狭义的数据安全，就是以仓储的视角把数据视为静态的资源加以保管。但现在随着信息时代向数据时代转变，数据已是一种动态的资源，数据安全已经贯穿数据的全生命周期，包括数据的安全使用、安全传输、安全存储、安全披露、安全流转与跟踪等。

这里，我们还是先从最基本的安全存储出发，再扩展到安全传输、安全使用、安全流转等方面。

8.1.1 什么是存储加密

加密是防止原始数据被窃取之后导致里面的敏感信息泄露的典型手段，比如数据库文件被拖走。如果数据经过加密，则即使黑客拿到了数据库文件，也会因为无法解密而保护原始信息不泄露。

　　在讨论加密有关的技术之前，可能还有读者没有见过加密后的数据是什么样子的，这里稍微介绍一下加密，以建立直观的印象。

　　以 AES 加密为例，加密后一般为二进制字节码。密文写入数据库时可以直接写入，也可以先 BASE64 编码或转换为十六进制文本后再写入；而用于配置文件或在屏幕展示时，由于加密后的密文不利于展示或编辑，一般都需要先 BASE64 编码或转换为十六进制文本。

　　BASE64 是一种编码技术，可以将二进制数据转换为 64 个可打印字符，这个转换过程没有密钥参与，因此它不是加密算法。

　　以下是使用 Golang 的加密样例（这里没有选用 Python，主要是因为当前 Python 的主流版本及常用库对 AES-GCM 支持得还不够好）：

```go
package main

import (
    "crypto/aes"
    "crypto/cipher"
    "crypto/rand"
    "encoding/hex"
    "fmt"
)

func GenerateRandomBytes(length int) []byte {
    bytes := make([]byte, length)
    _, err := rand.Read(bytes)
    if err != nil {
        fmt.Println(err)
    }
    return bytes
}

func EncryptWithKey(plaintext []byte, key []byte) []byte {
    block, err := aes.NewCipher(key)
    if err != nil {
        fmt.Println(err)
    }
    nonce := GenerateRandomBytes(12)
    aesgcm, err := cipher.NewGCM(block)
    if err != nil {
        fmt.Println(err)
    }
    ciphertext := aesgcm.Seal(nonce, nonce, plaintext, nil)
    return ciphertext
}

func main() {
    plaintext := "123456"
    key := GenerateRandomBytes(32) // for AES256
    fmt.Println("key:\n", hex.EncodeToString(key))
    cipher := EncryptWithKey([]byte(plaintext), key)
    fmt.Println("Cipher bytes:\n", cipher)
    fmt.Println("Cipher Hex:\n", hex.EncodeToString(cipher))
}
```

这里采用了随机的数据加密密钥（DEK），每次输出都是不同的，类似这样：

```
Key:
abf4db1a55c7ff9b1adcf86306d7203b5434ecd9c2d5e9ffc2aeedd92ffca383
Cipher bytes:
[30 171 112 47 124 5 35 255 139 190 125 57 1 247 224 105 243 115 70 69 28 166
16 231 13 128 100 91 244 171 123 135 155 223]
Cipher Hex:
1eab702f7c0523ff8bbe7d3901f7e069f37346451ca610e70d80645bf4ab7b879bdf
```

可以看到，对字符串"123456"加密后的结果是二进制字节序列，它不方便直接展示，为了方便展示，随后将其转换成了十六进制字符串。

当然为了解密，还需要将 DEK 安全地存储起来（加密），如果直接存入数据库，那么黑客拿到数据库之后还是能够解密的。

接下来看看如何解密，以便能够更好地理解加密和解密的过程。测试代码如下：

```
package main

import (
    "crypto/aes"
    "crypto/cipher"
    "encoding/hex"
    "fmt"
)

func DecryptWithKey(ciphertext []byte, key []byte) ([]byte, error) {
    var block cipher.Block
    var err error
    block, err = aes.NewCipher(key)
    if err != nil {
        fmt.Println(err)
        return []byte{}, err
    }
    aesgcm, err := cipher.NewGCM(block)
    if err != nil {
        fmt.Println(err)
        return []byte{}, err
    }
    nonce, ciphertext := ciphertext[:12], ciphertext[12:]
    plaintext, err := aesgcm.Open(nil, nonce, ciphertext, nil)
    if err != nil {
        fmt.Println(err)
        return []byte{}, err
    }
    return plaintext, nil
}

func main() {
    key,_ := hex.DecodeString("abf4db1a55c7ff9b1adcf86306d7203b5434ecd9c2d5e9ffc2aeedd92ffca383")
    cipher,_ := hex.DecodeString("1eab702f7c0523ff8bbe7d3901f7e069f37346451ca610e70d80645bf4ab7b879bdf")
```

```
    plaintext,_ := DecryptWithKey(cipher, key)
    fmt.Println("plaintext:", string(plaintext))
}
```

输出解密结果：

```
plaintext: 123456
```

这个解密代码存在一个明显的问题，那就是解密的密钥（等于加密密钥）直接硬编码在代码中了，这也意味着如果这个密钥泄露，则加密措施就失效了。加密和解密样例参见图 8-1。

图 8-1　加密和解密样例

如何解决这个问题呢，我们将在后面 8.1.4 节继续讲述。

8.1.2　数据存储需要加密吗

在这个问题上，哪怕是安全从业人员，都比较困惑：

- 是否所有的敏感数据都需要加密？
- 加密之后带来很多问题，比如无法检索、无法运算、无法排序，而解密后再执行这些运算效率低下。
- 密钥的管理不成熟，一些密钥形同虚设。
- 到底该选用什么方式加密，字段加密还是静态加密？

💡提示　字段加密是指在应用层加密后再写入数据库，数据库管理员通过控制台查询，看到的也是密文，因此字段加密的安全性高，可以防 DBA（数据库管理员）。

静态加密通常是指存储侧自动完成的底层加密，开发人员不用关注底层加密细节，继续按照之前未加密的方式进行读写，应用层看到的是明文，数据库管理员通过控制台查询，看到的也是明文，不能防 DBA。

从这些困惑中也可看出，加密并不是一件只有好处没有坏处的事情。

结合当前的各项监管政策和国际、国内的合规要求，以及加解密对业务场景的适配度，建议如下：

- 敏感个人信息以及涉及个人隐私的数据、UGC（User Generated Content，用户生成内容）数据，需要加密存储。
- 口令、加解密密钥、私钥，需要加密存储（其中不需要还原的口令需要使用单向散列算法）。

■ 有明确检索、排序、求和等运算需求的业务数据，不需要加密存储。

其他场景则需要结合业务实际情况进行判断。

8.1.3 加密后如何检索

要对密文进行检索，目前还存在相当多的困难。从前面的加密和解密的样例来看，直接对密文进行检索，是得不到任何结果的。学术上有同态加密技术，但在工程上其使用场景还非常有限，用于通用场景的检索还不太现实。

为了解决工程上的检索问题，目前可以采取的折中办法有：

■ 添加关键词（Keyword）用于辅助检索，首先根据关键词缩小范围，然后对单个或相关的记录执行解密。

■ 增加辅助字段，缩小范围。

例如用户地址，如图 8-2 所示，可增加省、市、区、街道这几个不加密的字段，只对街道以下的具体地址进行加密，当需要检索时，先把范围收缩到街道这一级，然后提取相关的记录解密检索。又如手机号码，可增加运营商、归属地、前三位（或前 N 位）等字段。

8.1.4 如何加密结构化数据

针对结构化数据（数据库、Key-Value 等），加密主要有两种方式：

■ 应用层字段加密，数据在入库前加密，直接向数据库中写入字段密文。

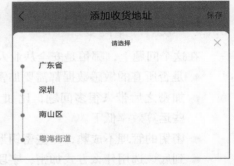

图 8-2 某手机 APP 的地址选择页面

■ 存储系统透明加密，或称为静态加密（Encryption at Rest），加密仅在存储系统内部自动完成，应用系统还是继续使用明文。

每种方式分别又有两种管理密钥的方式：

■ 自管理密钥。

■ 配合 KMS（Key Management System，密钥管理系统）。

这几种方式都可以防止黑客在主机层窃取数据库文件后导致的数据泄露。表 8-1 为各种加密方式的对比。

表 8-1 加密方式的对比

加密方式	密钥管理方式	优缺点
字段加密	KMS	应用系统需要改进且改进难度较大；最安全（依赖 KMS 才能解密），可以防止 DBA 泄密
	应用自管理	应用系统需要改进且改进难度较大；可以防止 DBA 泄密，但入侵可能导致加密密钥泄露，安全性次之

（续）

加密方式	密钥管理方式	优缺点
静态加密	KMS	应用系统不需要改进，存储系统改进后适合大规模推广；用于结构化数据加密时不能防止 DBA 泄密，安全性中等；用于非结构化数据（文件等）加密时配合权限控制，安全性较好
	存储自管理	应用系统不需要改进，存储系统改进后一般自用，不适合大规模推广；安全性中等，不能防止 DBA 泄密

安全上首选应用层字段加密，并配合 KMS 来实现。

下面，我们以应用层字段加密为例，看看数据具体是如何被加密的。

一个安全的加密系统，至少需要二级或二级以上的加密机制，特别是密钥在应用自身管理的场景下，密钥的安全性就比较关键了。如果直接在代码中固定一个密钥作为数据加密密钥的话，则该密钥一旦泄露，数据就不再保密了。

前面的示例代码表明，只使用一个密钥加密所有内容是不安全的。本书推荐的最低加密方式就是至少使用两种密钥，这里先引入对应的概念（如图 8-3 所示）：

- DEK（Data Encryption Key，数据加密密钥），即对数据进行加密的密钥。
- KEK（Key Encryption Key，密钥加密密钥），即对 DEK 进行加密的密钥。

对于 DEK，应具备：

- 每条记录均使用不同的 DEK（随机生成）。
- DEK 不能明文存储，需要使用 KEK 再次加密。
- DEK 在加密后建议随密文数据一起存储，可用于大数据场景。当只有少量的 DEK 且预期不会增长时，才会考虑存储在 KMS（不推荐）。

对于 KEK，应具备：

- 每个应用或每个用户在每个应用中应该使用不同的 KEK。

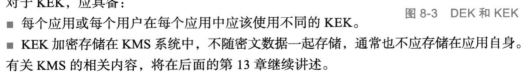

图 8-3　DEK 和 KEK

- KEK 加密存储在 KMS 系统中，不随密文数据一起存储，通常也不应存储在应用自身。

有关 KMS 的相关内容，将在后面的第 13 章继续讲述。

8.2　数据安全传输

安全传输，目的就是保障传输过程中的安全性，既要达到保密的效果，也要确定传输的内容完整无误，即没有被篡改。

使用 HTTP 但尚未切换到 HTTPS 的网站，经常会面临网络劫持的问题，典型的场景是加塞广告。如果你自己的网站没有放置广告，但在访问自己的网站时，发现莫名其妙地多了一些广告，那就是被劫持了。

目前主流的浏览器 Chrome 已将未启用 HTTPS 的网站标记为"不安全",用户可以直接看到"不安全"字样,如图 8-4 所示。

图 8-4 浏览器提示 HTTP 不安全

因此"全站 HTTPS"应该成为对外 Web 应用部署时的标配。

而对于客户端或手机 APP,除了可以使用 HTTPS 和后台通信(常见的如 Restful JSON API),还可以使用基于预共享密钥的认证加密机制(如 AES-GCM)。

总而言之数据的安全传输主要有以下两种方式:

- 应用层数据不加密,通道加密:建立一个安全的隧道,然后通过这个隧道传输明文内容(如 HTTPS)。
- 应用层数据加密,通道不加密:直接在不安全的网络上,传输加密的内容(如 AES-GCM)。

这里我们只讲最常用的 HTTPS,这也是推荐的方式。

HTTPS 是最常见的传输加密方式,当我们使用浏览器打开一些网站的时候,地址栏那个小锁形状的图标,就代表了该网站启用了 HTTPS 安全传输,如图 8-5 所示。

图 8-5 浏览器地址栏的小锁标志

以常用的 Chrome 浏览器为例,按 F12 打开调试,即可看到传输加密协议及加密算法,如图 8-6 所示。

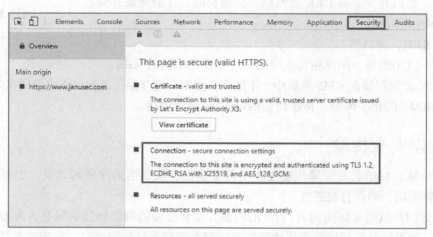

图 8-6 查看传输加密协议

8.2.1　选择什么样的 HTTPS 证书

面对证书提供商提供的各种各样的证书，我们该如何选择呢？

简单来说，证书可分为三类，级别从低到高分别为：

- DV 证书：域名验证型（Domain Validation）证书，这是最便宜甚至可以免费的证书类型，只证明域名有效，证书中不包含组织名称（O 字段），适用于个人及创业公司。
- OV 证书：组织验证型（Organization Validation）证书，这是企业型证书，证书中包含组织名称，适用于企业一般场景下使用。
- EV 证书：扩展验证型（Extended Validation）证书，这是最高信任级证书，证书中包含组织名称且在访问对应的网站时会在浏览器地址栏出现公司名称（如图 8-7 所示），这种证书审核最严格，当然也就最贵了，适用于在线交易、支付、金融等场景。

此外对于上述任何一种证书，在申请的时候都可以选择：

- 单域名证书，通过证书的"使用者"字段指定域名。
- 多域名证书，通过证书的"使用者可选名称"列出所有适用的域名，如图 8-8 所示。
- 通配型证书，如图 8-9 所示。通配型证书使用通配符 * 表示任意子域名。

顾名思义，单域名证书就是只能用于一个域名，多域名可用于多个域名，通配型证书可用于匹配的全部域名。

注意，通配符匹配的域名中不包括小数

图 8-7　某银行的 EV 证书

图 8-8　多域名证书

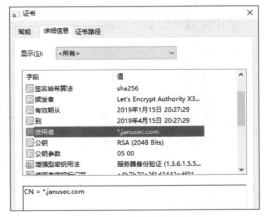

图 8-9　通配型证书

点，例如 *.example.com 可以用于 aaa.example.com、bbb.example.com 等域名，但不能用于
ccc.aaa.example.com。如果需要用于 ccc.aaa.example.com，可以申请适用于 *.aaa.example.
com 的通配型证书，或者单独为该域名申请单域名证书。

8.2.2 HTTPS 的部署

以 Nginx 为例，HTTPS 的部署需要两个文件：一个保密的私钥文件，一个公开的证书
文件。

 注意 证书文件不包含私钥。

其中私钥文件内容类似如下形式（文件名不限，如 privkey.pem，中间部分省略了）：

```
-----BEGIN PRIVATE KEY-----
MIIEvQIBADANBgkqhkiG9w0BAQEFAASCBKcwggSjAgEAAoIBAQCrjusnVK2FgIBS
...
zjv83CfB/VJ2x9PD3urJfs8=
-----END PRIVATE KEY-----
```

证书文件内容类似如下形式（文件名不限，如 fullchain.pem，中间部分省略了）：

```
-----BEGIN CERTIFICATE-----
MIIGBDCCBOygAwIBAgISBLsOUuHXwUVUWMSZXPCZPMTeMA0GCSqGSIb3DQEBCwUA
...
1mTpeYrpix4=
-----END CERTIFICATE-----
-----BEGIN CERTIFICATE-----
MIIEkjCCA3qgAwIBAgIQCgFBQgAAAVOFc2oLheynCDANBgkqhkiG9w0BAQsFADA/
...
KOqkqm57TH2H3eDJAkSnh6/DNFu0Qg==
-----END CERTIFICATE-----
```

证书配置类似如下形式：

```
server {
    listen        80;
    listen        443 ssl  default_server;
    server_name  www.janusec.com;
    ssl_certificate       /path/to/fullchain.pem;
    ssl_certificate_key   /path/to/privkey.pem;
    ssl_protocols         TLSv1.1 TLSv1.2;
    root          /path/to/www;

    location / {
        ...
    }
}
```

这个最简单的配置完成之后，重启一下 Nginx 服务，就可以使用 HTTPS 访问了。

可以看到，这里的私钥是以文件形式存储在服务器上的，从主机资产保护的角度，这是存在较大风险的。如果黑客入侵服务器，可以通过查看配置文件窃取私钥文件；或者服务器中了木马之后，木马可能通过翻找文件窃取私钥文件。私钥文件一旦泄露，则黑客有可能配合 DNS 劫持，将部分用户引流到钓鱼网站（即假冒官方网站）上，并进而窃取用户口令等敏感信息。

为了解决这个问题，在本书的第三部分会介绍统一接入的应用网关方案（可以将私钥管理起来并统一加密存储）。

此外，这个配置也仅仅是支持了 HTTPS，却不一定能够提供足够的安全性，比如使用的传输协议和加密算法可能存在漏洞或强度不够，密钥泄露可能导致历史通信记录被解密等，这就引出 TLS 质量的问题。

8.2.3　TLS 质量与合规

上述配置虽然完成，但仍可能存在风险，也不一定满足严格的安全合规要求，特别是需要执行 PCI-DSS 认证的业务。

为了避免这些问题，需要执行一些典型的加固措施：

- 禁止使用 SSL 的全部版本（SSLv1 ～ SSLv3）以及 TLS 1.0 版本，建议使用 TLS 1.2 或以上版本。
- 密码算法应只使用前向安全算法（Forward Secrecy，FS），这可保障当前会话的加密密钥泄露时不会影响到历史通信记录的安全性。
- 启用 HSTS（HTTP Strict Transport Security），强制浏览器跳转到 HTTPS（通过在 https 的响应头添加一个字段 Strict-Transport-Security: max-age=31536000; includeSub Domains 来实现，31536000 表示一年的秒数，该数据可变，通常最低设置为 6 个月的秒数）。

> 提示　所谓的前向安全，就是在**长期密钥**（或称为**主密钥**）泄露之后，以后的通信安全无法保证，但不会导致过去的**会话密钥**（由长期密钥产生的用于加密数据的临时密钥，随时间更新）泄露，或者说能够保护过去的通信不受长期密钥在将来泄露的影响，从而保障了历史通信的安全（被监听到的历史加密数据无法被解密）。

为了检查配置是否正确，可以搜索"HTTPS 检测工具"或"TLS 安全评估"找到在线检查工具，对域名和证书进行检查。如使用某 HTTPS 在线检测工具，对使用 Janusec 网关的某网站域名进行检测，结果如图 8-10 所示。

如果每个业务都单独配置这些安全特性，未免过于重复，也容易造成隐患，在本书的第三部分将要介绍的统一接入网关，可以统一实施这些安全配置。

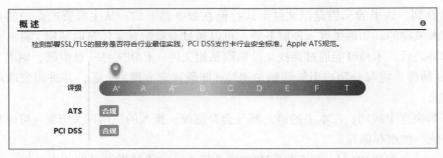

图 8-10 HTTPS 检测结果

8.3 数据展示与脱敏

数据脱敏，即按照一定的规则对数据进行变形、隐藏或部分隐藏处理，让处理后的数据不会泄露原始的敏感数据，实现对敏感数据的保护。

以手机号为例，某个脱敏后的手机号可能为 138********（用 * 代替部分数字）。

在需要展示一些比较敏感的数据，特别是个人信息的时候，需要执行严格的脱敏，防止用户个人信息泄露。展示的位置包括网页、PC 客户端软件、手机 APP 等。

提示 《个人信息保护法》：个人信息是以电子或者其他方式记录的与已识别或者可识别的自然人有关的各种信息，不包括匿名化处理后的信息。

8.3.1 不脱敏的风险在哪里

我们来看一个典型的场景，在企业的通信录里包含员工的手机号码，如果默认展示没有任何脱敏措施且可以任意查询的话，可能会被个别员工利用脚本批量查询导出，导致公司大量员工的手机号码泄露。

8.3.2 脱敏的标准

在一个组织里面，最好是大家共同约定使用同一套脱敏标准，避免脱敏标准不一而被恶意利用，拼凑出完整的信息。

如果业务 A 将用户的手机号码展示为 138****8000，而业务 B 将同一名用户的手机号码展示为 1380013****，那么黑客有办法同时对两个业务进行查询时，用户的手机号码就泄露了。

8.3.3 脱敏在什么时候进行

脱敏应尽可能地采用源头脱敏的方式，比如数据库视图（View）、API 接口等。

针对 API 接口，应在流出数据接口时，就开始脱敏，如图 8-11 所示。

在实践中，也有业务在网页上展示脱敏数据时先下载明文数据，再使用 JavaScript 脱敏后在网页展示。这是不是有点像"掩耳盗铃"呢？这种方式是需要摒弃的。

图 8-11 流出接口时脱敏

针对数据库层面的脱敏，比如数据流出生产环境提供给测试环境使用时，可先创建一个脱敏视图，让测试需求方看不到敏感内容，如图 8-12 所示。

UserID	Name	CardNumber	Dept
1001	Alice	6225999988886666	To B销售部
1002	Bob	6224666677778888	To C产品部

UserID	Name	Dept
1001	Alice	To B销售部
1002	Bob	To C产品部

图 8-12 脱敏视图

如果希望提供的数据包含个人数据，可采取 K – 匿名等去标识化的手段（参见 18.2.3 节），防止个人数据泄露。

8.3.4 业务需要使用明文信息怎么办

在一些业务场景中，内部员工往往需要使用到明文的用户个人信息，如员工查询其他同事的手机号码、客服人员核对用户身份等，这些场景再加上脱敏措施之后，员工看到的是不完整的信息。

针对这些业务规则允许查询的场景，基于受控的原则，可以像图 8-13 中那样在脱敏的信息旁边添加一个查询按钮（或者直接点击脱敏信息本身触发新的请求），允许有需要的员工查询，但一次只能查询一条明文记录。所谓受控，就是让风险在可以接受的范围之内，允许被授权的员工查询，但是在正常业务场景下，需要查询的次数是有限的，且系统会记录查询日志。如果发生用户信息泄露事件，日志信息可用于追溯。这样，员工在使用该功能的时候就会小心谨慎，避免批量查询。

8.4 数据完整性校验

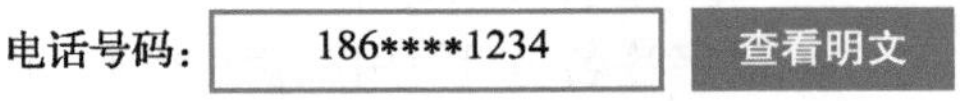

在生活中，我们会遇到付钱和收钱的情况，

电话号码：　186****1234　　查看明文

图 8-13 脱敏展示

比如如何向卖家或收银员证明是真钞，收银员如何验证收到的钞票是真钞。在与假钞贩子的斗智斗勇过程中，大家基本都具备了识别钞票真假的一些常识和经验，比如纸张手感与印刷质量、水印、金属丝线、紫外灯照射等。真假鉴别，其实也是一种完整性校验。

在过去，人们是如何校验真假的呢？让我们来看中国第一家票号——"日升昌"是如何在全国各地的分号间验证汇票真伪的。

清嘉庆末年，商品经济发展，货币（白银）流通大增，但商人携带大量白银非常不安全，无法适应经济发展需要。在这样的情况下，日升昌于1823年（清道光三年）在山西平遥成立，商人只需就近将银两存入日升昌的分号，就可以凭票到目的地分号提取银两。

汇票除了采用当时最先进的印刷技术，还采用了水印技术，并在关键位置加盖戳印。当然最关键的还是它那独特的汉字替换密码技术，称为防假密押，如图8-14所示。

比如某一段时间内，曾经使用的防假密押为：

- "谨防假票冒取，勿忘细视书章"，每个字分别表示1至12月。
- "堪笑世情薄，天道最公平。昧心图自私，阴谋害他人。善恶终有报，到头必分明"，每个字分别表示每月的1至30天（备注：农历没有31日）。
- "生客多察看，斟酌而后行"，每个字分别表示银两的1至10。
- "国宝流通"，每个字分别表示万、千、百、两。

图 8-14 "日升昌"防假密押

例如票号在5月18日给某省票号分号汇银5000两，其防假密押为"冒害看宝通"。这些暗号外人是根本无法看懂，更别提解密了。在日升昌票号近百年的历史中，从未出现过汇兑差错，这可以说是个奇迹！

那么数据在通过网络传递的过程中，接收方应该如何确认收到的数据没有被篡改呢？

在计算机时代，也曾使用替换密码技术，不过现在有了更好的技术。

结合前面已经讲过的知识，现在可用于完整性校验的手段包括：

- 单向散列（hash），多用于文件下载，用户通过把下载文件的散列值跟网站上公布的散列值进行比对来判断文件是否被篡改；当然这里的散列算法要排除掉MD5、SHA-1等已经出现碰撞的算法，推荐SHA-256或更强的算法。
- HMAC，多用于后台消息传递时的完整性校验，但对消息本身没有加密保护。
- AES-GCM，在保障身份认证、数据加密的同时，提供完整性保障。
- 数字签名（即使用私钥加密），由于篡改后会导致无法解密，从而也保障了完整性。

第 9 章
业务安全：让产品自我免疫

本章所说的业务安全，是指产品自身业务逻辑的安全性，避免出现由于业务逻辑缺陷导致的业务损失。比如，在电子商务刚刚兴起的时候，出现过很多次一分钱买走高档手机、电冰箱的事情，时至今日，这种情况仍时有发生。

在很长的一段时间内，这种情况并不被视为是安全问题，而仅仅是业务逻辑问题。但是业务部门往往缺乏处理这类问题的经验，如果业务部门和安全部门都不管的话，就很容易导致业务损失事件的发生。

一些典型的场景包括：

- 交易支付有关：交易、支付、提现等各环节的安全，如重复支付、重复提现等。
- 账号安全有关：付费会员账号盗号、账号分享、恶意批量注册、免费会员变付费会员等。
- 运营活动有关：奖品、无门槛优惠券、热门的演唱会门票大部分被黄牛刷走了。
- 商品排名相关：刷评论。

本章通过几个典型的案例，总结一些在产品设计中保障业务安全的要点。通过外部的业务安全系统来保障安全的机制，将在后续章节介绍。

9.1 一分钱漏洞

一分钱买走高档手机，并不是什么天方夜谭，而是电商行业频频出现的业务逻辑上的安全问题。我们用图 9-1 来简单描述一下这个场景。

通过这个图，大家看出问题出在哪里了吗?

这里至少有两个问题：

- 这件商品的价格信息，竟然是由用户传递给收银台的。
- 购物模块向收银模块确认付款信息的时候，只确认了是否付款，并未确认金额。

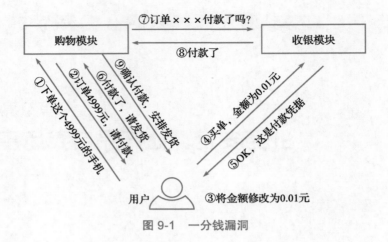

图 9-1 一分钱漏洞

让我们再次重复一次安全的原则：不能信任任何人。

要想避免这种情况，关键数据就不能由用户带过去。修改后的设计如图 9-2 所示。

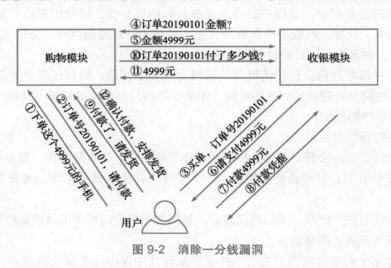

图 9-2 消除一分钱漏洞

当金额不再由用户携带，且最终确认支付金额都在后台完成，发生一分钱漏洞的可能性就大大降低了。

类似的，还有只用一分钱充值 1000 元（或其他金额）漏洞，用户在下单时选择充值 1000 元，到付款时篡改为 0.01 元，最后实际充值 1000 元。作为产品提供方，我们需要提前预防此类漏洞的发生，毕竟事后能否追回损失还是未知之数。

⚠警告 作为用户时，请勿实际尝试此类操作，虽然是系统存在漏洞，但用户利用漏洞的行为已涉嫌触犯法律。

9.2　账号安全

账号安全的主要内容包括但不限于：

- 防弱口令及撞库。
- 防账号数据库泄露。
- 防垃圾账号。
- 防账号找回逻辑缺陷。

9.2.1　防撞库设计

我们经常会看到一些用户口令泄露事件，其中有部分涉事企业却声称跟自己无关，是黑客通过撞库手段所得。

2018 年 6 月，国内某招聘网站 195 万用户求职简历泄露，随后该招聘网站确认部分用户账号口令被撞库（利用网络已泄露的邮箱账户和口令执行登录尝试），而不是数据库被拖走。2018 年 12 月，国内某匿名交友网站 3000 万用户数据在暗网以 50 美元价格售卖，数据包含手机号、密码等字段，卖家和网站均承认为撞库得来的数据。

什么是撞库呢？大多数用户都有一个习惯，就是在多个网站使用同一个用户名和口令，如果黑客获取了其中某一个网站泄露的口令库，他可能就会用这个口令库尝试登录其他网站，这就是撞库。如果能够登录成功，就表示撞库成功了，对应用户的账号和口令就会被记录下来，用户在其他网站的利益就会受到损失，如图 9-3 所示。

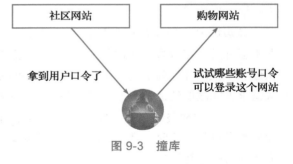

图 9-3　撞库

试想一下，如果我们自己的登录系统被撞库了，我们就真的没有责任了吗？

其实不然，如果我们自己的网站对黑客的撞库行为不加任何限制，黑客就可以不断尝试，找出有效的用户名和口令，最终也会给企业声誉带来严重后果，所以主动防撞库也是非常有必要的。

防撞库的主要手段是前端慢速加盐散列（参见本书第一部分，由于黑客需要执行同样的慢速加盐散列运算，导致撞库时间成本比较高），以及频率限制、总量限制、IP 锁定、验证码等技术手段。

9.2.2　防弱口令尝试

如果能够在注册时让用户提前规避弱口令是最好的，但由于一些非安全的原因（比如避免用户流失），有时不得不接受用户使用弱口令的场景，此时就要非常小心黑客的弱口令攻击了。

在大家的印象中，防御机制一般会针对用户名进行统计，比如给定用户名 Alice，如果 Alice 的登录尝试超过若干次，则暂时锁定该用户的登录尝试。这种机制在先固定用户名，遍历弱口令的场景比较有效。不过下面的这个场景就说不准了：

在撞库测试无果之后，黑客还可以继续利用人们最常使用的弱口令（如 123456），和不同的用户名（来自网络上已泄露的用户名）进行搭配，比如先尝试 Alice:123456，接着尝试 Bob:123456、Carol:123456 等用户和口令，看哪个用户名能否登录成功就记录下来。上述的测试方法，有可能就绕过了检测机制。

因此有必要对来自同一设备的登录次数进行限制，来自同一设备的登录尝试，如果出错达到一定次数，弹出验证码（CAPTCHA）或锁定一定时长。但是来自同一设备的判定则比较复杂，这涉及一个新的称为设备指纹的概念，这对具体的产品来说有点过于复杂了，如果不依赖外部的风控系统的话，在产品自身设计时可以适当简化，比如 IP + UserAgent 等。

9.2.3　防账号数据库泄露

如果没有对账号数据库加以特殊的保护，数据库被拖走，就可能导致全部用户账号泄露。为了达到这个目的，需要假设即使数据库被拖走了，黑客也无法利用。

具体措施可参考本书第二部分第 4 章中介绍的口令保护技术，对口令（或者客户端对口令进行预处理后的结果）执行加盐的单向散列，且散列算法至少采用 SHA-256 或更强的散列算法。

9.2.4　防垃圾账号

垃圾账号一般是使用工具软件批量注册的，被黑产用来薅羊毛、刷单、刷好评等，获取不当利益。在账号注册过程中，需要将垃圾账号这个场景考虑进去，借助实名认证、邮件认证、手机认证、验证码等手段，防止批量注册。如果只有简单的一步操作，只需要提交一次请求就能注册的话，黑产就可以利用脚本来批量注册。

由于巨大利益的存在，黑产往往还准备有大量的实名身份证、实名手机号以及猫池等短信收发设备。这时，常规的防御方法就难以招架，可以借助专业的风控系统，利用其黑产大数据对账号注册进行把关。

9.2.5　防账号找回逻辑缺陷

在过去曾经出现过各种账号找回逻辑缺陷，让黑产利用找回账号的缺陷，窃取到大量真实用户的账号。如 2016 年，北京手机用户许先生收到端口为"1065×××"的短信提示，说他订阅了某财经杂志的手机报，花费 40 元。许先生以为被运营商摊派业务，在退订的过程中回复了一个 6 位数的校验码之后，自己支付宝、三张银行卡里的所有资金被盗。专家分析案情后表示，骗子分三步盗走许先生的钱财：

- 首先，骗子获取了许先生的网上营业厅账号和登录密码，并用许先生的身份订购手机报等服务。
- 随后，骗子再次利用许先生的账号密码登录手机网上营业厅，并办理"自助换卡"业务，办理后系统给许先生发出短信提示"你 6 位 USIM 卡验证码为 ××××××"。

- 接着，骗子再通过该运营商的在线免费邮箱，给许先生发送"退订业务请发送校检码"的短信，许先生一看到"验证码"三个字，不防备地把上面这组 6 位数字回复给来源为"1065××××"的短信，也就是骗子手中。

于是他的 SIM 被"转移"到骗子手中。骗子利用新的 SIM 卡，接管了许先生的电话、短信等，并继续获取了其捆绑了手机号的支付宝、银行卡账号、身份证信息，盗走财产。

在互联网服务的账号找回功能上，也经常出现类似这样的案例，被别人找回了账号，让真正的主人失去了控制权。比如密码找回的相关问题及答案已被黑客掌握、用户的注册邮箱被盗等等。

9.3 B2B 交易安全

在各种跨组织（商户到商户）的交易活动中，最核心的诉求就是交易安全，包括互不信任、证据链完整、抗抵赖、抗重放等。要保障交易安全，首先就需要确保双方的身份无误，这一点通过双方的数字证书来实现。

通常来说，我们访问网站的时候，只有服务器一方有证书，这只能确保服务器一方的身份，无法从法律上确保用户的身份。电子签名可作为法律认可的身份，这就需要用户侧也有数字证书。B2B 交易也是这样，需要双方都拥有数字证书。

假设我方公司（甲方）跟对方公司（乙方，如供应商、银行、股票/基金/外汇交易平台等）有个长期合作合同（委托发货、委托付款、委托交易等），需要通过在线交易进行结算，现在由我方发起交易，为保障该交易过程中的安全，需要达到的目标有：

- 确认双方的身份无误。
- 确认交易数据无误。
- 不可抵赖（赖账）。

当涉及交易时，如何确保双方的身份无误呢？生活中，谁持有身份证，且照片跟本人为同一人，就可以确认他的身份。

网络上，谁持有合法的数字证书，且证书的适用范围包括目标网站域名，则可以确认网站的身份，不是钓鱼网站。确认对方网站的身份，通过对方的数字证书就可以了。

要确认我方的身份，就需要使用我方的数字签名了，也就是使用我方数字证书的私钥对交易数据进行加密：

签名 = 使用自己的私钥加密

电子签名采用的是非对称加密算法（RSA 或 ECC），用了自己的私钥加密，就可以用自己的公钥解开，而公钥是可以通过网络公开获取的，这就意味着仅有自己的数字签名只能证明这个交易数据是我方发出的，也能防止我方抵赖，但发给谁没有法律意义上的确认，就算我方声称是发给对方公司的，对方还有可能抵赖，因为这个环节中缺少对对方身份的确认，怎么办呢？

为了防止对方抵赖，还需要在我方数字签名后的交易数据基础上，使用对方的公钥对其进行加密（对方的公钥是在对方网站证书中公开的），这样对方收到交易数据后，需要先使用他自己的私钥解密，而且也只有对方能够解密，别人都解不了，这样对方就无法抵赖了。

图 9-4　B2B 交易

　　图 9-4 就描述了一次交易数据的完整发送流程，但这还是不够的。

　　如果对方基于自身利益假装没有收到呢？TCP 还有三次握手呢！这就好比说，你委托一位出差的朋友代购一件商品，对方直接就买了。万一购买的型号、价格跟你预期的有较大出入，就比较影响心情了。所以最好的做法就是双方确认好商品的型号、金额等信息，再确定是否购买。

　　回到上面的场景，同样需要一个交易确认的问题。确认有个好处，确保甲方发出的数据是准确的，而不是发起方的误操作，避免在非实时的大额交易中出现差错。比如，甲方操作人员某次委托乙方银行给第三方付款，本应付款 750 000 元，结果在提交时输入成了 7 500 000 元。如果银行立即执行，则这笔钱能否追回就是未知之数了。同时，交易确认还可以防止重放等恶意操作的场景，增加一道检查，可防止由木马自动发起的交易。如果甲方操作员发现了预期之外的委托请求，就可以尽早发现问题所在。因此，可以在交易规则中明确只有经过甲方确认的请求，才可以被执行。

　　在确认时，乙方可将事先约定的重要字段带回（一般来说，传输过程已经具备 HTTPS 传输加密保障了，通常没有必要在这一环节再执行完整的签名验签过程，HTTPS 本身已经可以保障此数据来自乙方），供甲方检查，甲方确认无误后，提交确认信息供乙方执行，这个确认信息不再携带之前的交易数据，而是仅携带待处理的交易 ID、时间戳、确认或撤销等必要的信息，并需要执行完整的签名、验签过程。在这个确认的过程中，甲方无法修改此前提交的重要数据，如果数据有误，则需要撤销后重新提交。

　　交易请求、返回待确认、确认交易等步骤，可以封装为一个完整的事务，任何一个环节出错，则交易取消，防止意外的损失。

　　有读者会问，这里面的加密、解密，HTTPS 也能做，跟 HTTPS 是什么关系呢？

　　实际上，在 B2B 交易对接的过程中，传输通道是由被请求方提供的 HTTPS 所保障的（甲方发起请求时，是乙方的 HTTPS 在保障传输安全；发生回调请求时，是由甲方的 HTTPS 机制所保障），这个过程是透明的，只有一方证书在发挥作用，代码中不需要额外的处理。但是交易数据传输过程中的数字签名、验证签名等操作，并不在 HTTPS 的自动传输过程中实现，需要额外在代码中实现，这个自定义代码的实现中，包括读取自己的私钥、对方的公钥（在与对方执行 TLS 握手时读取）、执行加密解密等操作。

身份认证的问题解决了，接下来还有一个访问控制的问题。上述操作，我们假设是通过互联网完成的，在某些极端的情况下，如被黑客窃取了私钥、内部员工离职时带走了私钥等，就有可能发生甲方意愿之外的操作。为了更加安全，推荐采用更强的访问控制，将上述传输过程从公开的互联网搬迁到专用的点对点网络，如专线、VPN 等。

此外，上述每步操作均需要记录详细的日志，万一发生金额错误，还可以定位到具体的原因或执行问责机制。

9.4　产品防攻击能力

Web 类产品发布后，可能面临来自互联网不同地方的 CC 攻击。

CC（Challenge Collapsar，挑战黑洞）攻击，是早期为绕过抗 DDoS 产品 Collapsar 而发展出来的一种攻击形式，该攻击模拟大并发用户量，访问那些需要消耗较多资源的动态页面或数据接口，以达到耗尽目标主机资源的目的。CC 攻击也是 DDoS（分布式拒绝服务）的一种。

如果尚不具备抗 CC 攻击的安全防御基础设施，就需要在产品自身或部署环境加以考虑，主要改进思路有：

- 降低产品自身对资源的占用，提高服务器性能。
- 如果单机性能已达极限，应考虑横向扩展。

而产品外部的安全防御基础设施（WAF 或抗 DDoS 类产品等），可弥补产品自身安全能力的不足（将在本书的第三部分介绍）。

1. 网页静态化与缓存机制

网页静态化，就是网页尽可能使用静态的网页文件（html、js、css、图片等文件），由于静态内容只占用很少的系统资源，这部分内部不会引入攻击（含 CC 攻击）。

静态化的网页，在现今主要是采用编译技术发布的网站，比如使用 Hugo[⊖]编译 Markdown 文件，可生成 html 文件，很适合程序员创建个人博客，也适用于常见的产品介绍、产品手册等网站。

采用 SPA（Single Page Application，单页应用）技术及框架（Angular 5/6/7、React、Vue.js 等）构建的网站前端，除了会与后端动态交互（使用 JSON Restful API 接口）之外，基本也算是静态页面。

如果是后端生成网页，应考虑使用缓存技术将动态网页转换成接近静态网页的效果。这一点，可通过添加缓存机制来实现，借助 Memcached、Redis 等缓存组件，避免频繁地读取数据库。

2. 消息队列与异步机制

针对消耗资源比较多的功能或接口，可采取分布式异步消息队列等处理机制，相比同步处理可以提高并发能力。在高并发业务场景中，消息队列可用于降低业务模块间的耦合，

⊖　https://gohugo.io/

削峰平谷，提高并发能力。

怎么理解消息队列呢？我们可以来看一个例子。

有一个很小的煎饼店，只有老板一个人，负责收钱、找零、制作煎饼等全部工序，每次只能做一块煎饼，顾客下单后现做，需要 5 分钟。如果出现排队的场景，假设前面有 2 个人刚好排过去，一个新的潜在顾客就需要等待 15 分钟的时间，他就会掂量是否值得等这 15 分钟，通常情况下，很少有人会愿意将这么长的时间浪费在排队上，煎饼店老板就会直接面临顾客流失的情况。

老板反复思考了这个问题之后，购置了叫号机，聘请了专人制作煎饼，老板只管接单收银。顾客只需要排队下单，然后领取一张小票（打印有取餐号、预计取餐时间等），就可以短暂离开，比如去逛一下商店，或者坐下来玩手机，不用排队等候了，在时间差不多的时候回来取走煎饼。

老板收银并提供小票之后，老板这里的任务就可以视为已经完成了，而订单的序列，就可以看成是消息队列，制作煎饼的人就从这个序列中提取任务，制作完成后放置在领取柜台等待顾客领取（或者通知顾客来领取，这就是"异步回调"了）。由于收银本身只占用很少的时间，顾客的消费体验得到了极大的提升。

3. 负载均衡

在部署时，如果业务能够平行扩展，可在不同的地域部署多台服务器，或使用 CDN（Content Delivery Network，内容分发网络），进行负载均衡，如图 9-5 所示。用户被分流到不同的入口，就近访问，从而提升服务能力，且大部分 GET 请求可以不用回源（回源，就是 CDN 访问源服务器），因此并不会造成源服务器拥塞。

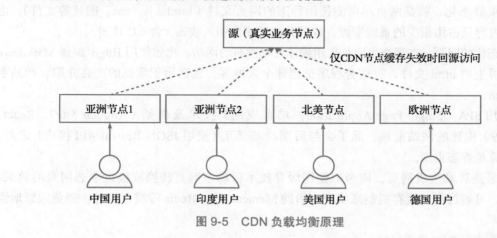

图 9-5 CDN 负载均衡原理

当 Web 业务面向全球提供业务时，部署前置 Web 服务器，并让前置 Web 服务器经过企业内网访问业务逻辑，也可提升用户体验，更快地响应用户请求。

03

第三部分

安全技术体系架构

第 10 章　安全技术体系架构简介
第 11 章　网络和通信层安全架构
第 12 章　设备和主机层安全架构
第 13 章　应用和数据层安全架构
第 14 章　安全架构案例与实战

P　　A　　R　　T　　3

第 10 章
安全技术体系架构简介

为了保障人们在生产生活中的生命安全，我们建立了很多的基础设施以及相应的法律法规。这些基础设施包括：

- 封闭的机场、高速铁路（公路）、人车分离的街道、人行天桥、监控摄像等通用的基础设施。
- 红绿灯、交通指示牌、安全检查站、消防、救护车等跟人身安全强相关的基础设施或产品。

同样，安全技术体系也需要建立基础设施及配套的产品：

- 基础的网络架构、DNS、资产及配置管理数据库（CMDB）等，构成了通用的基础设施。
- SSO（Single Sign On，单点登录系统）、KMS（Key Management Service，密钥管理系统）、权限管理系统、统一日志平台、数据服务等，构成了安全组件与支持系统；
- 抗 DDoS、HIDS（Host-based Intrusion Detection System，基于主机的入侵检测系统）、WAF 及 CC 防御等，构成了安全防御基础设施；
- 跳板机、自动化运维平台、数据传输系统等，构成了安全运维基础设施。

如何规划设计以及管理好这些基础设施与支持系统，就是这一部分要讨论的问题。我们将运用安全架构的 5A 方法论，逐层抽丝剥茧，为大家揭示安全技术体系的全貌。

10.1　安全技术体系架构的建设性思维

曾国藩（1811 ～ 1872）是晚清"中兴第一名臣"。有关他的典故太多，这里只提他带领湘军从失败中逆转，最终悟出并在实战中接连取得胜利的策略："结硬寨，打呆仗"。

所谓"结硬寨，打呆仗"，就是抛弃之前的阵前对垒、运动战等伤亡极大的战术，以守为攻，首先安营扎寨，挖壕沟、筑墙，用最笨的方法构建防御工事，确保自己立于不败之地，然后再配合火器攻击来犯之敌，取得了以少胜多、以弱胜强的战绩。在那个时代，既可以防止偷袭，也可以防止骑兵冲锋，且因重在预防，从而伤亡率非常低。

这种战法引申到安全技术体系建设上，可以总结为：安全体系建设没有捷径，需要从最基础的地方开始建设，做好基本功，步步为营，层层设防。

那么，怎么才能打好基本功呢，需要采用什么样的安全战略和理论？这跟企业的业务特点、文化风格、安全目标都有关系。目前，有些企业是安慰式防御体系建设（没有专业的安全人员，花钱买各种设备，部署后基本就不管了）、以救火为主的防御性建设（缺乏安全管理和安全技术体系，也没有体系化建设的想法，等出了问题再去解决问题），这些都应抛弃。业界建设比较好的企业大致有两种思路：

- 以检测为主的防御性建设：产品开发与发布过程基本没有流程控制或只有很弱的流程控制，默许产品带着风险发布，安全体系主要采用"检测 – 响应 – 恢复"模型，建设各类入侵检测系统，要求出问题时能够及时发现，检测系统告警时触发应急响应，安全团队和业务团队一起恢复业务。
- 以预防为主的安全生命周期建设：主要采用 SDL（安全开发生命周期）方法论，将安全要素与检查点嵌入产品的项目管理流程中，将风险控制在发布前，产品不允许带着风险发布。

本书将采用预防性建设为主、检测响应为辅的思路，讨论如何构建相对比较完善的安全技术体系，包括安全基础设施、安全工具和技术、安全组件及支持系统等，打造属于我们自己的防御工事，保障我们在安全防御上立于不败之地。

10.2　安全产品和技术的演化

安全产品是将安全架构理念变成安全实践的成果。在讨论安全技术体系架构之前，让我们简单回顾一下安全产品的演化历史。

10.2.1　安全产品的"老三样"

安全发展的早期，安全产品或解决方案还很少，只覆盖了少部分领域：

- 防病毒：主机层的资产保护。
- 主机入侵检测：也对应主机层的资产保护。
- 防火墙：对应网络层的访问控制。

大家习惯将它们称为"老三样"，虽然目前仍然在发挥作用，但如果只靠这三样，难以满足业务和数据的安全需求。

随着安全的发展，安全产品也不断推陈出新，纵深覆盖各个网络层级以及各个安全细分领域。

10.2.2　网络层延伸

过去插上网线就能联网，但同时也引入了病毒、木马等风险，内部数据也因不可信终端的接入，而面临泄露的风险。鉴于此，业界发展出网络接入认证、NAC（网络准入控制）等产品或解决方案。

威胁通过网络进入，数据通过网络泄露。对流量进行审计和数据挖掘，可帮助我们主动发现风险和安全事件。

商业竞争与利益的冲突，让一部分人不择手段，通过 DDoS 等攻击方式打压竞争对手，也让网络成为商业竞争的战场。DDoS 与抗 DDoS，此消彼长。

10.2.3 主机层延伸

从跳板机开始，安全运维逐步进入人们的视线。随着业务量的迅猛增长，自动化运维、大数据传输，成为安全运维新需求。黑客频繁进入企业内网，HIDS（基于主机的入侵检测系统）走上舞台。

10.2.4 应用层延伸

过去"以网络为中心"，使用防火墙针对应用执行访问控制，让很多业务忽视了身份认证、授权、资产保护等要素。比如，有的业务对外提供的数据服务接口没有任何身份认证机制，导致任何人都可以通过该接口访问到敏感数据。

如果要求全部在各应用自身解决，则会出现重复劳动，解决方案五花八门，不排除其中部分解决方案存在严重缺陷的情况。

统一接入网关的引入，并与 SSO、授权管理等系统联动，可以让业务聚焦在业务本身，不用过多关注安全即可解决部分安全问题。

WAF 与接入网关集成，可以让保护范围覆盖到全部对外开放的业务，拦截 SQL 注入、XSS、上传 WebShell 等黑客攻击。

有了统一的接入网关之后，HTTPS 流量也能正常解密，可以建立基于大数据的流量分析系统（离线的流量分析或实时的流量分析），用于数据建模、入侵行为告警等。

KMS（密钥管理系统）的引入，可以让加密更加安全，即使黑客拿到业务的代码和数据，都无法解密。

10.2.5 安全新技术

如人工智能、大数据、云计算等新技术，一方面它们自身也遇到了一些安全问题，需要通过安全体系的方法论加以解决；另一方面，这些新技术，也被用来改善安全产品和解决方案。

1. 人工智能

人工智能（AI）可以用来学习、完善安全防护规则，或执行辅助防御。例如基于 AI 的 WAF、基于 AI 的 Web Shell 检测等。

生物识别方面的人工智能技术可用于身份认证领域，如人脸识别。

人工智能技术还可以用于完善风控系统，例如当检测到某个访问请求来自黑产团伙时，就可以拒绝其访问（应用层访问控制）。

2. 大数据

大数据不仅可以用于事件挖掘与审计，还可以用于为黑产、诈骗、僵尸网络、傀儡肉鸡、盗版源建立数据库，作为风控系统的决策依据，用于访问控制。例如建立物联网终端 IP 库，如果正常情况下这些 IP 不应该访问业务，在防御系统中就可以直接阻断掉，因为访问过来的流量实际上是被黑产控制的。

3. 云计算

云计算自身也面临着一些安全问题，如 Overlay（虚拟网，云上虚拟机所在的网络环境）和 Underlay（底层承载网络）的隔离、租户隔离、安全域、云上防御，以及它们与传统数据中心的路由与访问控制关系（如何隔离或如何访问）等。

也有安全产品利用云计算技术构建安全能力，比如主动威胁、新病毒的发现，通过早期受害者的上报机制，避免后期大规模的爆发。

10.3　安全技术体系架构的二维模型

安全技术体系架构就是安全技术体系的主要组成部分及组成部分之间的关系。如同家庭是社会的细胞，各种基础设施与安全产品，包括安全防御基础设施、安全工具和技术、安全组件与支持系统等，共同构建了安全技术体系。

当我们观察安全技术体系的时候，如果只用一个维度，首选就是安全架构的 5 个核心元素：

- 身份认证（Authentication）
- 授权（Authorization）
- 访问控制（Acccess Control）
- 可审计（Auditable）
- 资产保护（Asset Protection）

但如果只用这一个维度，会与其他维度的要素混在一起，如身份认证，就有网络层身份认证（802.1X 等）、主机层身份认证（SSH）、应用层身份认证（SSO）等，为了更加清晰直观地描述这些要素，有必要再增加一个维度（网络分层）：

- 应用和数据层
- 设备和主机层
- 网络和通信层
- 物理和环境层

如果维度超过 2 个，则架构模型看起来将异常复杂（实际上也超过 2 个了，还有如数据生命周期、产品生命周期等等），更多维度难以表达也不容易理解。因此，我们只用两个维度来描述安全技术体系架构。

通过对过去及当前的安全产品、技术进行总结，我们将安全技术体系架构归纳为如图 10-1 所示的二维模型。

	身份认证	授权	访问控制	审计	资产保护
应用和数据层	SSO/PKI DB认证	权限管理	RBAC/ABAC 应用网关/风控	操作审计 日志平台 应用流量审计	加密/隐私保护 WAF/CC防护
设备和主机层	运维认证 设备登录	运维授权	运维通道 内部源	运维审计	补丁/防病毒 HIDS
网络和通信层	接入认证	动态授权	防火墙 NAC	流量审计	抗DDoS
物理和环境层	门禁认证 人脸识别	授权名单	门禁开关	视频监控 来访记录	防火防盗

图 10-1　安全技术体系架构的二维模型

这个模型横向为安全架构的 5 个核心元素，纵向为网络分层。其中横向和纵向的交叉点，表示该层在某个安全架构领域的解决方案，例如左上角第一个区域，表示应用和数据层的身份认证。当我们提到安全技术体系架构二维模型中的任何一个区域的时候，范围都可能涉及：

- 跟安全有关的基础设施，包括 IT 通用基础设施（如基础网络）、安全防御基础设施（抗 DDoS、HIDS、WAF 等）、安全运维基础设施等。
- 安全工具和技术，包括为发现风险而采用的扫描、检测工具，或安全改进所需要的各种技术（加密、脱敏、HTTPS 等）。
- 安全组件与支持系统，如 SSO、KMS、运维平台、第三方日志系统等。

10.4　风险管理的"三道防线"

在风险管理领域，经常会提到"三道防线"（如图 10-2 所示），这三道防线分别是：

- 第一道防线：业务部门对风险负主要责任，需要考虑从源头控制风险。
- 第二道防线：风险管理部门作为专业能力中心，提供整体的风险控制方案。
- 第三道防线：独立的审计。

第一道防线，就是业务自身的风险管理。业务主管是业务风险的第一责任人，出了事件之后，首先应该问责的就是业务主管。

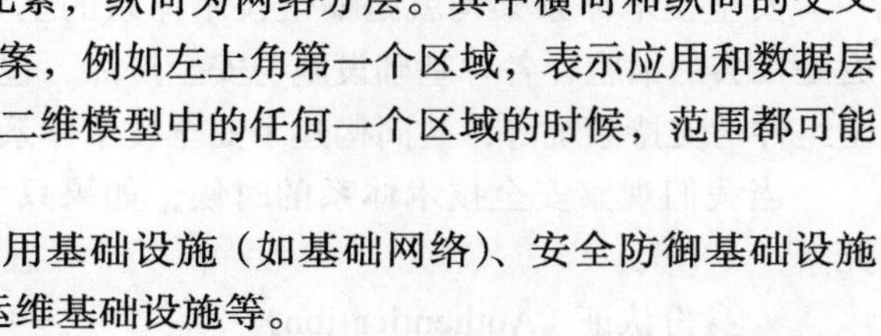

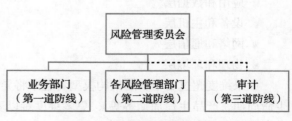

图 10-2　风险管理的三道防线

　　以数据安全体系为例,隶属于业务部门的安全从业人员,如从事安全设计的架构师、安全测试人员,以及它们对产品安全的质量保障(也就是产品安全架构),构成了数据安全领域的第一道防线。

　　第二道防线,就是针对各领域风险的风险管理部门。这一领域,往往需要该风险领域内的专业知识,以及从事该专业领域的人员。在具体实践中,有的企业成立了统一的风险管理部门,有的企业会针对重点领域,设立独立的仅针对该领域的风险管理部门,而且按照分工的不同,可划分为多个不同的部门。

　　以数据安全领域为例,一般配备集团层面的管理安全风险的部门,部门名称基于行业或业务特点各有不同,如数据安全管理部、数据安全与隐私保护部等。安全技术体系架构就是构建安全的基础设施、工具和技术以及各种支持系统,为产品的安全能力提供加持,构成安全防御的第二道防线。

 提示　本书大部分内容,就是站在第二道防线的视角来介绍的。

安全技术体系架构领域,通常包含如下工作(适用于数据安全技术团队):

- 建立和完善数据安全政策文件体系(在第四部分讲述)。制定其所在领域内的政策总纲、管理规定、标准、规范,供各业务遵循,提供专业性风险评估与指导,并对各业务的风险现状进行度量和监督,整体把控风险。
- 管理内外安全合规、认证测评、渗透测试。
- 协助建立/完善通用的基础设施,包括但不限于:较少的网络安全域划分与简洁的访问控制策略(借鉴无边界网络理念)、CMDB、统一接入网关等。
- 建立并完善安全相关的安全防御基础设施(抗 DDoS/HIDS/WAF 等)、安全运维基础设施(跳板机/运维平台/数据传输平台等)、安全支撑系统(SSO/日志/应用网关)、风险识别工具(如扫描器)、运营工具(风险度量等)。
- 建立并完善安全组件与支持系统,包括但不限于:SSO、权限管理、KMS、日志系统等。
- 完善各种安全工具和技术,包括但不限于:扫描、大数据分析(网关可作为流量输入)等。
- 考虑建设数据中台,将数据作为生产力,并统一执行安全管理。
- 例行开展扫描、检测活动,为风险数据化运营提供数据,执行风险规避措施。
- 风险管理、事件管理与应急响应。

　　第三道防线,就是承担审计职责的部门(如审计部),以及外部审计机构、测评机构等。审计的工作是独立的,不受第一道防线、第二道防线所在的部门制约,会独立履行职责,识别第一道防线、第二道防线中包括战略、管理政策、流程、人员、技术等各领域的风险。不仅包括业务自身的风险,对管理文件、技术规范、控制措施覆盖不到位的地方,也会提出改进意见，促进安全风险防控体系的不断完善。

通常来说，识别的风险包括各领域的风险，安全风险、隐私合规风险只是其中的一部分。审计报告作为第一道防线、第二道防线执行风险改进的输入。

在完整的制度安排和治理框架下，业务部门（第一道防线）主动预防风险，各风险管理部门（第二道防线）从外部加以指导，并采取流程控制、风险评估、监督、度量等活动，帮助业务降低风险。审计部门充分暴露问题，向风险管理委员会（或董事会）汇报，对第一道防线、第二道防线进行纠偏。

出国在外，要保障人身安全，要么指望去的地方拥有良好的治安水平，要么依靠自身拥有震慑坏人的能力。这表明，做安全至少有两个思路：

- 自身安全，不惧怕环境不安全。
- 环境安全，让其可以信赖，自身可以适度放松。

但事实是，就算自身习武练功很努力，也很难做到完全的人身安全，也还需要依赖外部的治安环境，两个方面都很重要。

保障业务应用的安全也是这样，适当的分工协作，将一部分安全在产品自身完成，一部分安全交给基础设施完成（如身份认证），可以同时兼顾安全和效率，就像勇士也可以借助铠甲来加强防护。

10.5 安全技术体系强化产品安全

从这里开始，我们将充分结合安全技术体系已有的基础设施、工具和技术以及各种支持系统，看看安全技术体系是如何强化产品安全的。

10.5.1 网络部署架构

产品在发布或部署时，一个良好的网络安全域、接入基础设施及访问控制策略，可以为产品提供额外的安全防御能力，降低产品面临的各种风险。

如图 10-3 所示，推荐采用无边界网络以及分布式的统一接入应用网关、尽可能少的安全域划分以及尽可能少的防火墙使用。

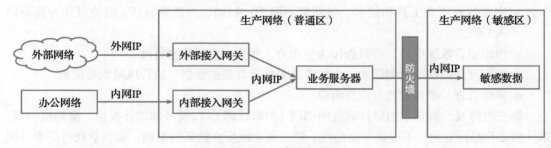

图 10-3 产品部署

针对互联网数据中心（IDC），原则上建议大部分服务器都不配置外网网卡，而是通过统一接入应用网关反向代理，防止误将高危服务开放到互联网。

> 所谓反向代理，是相对于正向代理而言的。打个比方：张三想找李四借个扳手，走到李四家门口敲门并说明来意，如果李四说："扳手在储物柜下面第三个抽屉里，你自己进来拿吧"，张三进入并径直走向储物柜并从下面第三个抽屉里取出扳手然后跟李四告辞，这就是正向代理。如果李四说："好，请稍等，我去拿给你"，然后取来扳手递给门口的张三，张三不用进入，这就是反向代理。由此可见，通过正向代理需要知道目标所在地址并"路由"过去，而反向代理不需要知道目标地址，可用于隐藏目标并提升安全性。

合适的网络分区可以让业务选择最合适的网络部署区域，比如敏感数据存放于生产网络敏感区，业务服务器只使用内网 IP 地址，通过接入网关对外服务。接入网关可以跟安全防御基础设施（如 WAF）集成，为产品提供安全防御能力。应用网关解密的 HTTPS 流量也可以作为安全防御以及流量审计的输入。

业务服务器不直接对外提供服务，避免了高危服务直接对外开放的风险。

10.5.2　主机层安全

在 IDC（互联网数据中心）模式下，服务器通过双网卡机制同时连接内网和外网，但这种模式带来了一个非常严重的问题，那就是经常有业务会误将高危服务（如数据库、缓存等）直接开放到外网去了，如图 10-4 所示。究其原因，各种网络服务的默认配置是监听所有网卡的，并没有按照最小化的监听范围进行配置。按照默认设置，只要服务一启动，就会向互联网开放。

所以在这种模式下，各大互联网公司的安全团队都会采取常态化的端口扫描方式，发现那些开放到外网的服务，并逐一通知业务关闭。同时，由于高危服务直接对外带来的高风险性，通常还会将高危服务直接对外定性为违规行为，并对实施人员加以处罚。

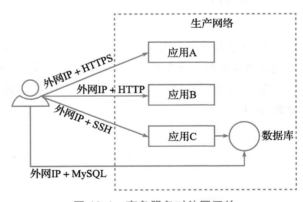

图 10-4　高危服务对外网开放

这种机制依赖众多的部署人员的安全意识，特别是很多公司并未实施开发、运维人员的职责分离，参与部署发布的人员数量众多。从管理的角度上看，涉及这么多人，每个人都有可能犯错，那错误就一定会发生。这种情况往往需要强化宣传教育（"关闭不必要的服务 / 端口，尽量只对外暴露 Web 端口，避免高危服务对外开放"），安排专人去发现误开高危服务到外网的情况，并推动修复，从而导致投入的人力成本很高。

> 提示 开发、运维人员的职责分离，就是开发、运维职责由不同的人员或团队担任，开发人员不管部署发布，运维人员才能在生产环境部署发布。

再加上很多业务习惯性地使用弱口令或通用口令（即一个口令在很多地方使用），殊不知其中很多通用口令已经通过各种渠道泄露出去了（比如员工自行上传代码到 Github 且其中包含口令），通用口令也变成了弱口令。

高危服务开放外网加上弱口令，成为黑客进入企业内网的重要方式。如何在基础设施层面对此进行约束呢？利用统一接入网关，就可以默认收回业务服务器的外网权限，正常情况下，业务服务器不再配置外网网卡，不再分配外网 IP 地址，也就不存在误开高危服务到外网的情况了，如图 10-5 所示。

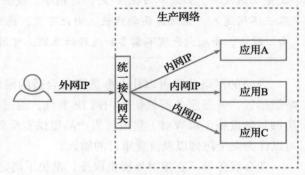

图 10-5　统一接入网关让业务服务器不再具有外网地址

> 注意 如果一项政策，需要非特定的任何员工遵从，那么一定会有员工不遵从！高危服务禁止对外网开放是很多公司的安全政策，但违反的案例非常多，可见这一管理政策在执行的时候是要打个折扣的。在这一点上，接入网关的方案可以让员工不再拥有犯错的机会！

统一接入网关充当了所有业务的前置反向代理，只有配置之后才能对外开放，而所有的高危服务默认都不会在网关上配置，保障了高危服务仅在内网开放，极大地降低了攻击面。

统一接入网关可以添加安全特性，比如集成 WAF（Web 应用防火墙），拦截入侵动作，如图 10-6 所示。

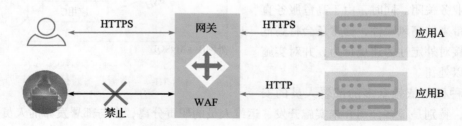

图 10-6　统一接入网关跟 WAF 集成

高危服务所使用的开源组件漏洞，也是黑客进入企业内网的重要方式。为了解决这个问题，需要使用来源可信、版本安全、经过评估的开源组件。而要达到这个目标，就需要建设企业内部的组件源，且内部源的组件经过过滤（排除高风险组件或相应的版本，如图 10-7 所示），这样业务在使用时，就不会下载到已知的高风险组件或恶意组件。

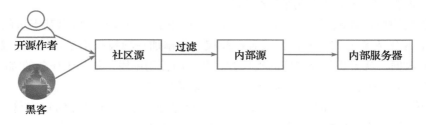

图 10-7　内部源原理

提到开源组件，推荐将通用组件云化，并构建自动化运维能力，通过浏览器来执行日常运维操作，而不是直接登录到服务器。通用组件云化，也就是常见的通用组件如 Web 服务器、数据服务等，采用云服务加上自动分配的模式，让业务不用自行安装，动动鼠标就可以申请使用，而不是每个业务都自行安装配置。这样在提高效率的同时，也可以统一执行安全加固。

为了最大限度地降低主机层所面临的入侵风险，部署 HIDS（基于主机的入侵检测系统），检测恶意文件、暴力破解等恶意行为，还可以基于彩虹表机制预先检测弱口令（即预先计算常见弱口令的散列值，并与系统中存储的散列值进行比对，以发现风险）。

10.5.3　应用层安全

第一，在身份认证方面，所有非公开的 Web 应用都应具备身份认证机制。首选自然是 SSO 单点登录系统，这在业界已达成共识。但事实却是，仍有很多业务，特别是面向员工的内部业务，连最基本的认证都没有。也有一些 JSON API 数据接口，对外开放时没有任何认证机制。因此安全政策在具体执行的时候，就会面临业务不遵循、落地不到位的情况。

在 SSO 的具体实现上，推荐不上传用户的原始口令，而是使用前端慢速加盐散列，强化口令隐私保护与防撞库能力。

在具备应用网关的条件下，可以让应用网关自身集成 SSO 单点登录系统，这样就可以不依赖于各业务自身跟 SSO 的集成，如图 10-8 所示。在使用接入网关之后，将原来的"各个应用跟 SSO 集成身份认证"改由接入网关统一进行身份认证。并且，还可以在接入网关上为其中的部分业务启用单独的超时退出机制，防止登录凭据被黑客窃取后用于登录敏感业务。

图 10-8　接入网关跟 SSO 集成取代各个产品自行集成

第二，在授权方面，首选在业务自身做好权限最小化控制，以及合理的职责分离，防止出现越权操作风险。如果能够基于属性授权就可以不必建立单独的授权表，例如用户访问自己的网络相册（即通过相册的所有者属性）。

如果无法用属性来识别，比如员工 A 访问某应用的普通权限，可以基于角色进行授权，需要将员工 A 纳入普通用户角色，或者在授权表中添加一项授权记录。又如客服人员读取用户的个人数据，就需要采取其他的授权方式和访问控制手段，如基于任务的临时授权与访问控制（客服需要先建立工单，再基于工单去获取临时授权）。

对于不直接面向用户的内部业务，也可以构建独立于业务之外的权限管理系统，简化业务的权限管理。例如内部员工访问的应用，可考虑接入权限管理系统，如图 10-9 所示。

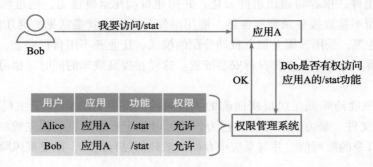

图 10-9　权限管理系统

访问控制方面，通常需要应用接口具备防止批量拉取的监控、告警或阻断能力，但在各应用本身实现却不太现实，这一需求可以跟防止 CC 攻击结合起来，在接入网关集成的 WAF 上统一配置，或者在 API 网关上统一配置。

针对上传 WebShell 的控制，除了在应用本身限定上传文件类型之外，还可以借助 WAF 等防御基础设施，检测上传的内容。在服务器的安全配置上，应配置用户上传目录仅限静态解析（如 Nginx）而不是传递给应用服务器（PHP/Java 等），如图 10-10 所示。

图 10-10　访问上传资源只能通过静态服务器访问

审计方面，可通过应用层接口，将敏感业务的操作日志实时上传到业务外的日志系统，且无法从业务自身删除，如图 10-11 所示。也就是说，业务本身并不持有或使用日志系统的数据库账号。

图 10-11　统一的日志系统或日志管理平台

10.5.4　数据层安全

数据层，建议将数据库视为"应当统一管理的基础设施"，尽量封装为数据服务，构建数据中台（例如基于 HTTPS 443 端口的 JSON API 接口，或自定义端口的二进制 RPC）而不是直接提供原始的数据库（如 MySQL 3306 端口）给业务使用。在业务团队中，逐步消除数据库账号的使用，让数据库账号只保留在基础设施团队内部，业务通过数据服务的应用层账号（如全程使用用户认证通过的凭据）进行访问。

在对数据进行保护时，经常使用到加密存储、加密传输、脱敏等概念。

先看加密存储，如果加密只在应用自身来完成，那么黑客入侵后有可能获取到解密的密钥，从而导致数据泄露并可被解密。为了强化密钥安全，我们可以借助 KMS（密钥管理系统）来实现加密解密操作。

在加密传输方面，首选使用全站 HTTPS（就是所有的业务全部启用 HTTPS 传输）。

在证书保护方面，由于各业务自行采购、配置数字证书，首先就会遇到重复采购的问题。例如甲团队为自己的一组业务已经采购了可用于 *.example.com 的数字证书且自行保管私钥文件，乙团队如果知道甲团队已经采购，可能会去找甲团队索取私钥文件，甲团队为了安全考虑，决定不提供，这样乙团队就需要另行采购，造成了重复采购。除非是具备统一的运维团队，统一管理运维操作以及证书采购，否则就会遇到重复采购数字证书的问题。

如果甲团队提供了私钥文件给乙团队，则私钥文件由多个团队掌握，造成私钥文件扩散，有可能会因为疏忽导致私钥泄露。而且，各 Web 服务器在配置私钥文件时，往往只能配置成私钥文件路径，私钥文件本身没有受到任何特别的保护，再加上如果服务器数量众多的话，私钥文件实际上非常分散，只要其中任何一台服务器出了问题（被入侵或感染木马自动翻找文件等），就可能导致私钥文件泄露。

此外，证书在默认配置上也存在诸多问题，特别是不安全的协议，如 SSL 1.0 ～ SSL 3.0、TLS 1.0 等均已存在漏洞不能再用。

综合上述多种原因，我们认为数字证书应该在统一的接入网关这里集中管理，并可将网关作为 TLS End（即 HTTPS 的终止点），以便针对私钥执行特别的加密保护。在统一启用全站 HTTPS 的同时，防止私钥泄露。在接入网关上，可以启用安全传输质量保障，默认就使用满足合规要求的 TLS 传输协议，禁用 SSL 1.0 ～ SSL 3.0 和 TLS1.0 ～ TLS 1.1，而直接使用 TLS 1.2 及以上版本，以及启用加密算法限制，默认只允许使用安全的加密算法。

业务上线的时候，如果当前网关已经具备了适用于其域名的证书（典型的场景是已经采购了通配型证书），就可以不用采购新证书，直接选择已有的数字证书即可。

脱敏方面，一方面可以在应用自身完成脱敏，另一方面，也可以借助外部基础设施的能力执行脱敏，这就需要使用到 API 网关了。每一个数据服务在接入 API 网关的时候，采用定制化脱敏策略，并按照脱敏标准进行脱敏。

此外，在涉及个人数据（或称之为隐私）的时候，还需要遵从隐私保护领域所有适用的外部法律合规要求，除了法律合规本身要求的内容，如以下要求：

- 不能直接对第三方提供包含用户个人隐私的数据集，如业务必需，应确保用户知情，尽到告知义务（个人信息被收集和处理的目的、使用的业务及产品范围、存储期限、用户权利等）并获取用户有效同意。
- 不采用一揽子式同意及隐私政策，即不能采用这种模式：只要用户勾选一个同意选项，就视为用户同意该公司的任意产品 / 服务均可以收集和处理个人数据。
- 不要替用户默认勾选同意选项。

还可以构建增强隐私保护的基础设施，如 K- 匿名、差分隐私等基础设施服务，这部分可称之为隐私增强技术。

当业务不得不需要以数据集的方式对外提供时，先经过 K- 匿名处理后，再提供。当涉及个人隐私的数据统计接口需要对其他业务或外部开放，对统计结果执行差分隐私保护，添加噪声后再对外提供。

接下来，我们以网络分层为维度，跳过物理和环境层，从网络和通信层开始，分别介绍各层的安全架构。

物理和环境层的安全基础设施包括：

- 门禁以及出入登记。
- 监控摄像。
- 红外告警。

这些设施通常不由安全团队负责，而往往是由行政、物业等部门负责。

第 11 章
网络和通信层安全架构

这一章，我们开始分层剖析安全架构，首先是网络和通信层的安全技术体系架构，如图 11-1 所示，主要包括：

- 网络安全域。
- 网络接入身份认证。
- 网络接入授权。
- 网络层访问控制。
- 网络层流量审计。
- 网络层资产保护：DDoS 缓解。

11.1 简介

安全技术体系架构包括通用基础设施、安全防御基础设施、安全运维基础设施、安全工具和技术、安全组件与支持系统等。

聚焦到网络和通信层，通用基础设施包括：

- 网络安全域（或网络分区）。
- 防火墙及配套的防火墙策略管理系统。
- 四层网关（可选），用于受控的任意协议的 NAT 转发等用途。

防御基础设施主要包括：

- 抗 DDoS 系统，用于缓解 DDoS 攻击。
- 网络准入控制（NAC），确保只有符合安全政策的设备在员工身份认证通过的情况下才能接入网络。

图 11-1　安全架构 5A 在网络与通信层的关注点

其他方面还包括：

- 运维通道。
- 网络流量审计。

提示　这里没有提网络层 IPS（入侵检测系统），主要是由于 HTTPS 或加密传输的普及，那些基于明文协议工作的产品，使用范围已大大受限，因此就不再介绍了。

11.2　网络安全域

企业的网络架构涉及各个安全域以及安全域之间的访问控制。

安全域是具有相同安全边界的网络分区，是由路由、交换机 ACL（访问控制列表）、防火墙等封闭起来的一个逻辑上的区域，可以跨地域存在，这个区域内所有主机具有相同的安全等级，内部网络自由可达。

各安全域之间的访问控制，即网络访问控制策略，由于路由、交换机 ACL 不会经常变更，所以网络访问控制策略管理的日常工作重点是防火墙策略管理。

让我们先来看看安全域的数量与防火墙的关系。假设只有两个安全域（A 和 B），访问规则就比较简单，只需要 2 套规则集即可：从 A 到 B，以及从 B 到 A，如图 11-2 所示。

如果有三个安全域（A/B/C），访问规则就变得复杂一些了，有 A 到 B、A 到 C、B 到 A、B 到 C、C 到 A、C 到 B，需要 6 套规则集（$3 \times (3 - 1)$），如图 11-3 所示。

图 11-2　两个安全域的规则集

以此类推，如果有 n 个安全域，则需要 $n \times (n - 1)$ 套规则集；如果有 15 个安全域（实际上很多大型公司的安全域已经超过这个数了），则需要 210 套规则集，且每套规则集中包含大量的访问关系，这对防火墙的运维管理来说，太复杂了，也需要消耗极大的人力成本来维护和管理这些规则。

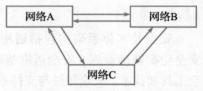

图 11-3　三个安全域的规则集

显然安全域不是越多越好，我们建议在满足合规的要求下，安全域的数量越少越好。关于安全域的划分，实际上每家公司都是不同的，下面列出典型的几种供参考。

11.2.1　最简单的网络安全域

一种最简单的网络分区如图 11-4 所示。

这种简单的安全域只包含两个分区且无防火墙设备：

图 11-4　最简单的网络安全域

- 本地的办公网络，用于办公电脑、打印机等。
- 远程的业务网络，使用外网 IP 地址同时向办公网络和外部网络提供服务。

这种方式仅适用于小型创业企业起步使用，业务网络可以通过购买公有云虚拟服务器（一般提供内网 IP 地址和外网 IP 地址各一个）来快速解决。但这种方式存在明显的安全风险，非常容易将数据库等高危服务直接开放到互联网，如果采用这种方案，注意一定要将数据库等高危服务配置成只监听内网 IP 地址（不需要开放给外网），并设置高强度口令；当高危服务只被位于同一台主机的应用访问时，建议配置成监听 127.0.0.1。

以 MySQL 为例，在配置文件 /etc/mysql/my.cnf 里将 bind-address 参数调整为内部 IP 地址，如：

```
bind-address = 10.10.10.1
```

11.2.2　最简单的网络安全域改进

如图 11-5 所示，主要改进点如下：

- 使用统一的接入网关，工作于反向代理模式，使用内网 IP 地址访问各业务，各业务不再直接对外提供服务（接入网关在后面讲述）。
- 业务网络可以仅保留内网 IP 地址，不再使用外网 IP 地址（少量特殊情况除外）。

图 11-5　最简单的网络安全域改进

11.2.3　推荐的网络安全域

图 11-6 的接入方案是一种安全性较高的方案，可供有评估认证需求的互联网企业参考。

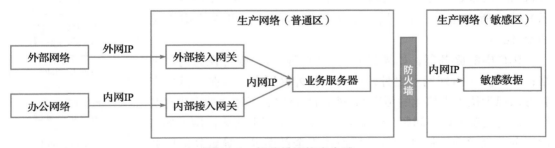

图 11-6　推荐的网络安全域

其中，接入网关用于统一接入，反向代理到后端真实的 Web 业务，避免直接路由到生产环境。反向代理即转发用户请求到内部真实服务器（使用内部地址）并将结果返回给用户，对用户隐藏内部地址。在网关上配置内部业务地址之后，只需要将业务域名指向网关即可访问内部业务。

在安全成熟度比较高的情况下，还可以将外部接入网关和内部接入网关合二为一，构建基于身份信任的网络架构，如图 11-7 所示。

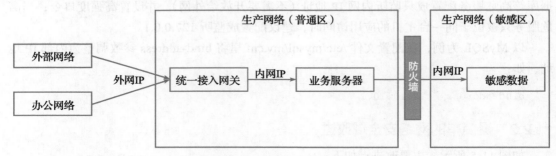

图 11-7　统一接入网关

在业务部署时，如果基线策略（即默认已经开通的常用策略）不满足业务需求，则需要在符合安全政策的前提下，申请相应的访问策略。

11.2.4　从有边界网络到无边界网络

过去安全体系以网络为中心，是有边界的网络，人们认为外网是不可信的，而内网是可以信任的，DMZ 也是这种理念下的产物。

DMZ（Demilitarized Zone，非军事区），是传统 IT 网络（如图 11-8 所示）中安全等级介于内部网络与互联网之间的一个安全域，用于部署直接对外提供服务的服务器，如网站的前端、反向代理、邮件服务器等。

在互联网行业兴起后，DMZ 这种模式逐渐被无防火墙的 IDC（Internet Data Center，互联网数据中心，如图 11-9 和图 11-10 所示）模式所虚拟化，IDC 模式的外网网卡模式，可视为虚拟化的 DMZ。

IDC 中的服务器，如果只有一张内网网卡，则可视为内部网络；如果除了内网网卡之外，还有一张外网网卡，这张外网网卡就可以视为位于虚拟化的传统 IT 网络的 DMZ。不过这种方式在实践中，也发现了许多问题，最常见的就是本应只监听内网网卡的高危服务，经常会因服务默认配置而监听全部网卡，导致高危服务对外网开放，再加上通用口令、弱口令的使用，成为入侵内网的通道。

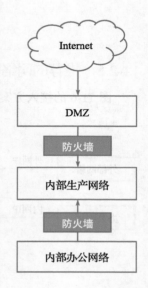

图 11-8　传统的 IT 网络

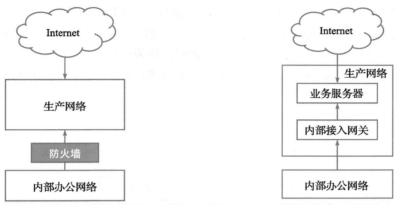

图 11-9　无外网防火墙有内网防火墙的 IDC 网络　　图 11-10　无外网防火墙无内网防火墙的 IDC 网络

　　综合 DMZ 模式和 IDC 模式的优点，可在 IDC 模式的基础上，增设统一的应用接入网关，其他内部业务服务器仅分配内网网卡，可有效降低高危服务对外开放的风险，如图 11-11 所示。

　　过去，大家经常会假设内网是安全的，但是随着各种内网渗透事件的发生，这种假设"内网是安全的"理念已经逐渐站不住脚了。本书基于"内网也不可信任"的理念，剖析和探讨无边界网络条件下，该如何保障业务系统的安全。

　　只有当业务和基础设施都按照最佳实践进行开发和设计的理想的情况下，边界才变得无关紧要。当存在大量不符合最佳安全要求的存量业务的情况下，多个安全域的分层网络还是有必要继续存在的，只是我们在做安全加固的时候，不能假设"内网是安全的"，而要假设"黑客已经进入了内网"。为了保护最为敏感的数据，我们可以将最敏感数据部分单独隔离起来（"生产网络敏感区"），当业务服务器访问敏感数据的时候，需要经过内网防火墙，这种设计是 PCI-DSS 认可的设计模式，如图 11-12 所示。

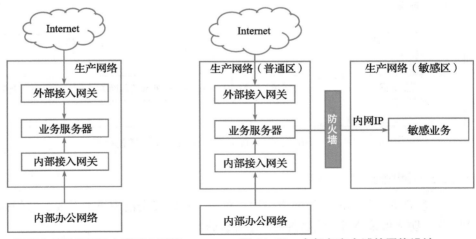

图 11-11　采用接入网关的无防火墙 IDC 网络　　　图 11-12　内部多安全域的网络设计

有读者可能会问，为什么敏感网络这里不采用统一接入网关呢？

其实也是可以的，但如果涉及 PCI-DSS 认证，需要具备防火墙机制以保护敏感的数据。我们可以在生产网络（敏感区）将需要的数据封装为数据服务，然后通过敏感业务接入网关对生产网络（普通区）发布，相对于生产网络的接入网关，只是多一道防火墙而已，如图 11-13 所示。

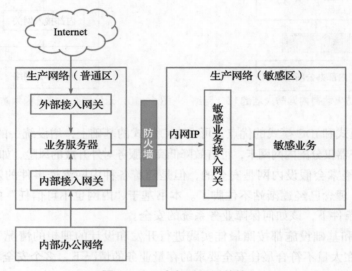

图 11-13　全部采用网关接入

随着云计算的大量普及，也有企业将自己的业务大量上云，这就带来了一个问题，跟原有传统生产网络如何互通的问题。直接打通路由可能面临各种挑战，而使用外部接入网关，则能够较好地解决互联互通问题，在接入网关的配置上，可以做到点对点开放，如图 11-14 所示。

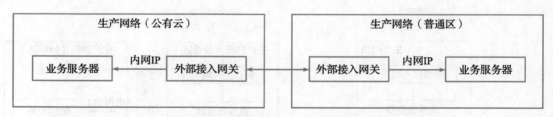

图 11-14　接入网关作为跨网互通的桥梁

11.2.5　网络安全域小结

一个简单、逻辑清晰的网络架构，对于公司的安全治理至关重要，它们是网络访问控制策略（防火墙策略等）赖以落地的基础设施。

网络架构的复杂度，在很大程度上决定了网络管理团队能不能快速适应业务的变化，新业务能否快速上线，开发、发布、运维、数据传输等日常工作及流程能否高效开展。

　　一个典型的误区就是，为了安全，我们需要设置更多的安全域，结果搞得网络异常复杂，规则集和防火墙策略也非常多，甚至撑爆了防火墙的容量上限。

　　一个典型的场景是员工先登录跳板机，再跳到目标服务器执行运维操作，共需要多少个安全域呢？第一个选择如图 11-15 所示，单独为跳板机建立一个安全域。

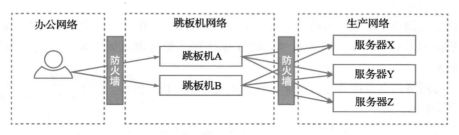

图 11-15　单独为跳板机建立一个安全域

第二个选择如图 11-16 所示，不为跳板机建立单独的安全域。

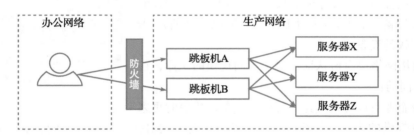

图 11-16　跳板机没有单独的安全域（放在生产网络边界）

　　第一种方案在跳板机到业务服务器之间有防火墙，可以执行 IP 和端口级的访问控制，安全性更高，但也带来了额外的运维和管理成本。

　　在我们看来，这两种方案的安全性其实是相差不大的，而且作为跳板机都能够登录到目标服务器，限制其他非登录类的端口访问，其意义也不是很大。

　　因此，在这两个方案中，笔者推荐使用第二个方案，它不仅仅是减少一个安全域，减少了防火墙策略的数量，而且扩展性也更好。

提示　第二个方案中的跳板机有点类似于无边界网络中的网关。这种模式大大降低了网络
　　　复杂度以及防火墙策略的数量。

11.3　网络接入身份认证

　　提到身份认证的时候，大家往往首先想到的是应用层，比如登录一个网站会提示输入

用户名和口令进行身份认证。难道网络层也需要身份认证吗？是的，网络层也会涉及各种各样的身份认证，如：

- 家里或餐馆的 WiFi，手机或笔记本首次接入时，需要选择接入点，输入对应的访问口令，然后才能接入网络。
- 家里的路由器，在使用 PPPoE 拨号接入运营商的网络时，需要输入运营商分配的账号和口令进行认证。
- 出差住酒店的时候，有的酒店提供的 WiFi 接入点，在接入后会弹出一个网页，使用房间号及住客姓名（或手机号）进行基于 Web 的身份认证（WebAuth），如图 11-17 所示。

企业的网络，也会涉及身份认证，而且更进一步，包括对人和设备的认证：

图 11-17　访客通过 WebAuth 认证后接入网络

- 针对员工、访客、合作伙伴的身份认证，这是针对人的身份认证。
- 针对接入设备的身份认证，识别出设备属于哪一种，如公司设备（办公电脑 / 服务器）、经过授权的个人设备（手机 / 平板电脑 / 个人笔记本电脑）、未经授权的设备等。

是否启用网络层身份认证，对于不同规模的企业，往往选择是不同的：

- 创业企业可以先跳过这一部分，等条件成熟时再来考虑。
- 中等规模的企业，无线网络接入部分，对人的身份认证是必备的，需识别出员工和访客。
- 大型企业，无论是有线接入还是无线接入，除了具备对人的身份认证，还具备办公网的设备认证机制，检查接入设备是公司资产还是个人设备。
- 领先企业，除了具备上述对人的认证和对办公设备的认证机制外，对服务器也实施了设备身份认证。

在设备认证方面，会配合 NAC（Network Admission Control，网络准入控制）机制共同使用。

对人（员工、访客、合作伙伴）的身份认证，如果是员工且采用有线接入，可直接借助 Windows 操作系统的域认证，或者通过安全客户端配合内部统一的 SSO 系统进行认证。无线接入可采用 WebAuth 认证方式（在访问网站时引导到认证网页），员工使用 SSO 进行身份认证，访客使用临时随机口令等方式。

对设备的认证，如果目标是仅校验是否为公司已授权的设备，最简单的实现方式是在资产库登记设备 ID、MAC 地址，只要是已登记的设备且 MAC 一致，即认证通过。在具有更加严格要求的网络环境，可以通过颁发设备数字证书，来执行设备认证。

11.4　网络接入授权

有了对人和设备的不同区分，我们就可以制定精细化的授权策略（如表 11-1 所示），如只允许员工使用企业内部的设备访问内部网络。

表 11-1　目标网络区域授权

人员	设备	安全政策检查	允许访问的范围
员工	公司电脑	合规	办公网络
员工	公司电脑	不合规（未打补丁、病毒库未更新）	修复区
员工	已登记并经过授权的个人电脑	合规	办公网络
员工	已登记并经过授权的个人电脑	不合规（未打补丁、病毒库未更新）	修复区
员工	未登记的个人电脑	不合规（设备未登记）	修复区
访客	个人电脑	不信任	访客网络

有了这个规则，我们就可以在接入设备上配合 NAC（将在下面介绍）执行访问控制了。

11.5　网络层访问控制

11.5.1　网络准入控制

早期的企业办公网络，是电脑插上网线就能用，但是这样存在一个问题，任何电脑都能接入，非常容易引入病毒、木马等不安全因素，也无法有效防止内部数据通过私人携带的笔记本电脑泄露。为了解决这个问题，业界有了网络准入控制（NAC）的相关思路和解决方案，可以将不受信任的终端（如访客携带的电脑）排除在公司网络之外。

1. NAC 原理

网络准入控制，如图 11-18 所示，是在网络层控制用户和设备接入的手段，确保只有符合企业要求的人员、设备才能访问对应的网络资源，防止不可信或不安全的设备特别是感染病毒木马的计算机接入企业网络后，对网络产生风险。

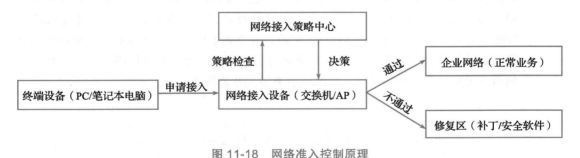

图 11-18　网络准入控制原理

网络准入策略中心提供身份认证、安全检查与授权、记账等服务。如果策略检查不通过，则将终端设备接入修复区，对不符合策略要求的风险进行修复，如资产登记、病毒库更新、打补丁等，直到符合要求，才能重新接入企业网络。

> **注意** 仔细观察图 11-18，网络接入策略中心就相当于安全架构 5A 中的授权模块，而网络接入设备就相当于访问控制模块，终端设备在申请接入的时候也是需要先通过身份认证的。

实施 NAC 的技术主要有：

- 802.1X（需要交换机设备支持，是一种网络接入控制协议，可对所接入的用户设备进行认证和控制）。
- DHCP（先分配一个临时的 IP，只能访问到修复区，通过策略检查后，再分配正式的 IP）。

网络准入控制方案是一个综合性的解决方案，以访问控制为主，并覆盖安全架构中的各个要素。

2. 办公终端管理

如图 11-19 所示，办公终端从安全上可以分为如下几类：

- 未注册终端：没有在系统中登记的终端。这是所有终端设备的初始状态，管理政策上可规定未注册终端不具有任何权限（也就是说无法用于办公使用），并体现在访问控制机制上。
- 已注册终端：未注册终端按照规定的流程，使用规定的注册工具，在资产库中登记相应的信息（如设备编号、MAC 地址、使用责任人等），变为已注册终端；管理政策上可限制仅允许公司配发的电脑才可以成功注册；
- 不可信终端：是那些之前已经完成注册登记，但目前无法通过设备认证（如病毒库过期、存在高危漏洞补丁未修复）、未通过人员认证，或策略检测不通过的终端；不可信终端通过接入修复区，完成修复后可转为可信任终端。
- 可信任终端：通过设备认证、人员认证及安全政策检测的已注册终端。设备认证可通过设备证书，或设备 ID、MAC 地址等进行资产库验证；人员认证通过 SSO 或 Windows Active Directory（AD 域）实施；安全政策检查包括系统补丁、病毒库更新状态、安装了规定的软件、未安装指定的黑名单软件等。可信任终端在发现新的风险后，可降级为不可信终端，并因此拒绝接入办公网络。

图 11-19 设备状态

通过对设备状态的判定，可执行相应的网络准入控制，如：

- 只允许公司配发的电脑（或已登记并经过授权的个人电脑）才能注册登记，并通过设备的身份认证。
- 只允许可信任终端接入办公网络，否则接入修复区。

如果不满足上述全部要求，则 NAC 会将电脑接入修复区，在修复区，可以执行合法访问前的修复动作，如加入企业的 AD 域、升级补丁、安装必要的安全客户端和防病毒软件等。在修复之后，才能正常访问办公网络。

3. 服务器 NAC

试想一下这个场景，如果某个不怀好意的人串通机房管理员，带笔记本电脑进入了机房，插根网线就接入生产网络，带来的风险可想而知（带入病毒、窃取数据、恶意扫描等）。

基于不信任原则，我们不能信任任何内外部人员，也可以不信任任何设备。

当然，由于实施 NAC 的成本比较高，目前只有个别领先的公司实施了 NAC（采用了基于 TPM 和数字证书的认证与信任传递机制），大多数公司尚未实施或没有计划实施。很多大型企业也只是实施了办公网的 NAC，而生产环境的服务器还没有实施 NAC 的计划。

是否实施服务器 NAC，企业管理者可以进行权衡。对于服务器来说，实施服务器 NAC 之后的好处显而易见，只有企业的服务器设备才能接入生产网络，而其他未经授权的设备将被拒绝接入。

11.5.2 生产网络主动连接外网的访问控制

对于生产环境的服务器，经常有下载第三方软件或跟外部第三方业务集成的需求，应该如何控制它们访问互联网的行为呢？

下载开源软件一般可通过自建软件源的方式解决，但跟外部第三方业务集成就不得不访问外网了。

策略一般有两种：

- 第一种策略是允许服务器自由访问互联网（如图 11-20 所示），不加管控，效率较高，但无法防止敏感数据外传。如果黑客已进入内网，则他可以自由外传敏感数据；此外，员工也可能私建 VPN 网络，将风险引入生产网络。
- 第二种策略是不允许服务器自由访问互联网（如图 11-21 所示），需经过指定的代理服务器和相应的配置，这样对业务的效率会有少量影响，但可以很好地控制数据外传和员工行为。

如果选择第二种方案，就需要配套建设相应的基础设施，包括：

- 生产网络出向访问的专用代理，需要支持多种访问策略，如限定一个目标网站（点对点）、多个目标网站、任意目标网站等。
- 内部软件源（毕竟将业务访问外网的通道堵住了，对于安装软件的需求，需要有个出路）。

图 11-20 服务器自由访问外网模式   图 11-21 经由统一代理访问外网

这里不是说一定要使用哪一种策略才是正确的，而是要知道不同的策略，可能带来的影响。具体在你的业务场景中，选用哪一种策略，跟网络基础设施现状、企业文化风格、历史策略等都有关系，可根据情况评估选用，笔者比较推荐第二种，因为它符合安全的白名单原则。

11.5.3 网络防火墙的管理

在真正的无边界网络架构里，企业的各种业务和服务，都按照安全的架构原则，通过身份认证、最小化授权、访问控制、审计，并实施了安全的资产保护，其实是不需要防火墙的。

但由于存量系统中大量存在的不符合安全最佳实践的业务，彻底放弃防火墙目前还言之过早，网络防火墙仍是不同的安全域之间访问控制的主要执行者，特别是内网的不同安全域之间的互访。当前，我们可以继续让防火墙在切断关键路径上继续发挥作用，并逐步吸收无边界网络架构的理念，来改进我们的业务。

虽然已经有了不少下一代防火墙的产品，但目前大型企业主要使用的，还是只有最基本的功能，即基于五元组的访问控制。这里简单介绍一下最基本的五元组概念（如图 11-22 所示）：

- 源 IP 地址，用于限制访问来源。
- 源端口，一般使用 any，因为主

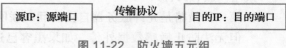

图 11-22 防火墙五元组

  动发起方所使用的端口是随机的；
  但对于那些采用无状态防火墙管理的企业来说，就需要单独为服务器的响应创建一条策略，比如 Web 服务器响应用户请求的源端口是 80 或 443。
- 目的 IP 地址，用于限定目标范围。
- 目的端口，用于限定目标服务。
- 传输层协议，用于限制传输协议类型（TCP/UDP）。

一条防火墙策略，包含了五元组和访问控制动作（放行、拒绝）。

在实际的防火墙日常运营中，可能会面临诸多问题：

- 策略越来越臃肿，逐步逼近或已达到防火墙设备的策略上限。

- 随着业务的变迁，历史策略中的一部分早已失效，成为了网络访问控制的漏洞。
- 随着业务的扩张，安全域越来越多，策略越来越复杂。

为了解决这些问题，我们也开始反思，安全域与防火墙是否用对了？我们用自己的经验和教训，总结了几条建议：

- 安全域不能过多，只要满足合规要求及敏感业务的保密需要即可。
- 跟基础设施有关的纳入基线策略，建设时一次性开通，不要让业务来申请，由安全团队和网络维护团队定期审视。
- 业务申请的防火墙，需要具备流程上的清理机制，具备责任人和有效期机制，并在流程上启用到期前提醒功能，复核该策略的必要性；服务器之间的策略由于都是固定的 IP 地址，有效期可以长一些，建议一年；由于办公网大多采用 DHCP 机制，因此办公网到服务器的策略，只要访问源属于动态 IP，就需要压缩有效期（一个月以内）。
- 临时策略，一般用于满足应急、测评的需要，按需短期开放，到期撤销。

此外，有一些协议，本身安全性不够，或者需要开很多端口才能正常使用，这一类协议需要加以限制，尽量不用；比如 FTP，就算允许使用，也很少有员工能够一次性填写正确，或者知道 FTP 主动模式和被动模式分别需要开启哪些防火墙策略。

提示　FTP 主动模式需要使用 21 和 20 端口，其中 21 端口用于指令通道，20 端口用于数据通道（且由服务器主动发起数据传输连接）；FTP 被动模式需要使用 21 端口和协商的随机端口（端口范围可配置），均由客户端主动发起；无论是主动模式，还是被动模式，均存在明显的缺点，不推荐使用。

11.5.4　内部网络值得信任吗

在过去的观念里，一般认为内网网络比较安全，而外部网络风险比较大。但这个观念也带来了一系列的问题，如：

- 没有为内部业务建立相应的身份认证、授权与访问控制机制，一旦黑客进入内网，就可以利用内网缺乏防护的弱点，扩大入侵范围。
- 没有及时给内网服务器打上补丁，一旦病毒进入内网，就会肆意传播。在一些保密性要求较高的内部网络里，往往会设置一些跟办公网络和生产网络隔离的孤岛网络，这些孤岛网络在补丁管理和病毒防护上存在明显缺陷。

2010 年 6 月，震网病毒（Stuxnet）被首次发现，是第一个定向攻击现实世界中重要工业基础设施的"蠕虫"病毒，比如核电站、电网、石油钻井、供水设施等。据分析，这种病毒可利用 U 盘进行传播，并借此进入伊朗核电站的内部网络，攻击铀浓缩设备，造成离心机损坏等后果。

可见，黑客进入内部网络并非难事，内部网络并不安全。为了进一步说明这个观点，我们可以看一个实际的安全意识演习例子：

在 2016 年的 Black Hat 大会上，谷歌反欺诈研究团队的负责人 Elie Bursztein 分享了一个名为"丢 U 盘进行社工攻击真的有效吗？"的议题，讲述他尝试在伊利诺伊大学校园里各处丢弃 297 个 U 盘（并且贴上了所有者的名字和地址标签），看看有没有好奇的人会捡回并查看 U 盘里究竟有什么内容。Bursztein 的调查结果显示：135 个 U 盘被人捡走后都连接了电脑，并且还打开了其中的文件，经其中用于测试的"恶意程序"给 Bursztein 回传了数据。这个比例达到了惊人的 45%！也就是说，黑客想进入企业的内网其实非常容易，丢几个恶意的 U 盘就可以了。

因此，内网也不值得信任，我们必须假设黑客已经进入内网，再来谈如何从根本上改进安全。当然，这里所说的不信任内网，并不意味着内网一无是处，尽可能地降低攻击面，减少暴露的机会，对于当前的业务还是必要的。

11.5.5 运维通道的访问控制

企业的网络安全域，一般都会将办公网络和生产网络分开，如果要登录到生产网络的服务器执行运维，则需要通过跳板机或运维平台来中转。这样就可以在内部防火墙设备上，拒绝所有办公网络对生产网络的直接运维通道，而仅开通办公网络到跳板机或运维平台的策略（如图 11-23 所示）。

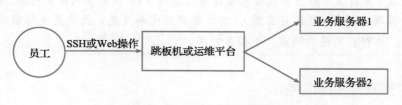

图 11-23 运维通道访问控制

11.6 网络层流量审计

网络层流量审计，就是以网络层的流量为分析对象，构建基于大数据的流量分析及事件挖掘系统，主动地从中发现 DDoS 攻击、入侵、数据泄露、明文传输敏感信息等风险。

数据源就是访问公司业务的流量，主要是 Web 流量。如何才能得到流量呢？

以前在 HTTPS 尚未普及的年代，可以直接通过链路层、网络层提取，如分光器、NIDS（Network Intrusion Detection System，网络入侵检测系统）等各种网络设备等。

但随着 HTTPS 的普及，HTTPS 的流量已无法直接从网络层获取，上述来源几近失效，需要寻找新的流量来源。基于明文传输的网络层的流量审计，其使用场景已非常有限，因此这里不再展开。

> **提示**　这部分流量逐渐转移到应用层，例如通过应用层的统一接入网关或 WAF 获取流量的镜像副本。最典型的流量来源，应当首选 HTTPS 统一接入应用网关，接入网关可以作为 HTTPS 的中止点（TLS End），流量在这里解密，因此可作为流量分析的输入源。可用于流量实时分析的开源工具有 Storm、Spark Streaming、Flink 等，具体方法属于大数据的研究领域，此处不再展开。有了流量数据，就可以对指定时间窗之内的流量进行聚合、统计、分析等操作，就如同操作普通的数据库查询一样。

11.7　网络层资产保护：DDoS 缓解

如果有业务经常遭受 DDoS（Distributed Denial of Service，分布式拒绝服务）攻击，需要采取缓解措施，或建立应对 DDoS 的防御基础设施，构成安全立体防御体系的一部分（网络层防御）。

11.7.1　DDoS 简介

DDoS，即分布式拒绝服务攻击，是从多个来源针对一个目标发起的旨在让目标不可用的攻击形式。

DDoS 的攻击类型实在太多，总结下来可以概况为两类：

- 网络带宽资源耗尽型（利用第三方服务的反射放大攻击、利用协议缺陷的异常包等），相当于通往目的地的通路被堵住，就算目标服务还能正常提供服务，但正常的用户访问不到。在这种情况下，正常用户的访问请求根本就到不了服务器。
- 主机计算资源耗尽型（典型的是 CC 攻击），是指流量已到达目标服务器，并且把目标服务器的资源（CPU、内存等）给占满，使得服务器无法处理正常用户的访问请求。

这两种类型也经常混合在一起。以近期典型的放大倍数最高可达 5 万倍的 Memcached 反射放大攻击为例（如图 11-24 所示）：

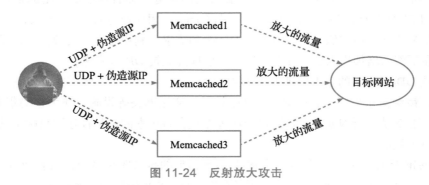

图 11-24　反射放大攻击

正常情况下，用户发出的请求数据包到达服务器之后，其对应的响应包会回到用户这里；但攻击者将 UDP 包中源 IP 伪造为目标网站的 IP（Memcached 收到请求后将结果返回给目标网站），即可用很小的流量获得巨大的流量攻击效果。

11.7.2 DDoS 缓解措施

由于涉及利益关系，DDoS 攻击无法根除，只能采取措施加以缓解。

如果没有专业的抗 DDoS 产品，首先就需要从产品自身考虑，提升产品应对 DDoS 的能力。

一方面，可以提升产品自身能力，主要的方法包括：

■ 优化代码，降低系统资源占用。

■ 启用缓存，降低对数据库资源的频繁读取。

另一方面，可以对服务降级，暂停高消耗型的功能，提供有损的服务。

经此优化，可提升对小流量 DDoS 的防护能力，但这往往还不够。继续缓解的思路无非就是针对攻击方利用的弱点：

■ 让服务器前的带宽入口大于攻击流量带宽，如扩充带宽或购买高防 IP，要想防止 10Gbps 的 DDoS 攻击，首先你的网络入口带宽就得大于 10Gbps。

■ 提升自身性能的同时，启用负载均衡或 CDN 加以分流，将请求分散到多个入口，如图 11-25 所示；假设分流节点有 100 个，则每个节点承受的流量就变为原来的 1/100（这些流量中的绝大部分是不会发送到后端的真实业务的）。

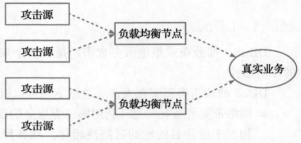

图 11-25　基于 CDN 或其他负载均衡的 DDoS 缓解方案

11.7.3 专业抗 DDoS 方案

专业的抗 DDoS 解决方案，是云计算企业、CDN/安全防护厂商、运营商等大型企业才会考虑的事情。原本他们的业务自身就需要极大的带宽，拥有现成的富裕的带宽资源，也拥有众多的 CDN 节点，甚至总的入口带宽超过 Tbps，因此通过 CDN 分流后，可防御 Tbps 量级的 DDoS 攻击。而他们的客户也有抗 DDoS 的需求，利用现有的资源，特别是天然的带宽优势，在不怎么增加投入的情况下，即可方便地开展抗 DDoS 业务。

一种抗 DDoS 方案的基本原理如图 11-26 所示。

其中，镜像流量可以来自分光器、IDS 设备、应用网关等设施，作为检测集群的输入。防护集群由清洗设备所构成，通过路由回注等方式，将正常的流量投递到目标网站，将攻击流量清洗掉（丢弃）。

腾讯的宙斯盾系统就是在实战中逐步发展起来的抗 DDoS 系统，可抵御超过 Tbps 级 DDoS 攻击（如图 11-27 所示），详见：军备竞赛：DDoS 攻击防护体系构建⊖。

⊖　"军备竞赛：DDoS 攻击防护体系构建"一文介绍了腾讯宙斯盾抗 D 系统：https://mp.weixin.qq.com/ s/3IOnGWe8iWVCmAVDjBChYQ

通过和 CDN 配合，降低分流到单个入口的带宽，以及带宽扩容，可以极大提升抵御 DDoS 攻击的能力。

基于访问控制的思想，专业的抗 DDoS 方案开始利用大数据的分析方法，构建自己的防护数据库，例如：

- 应用端口登记，这样访问未登记的端口可以视为消耗带宽的无效请求，可以直接抛弃。
- 物联网设备 IP，如智能摄像头、家用智能路由器等，如果业务并未向这些设备提供服务，可以直接抛弃。

对中小型企业来说，由于没有足够的带宽来对抗 DDoS 攻击流量，往往需要采购第三方的抗 DDoS 服务，服务形态主要有两种：

- 高防 IP，这属于单节点的抗 DDoS 方案，由于是单入口的高带宽占用，供应商会使用单独的高防机房，部署高带宽，因此成本比较高。
- 高防 CDN，通过分流，在每个 CDN 入口均实施抗 DDoS 方案。

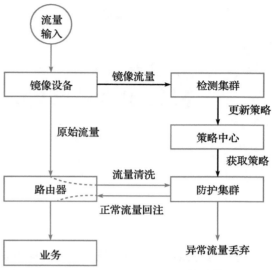

图 11-26　抗 DDoS 产品原理

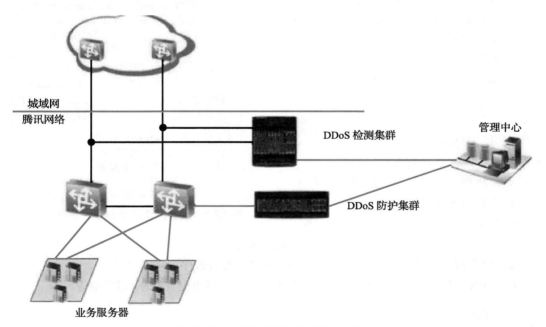

图 11-27　腾讯宙斯盾抗 DDoS 架构

第 12 章
设备和主机层安全架构

基于安全架构 5A 方法论，安全架构在设备和主机层主要关注（如图 12-1 所示）：

- 身份认证与账号安全：最典型的场景是 SSH 登录安全。
- 授权与访问控制：谁有权可以登录、登录来源限制、端口开放限制。
- 主机资产保护：防止恶意软件破坏主机计算环境，如防病毒、主机入侵检测等。
- 主机运维审计与入侵检测。

图 12-1　安全架构在设备和主机层关注点

12.1　简介

主机层的基础设施主要包括：

- 主机统一认证管理。
- 跳板机、运维平台、数据传输平台。
- 操作系统母盘镜像。
- Docker 容器基础镜像。
- 补丁管理，保障主机操作系统及组件完整性。
- 防病毒管理，防止病毒、木马、Web-Shell 等有害程序危害安全。
- HIDS（基于主机的入侵检测系统），监测主机入侵行为并触发告警及应急响应。

12.2　身份认证与账号安全

业务初始化部署、变更、异常处置等场景，免不了需要登录服务器进行各种运维操作。

对于 linux 服务器来说，一般是指 SSH 登录；对 Windows 服务器是远程桌面；对网络设备来说，除了 SSH，一些旧设备还支持传统的 TELNET。

12.2.1 设备 / 主机身份认证的主要风险

2019 年 2 月，国内某人脸识别公司发生数据泄露，超过 250 万人的 680 万条记录泄露，包括身份证、人脸识别图像、捕捉地点等。据调查，该公司数据库没有密码保护，自 2018 年 7 月以来，该数据库一直对外开放，直到泄露事件发生后才切断外部访问。

类似案例都是源于非实名账号问题。操作系统默认使用非实名账号和静态口令，风险包括：

- 使用的非实名账号（如 root、administrator）在运维审计时难以定位到具体的人员，且黑客也可以使用这些账号登录。
- 冗余的账号，这些多出来的账号有可能是黑客留下的，或者虽然是员工创建的，但有可能被黑客利用。
- 通用口令，即多台服务器使用同一个口令。
- 弱口令，口令强度太低很容易被猜出的口令。
- 历史上已经泄露的口令，如员工通过博客、开源等泄露出去的口令，也可划入弱口令之列。

由于非实名账号黑客也可以登录，无法关联到具体的使用人员，给事件定位、追溯带来麻烦；通用口令和弱口令很容易导致服务器口令被黑客获取，从而给业务带来风险。

12.2.2 动态口令

静态口令容易被黑客利用，不安全，所以安全的做法就是对 SSH 启用实名关联和动态口令。

Linux 下面有一个 PAM 模块（Pluggable Authentication Modules，身份认证插件），可用于替换系统默认的静态口令认证机制，如果考虑自行开发的话，可从这里入手，跟企业的 SSO 关联，让员工可以使用统一的身份认证机制进行运维。业界也有公开的解决方案，如 Google Authenticator、TOTP（Time-based One-Time Password）等。

12.2.3 一次一密认证方案

如果没有动态口令机制，在安全性要求不是很高的场景，也可以考虑一次一密机制，配合口令管理系统使用。一次一密，指的是每一次登录服务器的时候，都使用不同的服务器口令。

图 12-2 是一个采用一次一密方案的登录流程，可供参考。

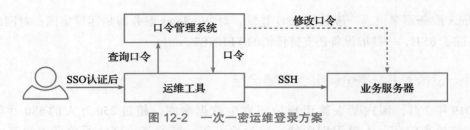

图 12-2 一次一密运维登录方案

不过，这种方案必须具备口令的修改机制，如变更时间窗（即申请执行运维操作的时间段）关闭的时候修改口令或定期修改口令（口令短期有效，超时自动改密）。

在运维工具方面，还需要执行相应的权限校验和运维审计。

12.2.4 私有协议后台认证方案

一次一密机制仍存在泄露口令的风险。如果能够在业务服务器上部署一个 Agent（代理程序），采用私有协议向其下发指令，由 Agent 代理执行运维指令，则可以规避口令泄露的风险，如图 12-3 所示。

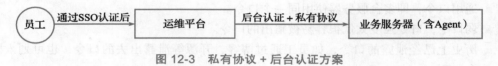

图 12-3 私有协议 + 后台认证方案

所谓私有协议，是相对于通用协议而言的。通用协议，就是广泛使用的格式公开的协议，如 HTTP、SMTP、SFTP。私有协议是指采用自定义协议格式且不公开该格式，仅在自身业务专门使用的协议，通过后台认证机制，以及对协议格式的保密，提高攻击者的研究门槛，可采用 RPC（远程过程调用）机制以二进制的方式加密通信。

> 提示 RPC 可以让程序员像访问本地的函数库一样编程，实现访问远程服务的目的，程序员不用了解底层网络传输的细节。RPC 可以走二进制协议，也可以走 HTTP/HTTPS 协议。

即使采用了私有协议，也不代表通信过程就是安全的，仍需要身份认证机制。

后台认证，就是在第 4 章中讲到的后台间身份认证，如基于预共享密钥的 AES-GCM 机制、基于证书的认证机制等。

12.3 授权与访问控制

12.3.1 主机授权与账号的访问控制

对主机的授权，就是决定谁能够登录这台主机。

通常在企业的 CMDB（Configuration Management Database，配置管理数据库）中，每一台服务器主机都有一个运维责任人字段，也许还有一个备份责任人字段。

我们就可以基于 ABAC（基于属性的访问控制）原则，只允许主机的两个责任人登录，而拒绝其他账号的登录尝试。但问题就来了，为了资源的合理配置，可能有另一个业务需要复用当前主机，另一个业务团队的员工都不是该主机的责任人，这就需要用到授权表了。假设有一台服务器 ServerA，有两位责任人分别是 Alice 和 Bob，另一团队的 Carol 也需要登录该服务器。Carol 就需要事先申请访问该服务器的权限，这样，授权表里就包含了一条记录：允许 Carol 在一年内访问主机 ServerA。

如图 12-4 所示，当 Carol 通过运维平台尝试登录服务器 ServerA，访问控制模块会先基于 ABAC 原则，检查 Carol 是否为该服务器的责任人，结果不是；访问控制模块继续访问授权模块，检查 Carol 是否具备访问该服务器的权限，结果是有权限且权限在有效期内，于是放行。

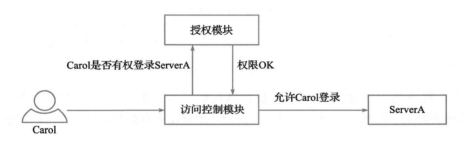

图 12-4　主机访问控制

从安全上看，应当避免不同的业务复用服务器，因为这可能影响当前业务的可用性；但从成本上看，这又难以避免，只能在安全和效率上加以权衡，让高密级的业务不要跟其他业务复用服务器资源。

12.3.2　主机服务监听地址

运维端口属于内部运维专用，如果对外网开放，且使用了静态口令机制，则很有可能被黑客从外网直接登录，给业务带来损失。

如果服务器只有内网 IP 地址还好，但同时还有外网 IP 的话，默认配置也会开启监听，将端口暴露出来。

在 sshd 的配置文件 /etc/ssh/sshd_config 中，可以找到监听地址设置：

```
#ListenAddress 0.0.0.0
```

可将 0.0.0.0 修改为实际的内网 IP 地址并取消前面的注释符：

```
ListenAddress 10.10.10.10
```

安全建议：业务服务器默认只配置内网 IP，Web 业务可通过统一接入网关接入，反向代理到内网业务，降低犯错的可能性。

12.3.3 跳板机与登录来源控制

2015 年 5 月 28 日，某在线旅游网站出现大面积瘫痪，历经 8 小时之后才逐步恢复。次日官方发布情况说明称，此次事件是由于员工错误操作，删除了生产服务器上的执行代码导致，现已恢复，未造成客户信息泄露。

这个事件就是源于登录服务器的问题。登录服务器的操作属于敏感操作，所以一般大中型企业都为运维操作建立了专用的跳板机（或称之为堡垒机、运维通道等），以及自动化运维平台或系统，如图 12-5 所示。

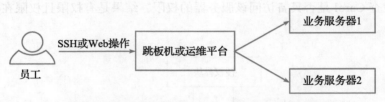

图 12-5 仅允许从跳板机 / 运维平台登录业务服务器

这样，登录的来源 IP 地址，可限制在跳板机或运维平台，而不能是其他来源。当 HIDS 检测到其他来源时，可第一时间触发告警，排查是否有黑客入侵行为，以便启动应急响应。

其中，最简单的历史最悠久的安全运维基础设施，就要数跳板机了。跳板机属于主机层访问控制手段，对来源进行限制，如图 12-6 所示。对于 Linux 服务器，通常开放 SSH 协议登录，对于 Windows 服务器，通常为 RDP（远程桌面）。

授权与访问控制，可限制只能让目标服务器的负责人访问，这对应访问控制中的 ABAC 机制（基于属性的访问控制）：

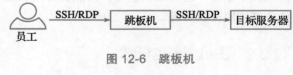

图 12-6 跳板机

```
if(user == server.owner) { 允许访问 }
```

如果需要增加其他的员工访问，则需要额外的权限申请和授权，添加 ACL。

运维审计方面，需要跟操作者的真实身份关联起来，这样才能在 HIDS 检测到异常时，快速定位。

经常性地登录业务服务器存在潜在的风险：

- 如果登录目标服务器采用的是静态口令机制，可能会因为人为的原因泄露，例如使用通用口令、弱口令，或者不小心泄露到外部开源站点等。
- 误操作，例如误删除系统文件或数据等。

此外，当需要运维的服务器达到成千上万的量级，通过人工登录的方式也变得不可行了。因此，我们不推荐使用跳板机作为日常例行的运维通道，而应将日常例行的操作封装起来，通过自动化的运维平台管理起来，尽量避免频繁地交互式登录。只有当运维平台解决不了问题的时候，才使用跳板机，作为最后的一个选择。

12.3.4　自动化运维

登录服务器本身属于高风险行为，很可能由于员工误操作等原因造成配置错误、数据丢失等巨大损失。为了解决频繁登录可能导致的各种潜在风险，以及解决批量运维问题，就需要考虑建设自动化运维平台，在能力许可的情况下，应尽可能地实施自动化运维，将日常例行的运维操作放到自动化运维平台，减少日常登录服务器的操作。

自动化运维平台（如图 12-7 所示），就是根据业务特点，将常规的例行的操作封装为应用，或者封装为自动化运维平台上的例行任务，不再经常登录到服务器，这比之前经常登录到目标服务器操作要更安全。

图 12-7　运维管理平台

通过 Web 化的平台来执行日常运维操作，例如文件管理、文件编辑、脚本发布、任务发布、内容发布等，甚至也可以直接提供基于 Web 的实时命令窗口（但需要做好审计，并屏蔽高危指令，如 rm -rf /）。

使用自动化运维平台的好处有很多：

- 使用 Web 化界面，方便、效率高、体验好。
- 可屏蔽高危操作（如：rm -rf /），避免误操作。
- 方便跟 SSO 集成，用于员工实名认证。
- 方便执行权限管控、运维审计。

当然，自动化程度也受制于企业的整体运维水平、基础设施的现状等等；如果基本组件都已实现云化（即不需要业务自行部署相关的组件，如数据库、Web 服务器等），可自助按需申请，则可以大大提升自动化运维水平，自行安装数据库等操作就可以省略掉了。

自动化运维平台的一个最简单的实现，就是通过 SSO 认证后，在有权限登录的目标服务器旁边放置一个按钮，点击之后可触发一个基于 Web 的命令行 Console 控制台界面（如图12-8 所示），如可以通过开源的 GateOne⊖来构建相关的功能。

与通常意义上的 Web Shell 相比，这个 Web Console 运行在运维平台主机上，而 Web Shell 是直接运行在目标主机上的；Web Console 是通过 SSH 协议去连接目标主机，运维平台服务器临时充当了跳板机的角色，而 Web Shell 是通过目标主机的高风险脚本函数调用系统命令；Web Console 是受控的，而 Web Shell 是经常被黑客利用，需要从规则上禁止使用的高风险功能。

⊖　https://github.com/liftoff/GateOne

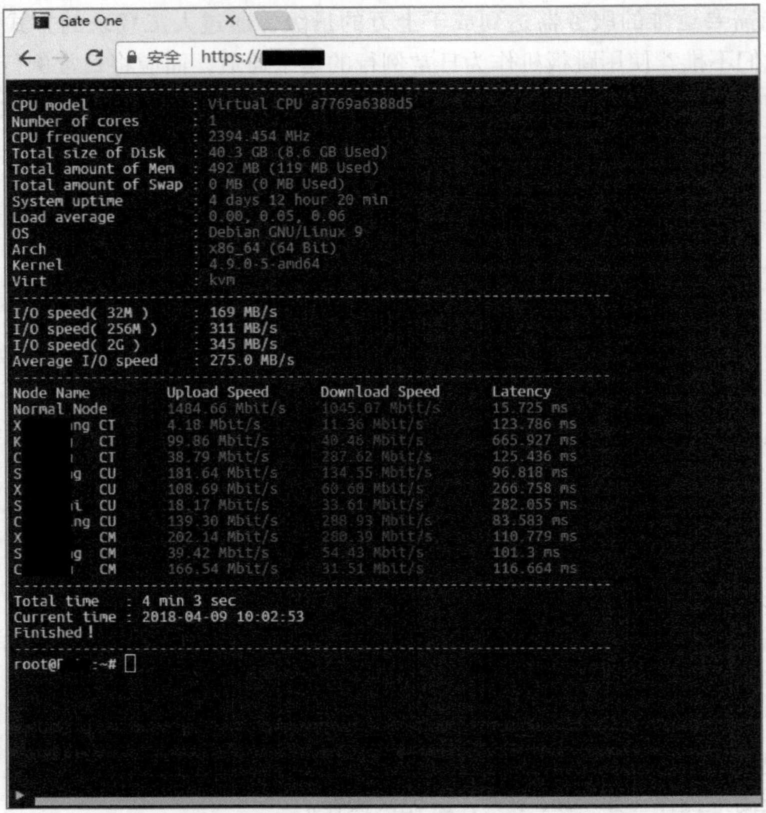

图 12-8 通过 Web 界面执行 SSH 操作及充当跳板机

这个最简单的功能，因为具有跟 SSH 登录到目标主机一样的功能，可适应不同的业务场景，可以作为自动化运维平台建设的起步，然后开始将日常例行工作应用化，打造真正的自动化运维，将文件发布、脚本发布与批量执行、内容发布、上传下载等常见功能整合到自动化运维平台，并逐步减少 Web Console 的使用，直至几乎不用。

12.3.5 云端运维

所谓云端运维，可以理解为所有操作都在远端，所涉及的数据只能看但拿不下来，可用于需要防止数据泄露的场景。该方案通常配合虚拟化应用发布或者桌面云技术来实现。图 12-9 为图像流云端运维的示意图。

12.3.6 数据传输

数据传输也是一种常见的运维需求。

在使用跳板机执行 Linux 运维时，用得最多的文件传输指令就是 rz 和 sz 了，但这只适用于小文件，不适用于大文件，速度慢不说，还经常出错，这就需要考虑专门的解决方案了。

图 12-9　图像流云端运维

文件跨区传输，也可借鉴应用网关统一接入的方案，扩展应用网关的功能，将其升级为统一的访问代理，执行受控的 TCP 端口转发，如图 12-10 所示。

图 12-10　访问代理

也就是说，访问代理不仅可以支持 Web 类业务，也可以支持非 Web 类业务的接入。当使用非 Web 业务时，可以在转发前要求员工通过 SSO 认证。

位于访问代理后端的数据存储服务器可使用 SFTP 服务器，且 SFTP 不使用 SSH 通道，而是使用虚拟账号和自定义端口。

> 提示　默认情况下，SSHD 自带 SFTP 服务，但权限和目录不好控制，容易造成 SSH 通道被用来登录的风险，因此不建议直接使用。数据传输属于运维类基本需求，建议统一建设和管控，部署专用的 SFTP 软件而不是直接使用 SSHD 提供的数据传输功能，以非 root 账号运行，并设置成仅允许 SFTP 方式使用（禁用 FTP 功能）。

12.3.7　设备的访问控制

网络设备如路由器、交换机、防火墙等等，也会面临各种风险：

- 不正确的开放范围，运维端口或后台管理端口可以从业务网访问，甚至外网也能访问到，如果再存在弱口令，很容易被黑客所利用。
- 不安全的协议，如只能使用 Telnet 的老旧设备（Telnet 协议明文传输口令等信息，如图 12-11 所示）。
- 固件漏洞（固件即写入设备内部的可擦写可编程只读存储器的程序）。

安全建议：

- 淘汰那些只能使用 Telnet 的老旧设备，消除 Telnet 协议的使用。
- 管理网跟业务网分离，让两张网路由不

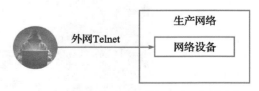

图 12-11　黑客通过外网 Telnet 远程登录到企业网络设备

通，这样网络设备的管理端口就无法从正常的业务网络访问到。

■ 及时升级存在漏洞的固件，避免存在漏洞的老旧版本固件引入风险。

12.4 运维审计与主机资产保护

运维审计就是对运维操作进行记录、分析，从中找出恶意的行为或攻击线索。例如是否有恶意登录（破解）、恶意操作（提权）、引入恶意程序（WebShell）、窃取或外传数据等。这里的运维审计不仅包含正常的运维操作，也包含各种通过脚本（含网页脚本）发起的命令执行操作，如服务器被植入 Web Shell 后，黑客通过网页脚本文件调用的系统命令，也应被记录下来并进行分析，可用于发现入侵行为。

主机资产保护，就是保护主机层面的数据和资源的安全。除了业务数据文件，还包括网络资源、计算资源、存储资源、进程、产品功能、网络服务、系统文件等。通常来说，这些职责落地在补丁、防病毒软件（防恶意代码程序）、HIDS（基于主机的入侵检测系统）上，覆盖范围包括办公网络和生产网络。

12.4.1 打补丁与防病毒软件

很多人不喜欢补丁，甚至主动屏蔽补丁功能，这就给病毒木马带来了可乘之机。

企业的安全建设，必须要避免这种情况，往往需要采取强制打补丁的策略，并可以结合 NAC（网络准入控制）等技术手段来保障该策略的落地，让员工不打补丁就无法接入正式的办公网络，而只能接入降级了的修复区，修复之后才能接入办公网络。

2017 年 5 月，WannaCry 蠕虫病毒（如图 12-12 所示）通过 Windows 的 MS17-010 漏洞在全球范围大爆发，感染了大量的计算机，该蠕虫感染计算机后会向计算机中植入敲诈者病毒，导致电脑大量文件被加密，需支付比特币才能解锁。

图 12-12　WannaCry 蠕虫病毒感染

而在大爆发之前，业界早已有预警，只要提前打好补丁，就能避免这个感染事件。打补丁就如同"亡羊补牢"，其重要性可见一斑。

对于生产环境的服务器而言，也需要基于威胁情报进行预警，建立对应的补丁修复机制，也就是在漏洞公布出来之后，需要尽快评估对生产环境的影响及在漏洞爆发之前采取相应的修复措施。

防病毒软件可以保护主机免遭常规的病毒、木马、蠕虫的感染，同时最大化降低内部IT 的人力支持成本。因此，在办公网络，防病毒软件是必选的，而不是可有可无的选择。同时，还需要保持病毒库的更新，旧的病毒库无法应对新的病毒威胁。

在生产网络，针对 Windows 服务器的防病毒软件也是必选的。但对于 Linux 来说，选择非常有限，这时就需要采取一些折中的措施，比如可以在 HIDS 中建立典型恶意软件的HASH 值数据库，用于比对检测，第一时间发现恶意程序，然后通过人工或自动的方式进行清理。

12.4.2　母盘镜像与容器镜像

主机的预置安全能力能否在业务交付使用前得到较好的保障，就需要依赖母盘镜像、Docker 容器基础镜像维护团队了。这也体现了我们所提倡的"默认就需要安全"的理念。

镜像中可以预置的安全能力有：

- 高危功能裁剪，将一些不常用的高危服务或功能裁剪掉，避免业务误开或者被黑客利用，比如禁用移动介质的使用，防止通过移动介质（如 U 盘、光盘等）引入病毒木马等恶意程序；以及禁用 LKM（Loadable Kernel Modules，可加载内核模块），可以防止黑客植入 rootkit 等内核级后门。
- 安全配置，如内核安全配置、口令强度要求与锁定设置、日志开启等。
- 预置安全防御能力，如 HIDS、性能监控组件等。

12.4.3　开源镜像与软件供应链攻击防范

面对开源组件，业界呈现出两种主要的流派：

- 第一种是不鼓励使用开源组件，只用少量几种开源组件，采用白名单式管理，并且需要有团队对其管理和维护。
- 第二种是大量使用开源组件，并对使用开源组件的行为加以规范和引导。

对于第一种，通常来说，一切尽在掌握中，黑客很难通过发布开源软件的方式进入企业的生产环境。

而对于第二种，黑客就有了可乘之机，可通过一种称为"软件供应链攻击"的方式，进入企业的生产网络。

所谓"软件供应链攻击"，就是在软件开发的各个环节，包括开发、编译、测试、发布部署等过程中污染软件的行为，典型的行为包括：

- 污染软件开发工具及编译过程，添加后门、捆绑恶意软件等；在 2015 年 9 月的 XcodeGhost 事件中，超过 4000 个 iOS APP 是用被污染的 XCode 所开发，并在编译过程中被植入恶意代码；官方正版的 XCode 需要从苹果公司美国的服务器上下载，受制于国际带宽的影响，此下载速度非常缓慢，黑客正是利用这一点，将被污染的 XCode 上传到国内各种服务器并推广下载链接，让很多开发者猝不及防。
- 直接污染代码，添加后门；2017 年 8 月，XShell（一款非常流行的远程终端管理软件）被发现植入了后门代码，并经过官方的代码签名，可导致使用该工具的用户泄露所管理的主机敏感信息；据分析，黑客极有可能入侵了相关开发人员的电脑。
- 污染社区软件源，误导用户下载恶意的开源组件，并使用在生产环境；很多软件源实际上并没有一个官方组织对其负责，常见的如 Python 的 pip 源、npm 源等，都是人人可以上传的社区源；比如黑客曾经上传过一个伪造加密库 crypt（这个是恶意的），就是傍上了常用的加密库 crypto（这个是正常的），利用大家可能出现的拼写错误或模糊的记忆，如果不小心使用了 pip install crypt 就会将恶意代码植入受害者的电脑。
- 入侵官方网站，替换官方软件或升级包。
- 黑客向正常的开源组件贡献恶意代码，寻求合入主分支，或者尝试向那些没有精力维护开源组件的原作者索取控制权。

2019 年 3 月 25 日，某知名笔记本电脑厂商被曝光其软件更新服务器在 2018 年被黑客入侵并植入木马，导致数千台该品牌的笔记本电脑通过自动更新机制安装了恶意后门软件。

为了解决生产环境中软件供应链的攻击，一个典型的做法是建立经过过滤的企业内部的开源镜像，如图 12-13 所示。

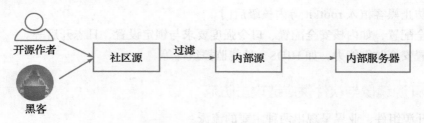

图 12-13　内部源原理

内部开源镜像的作用包括：

- 提供各种官方开发工具、软件的下载，防止员工从外网任意下载来历不明的程序。
- 提供经过过滤的各种开源组件，可以对组件的名称、版本，进行控制，最基本的功能是屏蔽有问题的组件，如恶意的社区源组件、存在高危漏洞的版本。

建立内部的开源镜像，并加以管理维护，清理有问题的组件，可在很大程度上降低软件供应链对企业的影响。

为了发现已进入生产环境的威胁，我们可以开展恶意开源组件检测活动，或者在 HIDS 系统中包含针对恶意开源组件检测能力。利用收集到的开源威胁情报，如：

- 哪些开源组件出了高危漏洞。
- 哪个开源组件是黑客恶意上传的。

可将相应的检测特征整合到 HIDS 中，建立相应的特征库，用于对生产环境已安装的组件进行检测，发现有问题的组件并进行改进。

12.4.4　基于主机的入侵检测系统

主机入侵检测就是在主机上检测入侵行为并告警，以便触发应急响应，对应的系统称为 HIDS（Host-based Intrusion Detection System，基于主机的入侵检测系统），属于主机层可选的安全基础设施，构成安全防御体系的一部分。

运维审计日志作为入侵检测的输入之一，协同工作，可做到：

- 事前预防（提前发现主机层面的风险，比如在网页脚本中调用系统命令等高风险动作，在危害尚未发生时就发出告警，提醒业务团队修复）。
- 事中控制（检测到高危行为时，可阻断该行为的执行）。
- 事后溯源（在发现安全事件后，对入侵路径、手法、利用的弱点等进行溯源，找出问题点供改进使用）。

通常我们可以在运维平台上执行应用层的审计，在登录的目标服务器上部署 HIDS 系统，执行主机层的运维审计。HIDS 执行的是安全架构中的资产保护功能，并检测身份认证、授权、访问控制等各方面的风险，以及检测可能危害主机安全的开源组件漏洞、Web Shell 文件、木马文件等，及时告警以便处理，维护主机计算资源的安全。

1. 账号风险检测

如图 12-14 所示，主机账号（即操作系统账号）面临的风险，首先就是异常的账号名。如果对操作系统的用户名加以规范，例如按照指定的规则命名或者跟员工 ID 绑定，那么不符合规范的用户名就属于异常，黑客创建的账号就能很快地被发现。对于异常，要么告警并通知整改，要么登记后让其合法化。登记报备的数据记录，包括责任人、报备类型、原因、有效期等，作为触发告警环节的排除项。

其次，是弱口令。要防止弱口令，首选是强制使用动态口令。如果尚未推行动态口令，仍旧使用静态口令，就需要弱口令检测机制了。要检测弱口令，首先我们需要一个弱口令库，这个弱口令库应当包括：

- 典型的弱口令 TOP N（N 根据实际调整，比如 100 个）。
- 已经泄露的内部常用服务器口令。
- 空口令。

当然，我们不能使用黑客的方法去逐

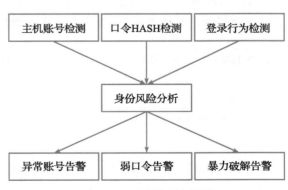

图 12-14　账号安全检测

个尝试，这会对业务造成困扰。以 linux 为例，/etc/shadow 存放了用户加密或单向散列后的口令，以 root 账号为例：

```
root:$1$I/GvyYHP$4ABCkYUSbZsx8NIXje.:17678:0:99999:7:::
```

上面的字符串以冒号分割，第一个字段是用户名 root，第二个字段即加密或单向散列后的口令，其中前缀：

- 1 表示用 MD5 加密。
- 2 表示用 Blowfish 加密。
- 5 表示用 SHA-256 加密。
- 6 表示用 SHA-512 加密。

因此，可以先对弱口令执行各种算法下的加密或单向散列运算，再用于比对。

第三，是暴力破解的风险。暴力破解，即黑客通过工具，反复尝试各种口令组合。如果真实口令的强度不够高，则可能被破解。如果 SSHD 监听了外网 IP 地址，或者黑客已经渗透到内网，可能会遇到暴力破解攻击。当登录行为发生时，HIDS 会在每个时间窗内对每个 IP 和账户的登录次数进行统计，检测到破解动作达到设定的阈值时，就视为暴力破解发出告警，管理员可基于告警信息综合判断，如服务器监听范围有误、是否有内部服务器被黑客攻占。

2. 授权风险检测

在已实施实名登录的场景下，如果出现非授权用户的登录动作，则授权机制出了问题，需要检查授权与访问控制的有效性。这需要结合设备责任人清单、授权表和登录动作，关联起来进行判断。

在图 12-15 中，使用了两种访问控制类型：

- 基于属性的访问控制（ABAC），即判断用户是否设备主机的责任人。
- 基于 ACL 的访问控制，即用户是否被授予了登录主机的权限。

3. 访问控制风险检测

如图 12-16 所示，访问控制风险检测首先是登录行为检测。如果登录来源不是来自跳板机或运维平台，而是来自其他服务器，则可能是黑客已经渗透到内网。

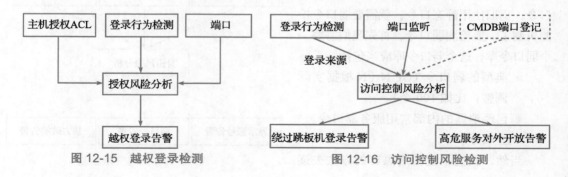

图 12-15　越权登录检测　　　　图 12-16　访问控制风险检测

正常情况下，服务器开启哪些端口需要在配置管理库（CMDB）中登记，在未登记备案的情况下，如果服务端口监听了外网 IP 地址，则可能是默认的错误配置，需要发出告警，提醒业务修正。在没有 CMDB 参与的情况下，也可以直接检测高危服务是否监听了外网 IP 地址，提醒业务修改监听地址，只监听内网 IP 地址。

4. 主机资源完整性检测

我们提到资产的时候，除了数据，还有资源，包括网络资源、计算资源、存储资源、进程、产品功能、网络服务、系统文件等。

服务器主机操作系统的相关资源，如系统文件、业务文件、进程等，也有可能受到外部恶意程序的侵害，典型的有：

- WebShell 文件，可以让黑客通过浏览器执行操作系统命令。非登录用户（特别是 Web 服务器运行账户，如 nobody、nginx、apache 等）的命令执行操作，通常出现在黑客通过 WebShell 执行了系统命令。WebShell 就是可以执行操作系统命令或解析脚本的 Web 界面，是一种典型的基于 Web 的恶意程序。
- 病毒、木马文件。
- 操作系统漏洞。

HIDS 需要针对以上风险具备或整合相应的检测能力，如图 12-17 所示。

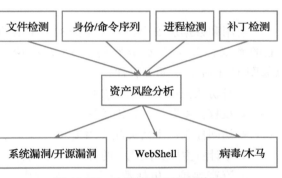

最后小结一下：HIDS 通过对风险的各个来源渠道进行检测、分析，判断是否存在风险，对已识别出来的典型风险触发告警，如图 12-18 所示。

图 12-17 主机资源完整性检测

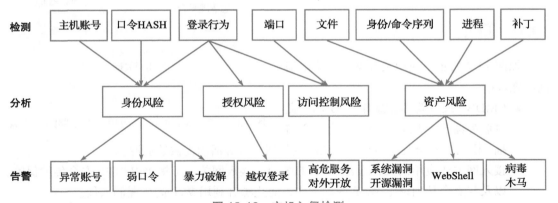

图 12-18 主机入侵检测

第 13 章
应用和数据层安全架构

应用和数据层安全技术体系架构是本书的重点，本章我们将重新审视三层架构在安全上的意义，并基于安全架构的 5A 方法论
（如图 13-1 所示），重点关注：

- 身份认证：是否集成 SSO。
- 授权：主要关注权限管理系统。
- 访问控制：主要关注应用接入。
- 审计：主要关注统一的日志管理平台。
- 资产保护，包括数据脱敏与加解密、WAF、业务风控、客户端数据安全等。

13.1 简介

如图 13-2 所示，应用及数据层的通用基础设施包括：

- CMDB（配置管理数据库）、DNS，提供服务器 IP、域名等信息，为安全扫描 / 检测、安全改进活动、安全质量数据分析等活动提供数据源。

图 13-1　安全架构 5A 在应用和数据层的关注点

- 接入网关或应用网关，通常指 HTTPS 统一接入网关，可提供 HTTPS 安全传输保障，以及与安全基础设施 WAF 联动工作，防止黑客利用 Web 高危漏洞入侵。

如果 CMDB 登记的信息比较详细，维护了各操作系统、中间件（开源组件等）的名称和版本，那么在出现新的威胁时（比如某个开源组件被发现存在高危漏洞），我们可以基于这份数据，快速提取存在风险的服务器和组件，用于改进。如果缺乏这些信息，就需要通过其他手

段进行采集了（比如可通过部署到每一台服务器上的 HIDS 来采集）。从安全效果上看，安全团队也有义务协助这些基础设施尽可能地完善，让登记的数据更准确。如果基础数据不准，则反应安全现状的风险数据也就不准了。

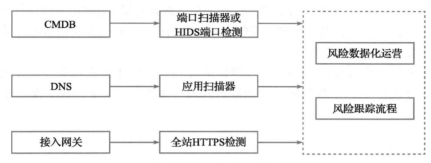

图 13-2 通用基础设施为风险识别提供输入

应用及数据层的安全防御基础设施包括但不限于：

■ WAF/CC 防御，助力业务免遭 Web 漏洞利用及 CC 攻击。
■ RASP（运行时应用自我保护），在应用内部贴身保护。
■ 数据库防御系统（或数据库防火墙）。
■ 业务风控系统。

应用及数据层的组件与支持系统包括但不限于：

■ SSO 单点登录系统，为业务提供身份认证支持。
■ 权限管理系统，为业务提供授权管理、维护功能。
■ KMS（密钥管理系统），为业务提供密钥托管、加解密支持等。
■ 统一的日志管理平台，为业务提供一份不可从业务自身删除的日志副本，可用于事件分析。
■ 内部开源镜像，将经过安全筛选的开源组件提供给内部使用。

13.2 三层架构实践

这里重复一下三层架构的概念。如图 13-3 所示，三层架构包括：

图 13-3 三层架构

■ 用户接口层（User Interface Layer，即通常所说的 UI），也可以称之为表示层（Presentation Layer）。
■ 业务逻辑层（Business Logic Layer）。
■ 数据访问层（Data Access Layer，DAL）。

当我们开始强调三层架构的时候，其实最主要的目的，就是希望能够规避一些典型的错误架构，如：

- 数据库直接提供服务的架构。
- 将视图（View）、逻辑、数据访问混在一起，没有分层的架构；一个典型的场景是，在一个 PHP 文件内部，既包括接收用户参数的行为，也包括访问数据库的行为，很容易引入 SQL 注入漏洞。
- 多个业务各自独立访问同一个数据库的架构，导致数据库口令多处存放（往往是明文存放），加大了数据库口令泄露的风险，并造成事实上的数据库口令无法定期修改。

13.2.1 B/S 架构

B/S 架构，即 Browser/Server（浏览器 / 服务器）架构。在早期，很多网站使用没有分层的架构，如图 13-4 所示。

在这种简陋的架构下，业务脚本（ASP/PHP/JSP 等）处理包括页面布局、业务逻辑、访问数据库等几乎全部的操作，由此带来维护困难、不便于修改、易遭受攻击等诸多问题。

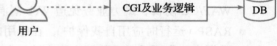

图 13-4　早期的 B/S 架构（不安全）

图 13-5 所示的架构进行了改进，将 UI 和业务逻辑分开，但这依然不是推荐的做法。

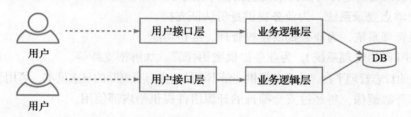

图 13-5　不同业务直接共用同一数据库的 B/S 二层架构（不推荐）

多个业务各自独立访问同一个数据库的架构，导致数据库口令多处存放（往往是明文存放），加大了数据库口令泄露的风险，并造成事实上的数据库口令无法定期修改。

在三层架构原则下，较安全的 B/S 架构如图 13-6 所示，但这还不是本书推荐的最佳实践。

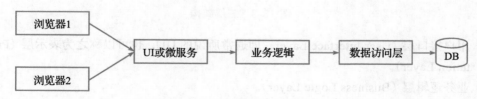

图 13-6　增强的 B/S 三层架构

数据库作为存储基础设施，让业务直接操作这种基础设施并不是最佳的选择。在大规模企业，我们建议将数据库作为底层基础设施统一管理起来，对业务封装为数据服务，以服务（如 Restful JSON API）的形式提供给业务，而数据库本身不再直接面向业务。这样可以降低数据库直接开放带来的风险，同时也可执行更强的访问控制策略和强化数据保护。图 13-7 是本书推荐的 B/S 三层架构。

图 13-7　推荐的 B/S 三层架构

到这里，分层基本 OK 了，后面会在这个基础上，继续扩展统一接入等架构部署实践。

13.2.2　C/S 架构

C/S 架构，即 Client/Server（客户端 / 服务器）架构。最早的 C/S 架构是客户端 / 数据库的二层架构，如图 13-8 所示。

这种架构存在诸多风险：

- 客户端持有数据库口令，造成口令容易泄露且难以修改（需要全部客户端修改）。
- 数据库端口直接面向客户端，口令泄露后则数据就泄露了。
- 业务逻辑在客户端。

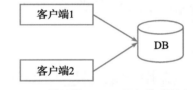

图 13-8　最早的 C/S 二层架构（不安全）

在稍微正规的企业里，这种简单的二层架构已基本淘汰。那么，什么样的 C/S 架构是相对安全的呢？

首先，需要把数据库后移，不要直接面向客户。在图 13-9 所示的这种架构里面，将数据库对客户端隐藏起来，客户端使用 Socket 先跟业务逻辑服务器建立连接，业务逻辑服务器再访问数据库。这种架构就比简陋的客户端 / 数据库架构安全多了。

更进一步，可以在业务逻辑层和数据库之间，加入统一的数据访问层，如图 13-10 所示。

图 13-9　简单的 C/S 三层架构

到这里，安全性已大幅提升，但这是否就是本书推荐的最佳实践呢？其实还不是。前面提到，数据库作为存储基础设施，让业务直接操作这种基础设施并不是我们推荐的最佳实践。

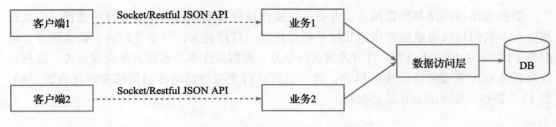

图 13-10 增强的 C/S 三层架构

在大规模企业，我们建议将数据库作为底层基础设施统一管理起来，对业务封装为数据服务，以服务（如 Restful JSON API）的形式提供给业务，而数据库本身不再直接面向业务（数据服务可视为一个单独的产品），如图 13-11 所示。而对于 Restful JSON API 部分，建议统一通过 API 网关进行接入。

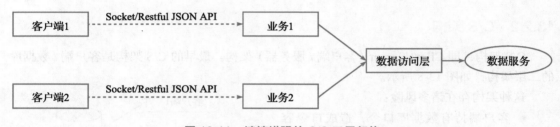

图 13-11 继续增强的 C/S 三层架构

13.3 应用和数据层身份认证

应用和数据层，包括业务应用系统（含数据服务），以及数据库、缓存、NoSQL 等存储系统。

13.3.1 SSO 身份认证系统

SSO 单点登录系统是应用和数据层身份认证的支持系统。内部办公业务需要一套内部的 SSO 系统，且通常采用双因子认证如动态口令；如果存在 To C 业务，还需要一套面向用户的 SSO 系统。

在本书的第一部分，已经讲述了口令可能面临的风险，SSO 系统的关键就在于认证因子（如口令或指纹等生物特征）的处理、存储等。

这里总结一下对口令的安全建议：

- 不要上传用户的原始口令（基于不信任任何人的原则，内部员工有可能在应用层收集这个信息），建议在用户侧先执行慢速加盐加密处理后再传递到服务侧。
- 绝对不能上传用户用于身份认证的生物图像，而只能上传不可逆的特征值（一旦发生泄露事件，无论是黑客窃取还是内部泄露，均涉嫌触犯网络安全法）。

■ 无论用户侧是否对口令执行过散列操作，服务器侧必须对接收到的口令（或口令散列）执行单向的加盐散列操作。

13.3.2　业务系统的身份认证

对业务系统来说，如果是面向外网的用户，则需要跟用户 SSO 系统集成；如果是面向员工的内部业务，则需要跟内部 SSO 系统集成。

SSO 接入方式主要有两种：

第一种是各业务自身跟 SSO 集成，认证通过后自行管理会话（session）和有效期。认证原理如图 13-12 所示。

其中，每一个产品（业务），都需要采用类似的机制，跟 SSO 系统集成，如图 13-13 所示。

但是在实践中发现，这种方式存在一个重大的问题：并不是所有的业务都会认真地执行这一要求，往往会有大量的内部业务其实并没有集成 SSO 身份认证机制，从而导致任何人都可以直接获取数据的风险。

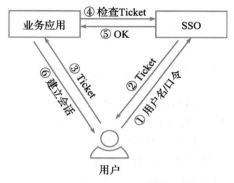

图 13-12　认证过程（会话机制）

为了解决上述问题，引入第二种解决方案，就是在接入网关上统一执行身份认证，如图 13-14 所示，这样接入网关就将业务的身份认证等功能接管过来了，且业务自身可只关注业务，不用关注身份认证这些跟业务无关的功能。

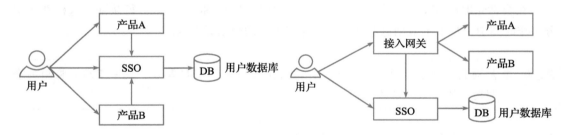

图 13-13　各产品自行跟 SSO 集成　　　　图 13-14　在接入网关上统一跟 SSO 集成

在接入网关上统一跟 SSO 系统集成，并不排斥业务自身跟 SSO 集成，可以在接入网关上提供是否集成 SSO 身份认证的开关选项，让有需要的业务自行跟 SSO 集成。这样做，既能保证最大化地覆盖业务范围，也减轻了业务团队的工作量，达到安全与效率的双赢。

13.3.3　存储系统的身份认证

底层的存储系统往往使用静态口令，而无法直接跟 SSO 系统集成，这就特别需要防范弱口令（含空口令）的使用。

为了解决这个问题，我们建议：

- 数据库或其他存储系统仅作为底层的基础设施，应加以封装，以数据服务的形式向业务提供，如图 13-15 所示。
- 针对 To C 业务，数据服务可以跟用户 SSO 系统集成，统一身份认证；针对 ToB 业务，可以在数据服务这里建立基于后台的身份认证机制。

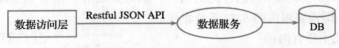

图 13-15　将数据库封装为数据服务

13.3.4　登录状态管理与超时管理

我们思考以下这样的一种情况，用户在成功登录过一次 SSO 之后，是否可以直接访问所有的使用该 SSO 认证的应用？如果可以，则存在较大的风险。

这些应用中，有些应用是保密性比较高的，当员工认证通过的 Ticket 被窃取，身份就会被盗用；还有一个更简单的场景是，当员工离开座位而没有锁定屏幕时，可能会被路过的同事操作电脑，访问一些敏感的应用（比如工资系统）。

前面提到的基于每个应用自身的会话机制，可以解决这个问题。每个应用可以设置自己的会话超时时间（比如 30 分钟），在会话有效期内如果存在请求，则会话超时时间会重新计算（也就是顺延）。

在会话超时时间后，应用系统会通过重定向跳转到 SSO，重新进行认证，这样在大部分工作时间中，员工本地浏览器是没有高保密系统的会话凭据的。

💡提示　在后面我们会继续改进这个方案，通过接入网关跟 SSO 集成，统一管理各应用的会话超时，更高效地解决此问题。

13.4　应用和数据层的授权管理

授权一般有两种思路：
- 首选在应用内建立授权模块。
- 其次是使用应用外部的权限管理系统（适用场景有限）。

第一种已在本书的第二部分讨论，即在产品自身的安全架构中建立授权，作为访问控制的依据，如图 13-16 所示。

这里主要讨论第二种方案，即权限管理系统。

13.4.1　权限管理系统

权限管理系统是应用层权限管理的支持系统，虽然不是权限管理的最佳选择，但可以让一部分业务快速实现权限管理的功能，收敛风险。

图 13-16　产品安全架构

如果要访问的资源不是用户自己的数据，或者跟用户自身没有关系，比如某种功能的使用权限，典型的场景是用 URL 地址进行区分，除了可以使用应用内的授权表之外，还可以使用应用外的权限管理系统。

如图 13-17 所示，权限管理系统内部，维护了相应的权限表格，可以支持基于角色的授权、基于 ACL 的授权等授权模式。对于"基于属性的授权与访问控制"来说，通常不需要外置的权限管理系统来支持，如果业务有需要，也可以使用权限管理系统。

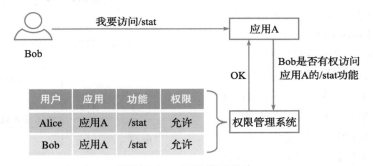

图 13-17　权限管理系统

业务的应用管理员，可以到权限管理系统去配置接入，以及设置授权表。

13.4.2　权限管理系统的局限性

权限管理系统有其适用的场景，但也有局限性，那就是：权限管理系统不适合 To C 业务。

To C 业务就是直接面向最终用户的业务。假设在某业务中，用户查看自己个人资料的链接为：

```
https://example.com/profile.php?id=8192
```

且没有权限校验机制。那么很显然，黑客可通过修改后面的 id 序号，遍历获得其他用户的资料。

如果接入权限管理系统呢？

首先，用户是有权限访问这个地址的：https://example.com/profile.php。那么，权限管理系统就只能配置成允许访问，当黑客遍历访问其他用户资料时，权限管理系统就无法识别用户是否在访问自己的资料了。

其次，如果配置成带参数的链接，对于拥有大量用户的业务来说，是不现实的。

因此，对于这种以参数值来判断权限的业务，通常只能放在应用自身完成。在应用内部，按照 ABAC（基于属性的访问控制）的原则，只需要判断访问者是否为个人资料的所有者即可，实现起来又快又方便。

13.5　应用和数据层的访问控制

13.5.1　统一的应用网关接入

在传统的数据中心，如果需要对外发布一个 Web 应用，通常需要在 DMZ 区部署前置服务器（前端），或者配置反向代理，如图 13-18 所示。

图 13-18　传统 IT 网络下的应用发布

而在互联网数据中心，往往业务服务器直接就对外发布了，只需要监听外网 IP 地址，如图 13-19 所示。

如果应用自身的授权和访问控制措施到位，自不必担心，但是这只是理想中才会出现的情况。实际上，很多业务只是实现了业务功能，而在安全上基本没有过多的考虑。

图 13-19　互联网数据中心下的应用发布

这时，基础设施，特别是安全基础设施的价值就体现出来了。这个基础设施，我们称之为应用网关，或统一接入网关。

接入应用网关之后，所有对该业务的访问都经过网关，这时网关上就可以做很多事情了，包括但不限于如下可选功能：

- 流量分析与审计。
- 访问统计。
- 安全防御。
- 身份认证。
- 权限控制。

对传统的数据中心来说，可将应用网关部署在 DMZ，而在互联网数据中心，应用网关监听外网地址，业务服务器只需要监听内网地址。这样应用发布的方式就统一如图 13-20 所示。

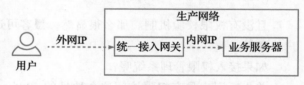

图 13-20　通过应用网关的应用发布

跟外部接入类似，为了减少防火墙策略的开启，对于内部员工访问办公类业务，也可以采用同样的网关接入方式，并可将数据库或数据服务置于高等级内部网络分区，如图 13-21 所示。

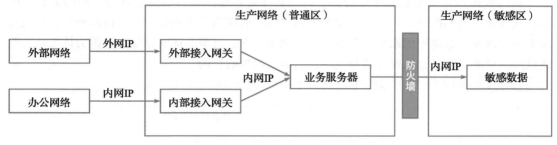

图 13-21　统一的应用网关接入

13.5.2　数据库实例的安全访问原则

对于同一个数据库实例，其安全访问原则为：

■ 数据库实例最多只能有一个访问来源，不能有多个访问来源。
■ 数据库实例的账号，只能在一个地方保存，且需要加密存储。
■ 尽量不要直接向业务提供原始的数据库服务，提倡封装成应用层的数据服务，让业务访问数据服务时，不再使用底层数据库的账号和口令，而使用基于用户身份或后台身份的授权与访问控制。

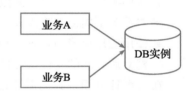

图 13-22　多个业务访问同一个数据库实例（违反了数据库安全访问原则）

图 13-22 中的这种模式就违反了数据库安全访问原则。
基于上述建议，推荐的数据访问模式如图 13-23 所示。

图 13-23　安全的数据访问

数据服务在发布时，可通过统一的 API 网关，将数据服务统一管理起来，并通过 API 网关提供数据服务，这样 API 网关以及后台的数据服务就构成了数据中台。

13.6　统一的日志管理平台

各业务自行保存日志，面临的一个主要风险就是日志也可能被黑客所删除，达不到事件追溯的目的。为了防止黑客删除日志，及降低业务对保存日志所需的存储资源成本，特提出统一日志管理平台的方案，作为应用和数据层的审计类支持系统。

首先，单纯的数据库不是日志管理平台。

试想，如果直接提供一台数据库，作为业务共同的日志管理平台，会怎样？

访问数据库是需要数据库账号的，这就意味着业务系统持有日志管理系统的数据库账号，这违背了我们推荐的数据库的安全访问原则：数据库最多只能有一个访问来源，不能有多个访问来源；数据库的账号，只能在一个地方保存，且需要加密存储。且因为该账号的默认权限，可能导致日志从业务自身删除，达不到追溯的目的。

按照安全的数据访问原则，日志管理平台的设计如图 13-24 所示。

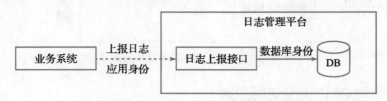

图 13-24　统一的日志管理平台

统一的日志管理平台需要在应用层接收业务传递过来的日志（或日志副本），做到：

- 按照事先配置的保存期限，自动清理过期日志。
- 对业务不提供删除接口，也不向管理员提供人工删除的接口。
- 使用应用层身份认证，如果是 To C 业务，可基于用户认证通过的票据；其他业务可建立后台间的身份认证机制。

在可审计方面，我们需要记录相关的操作日志。但日志在涉及可能存储个人信息或个人隐私的时候，就不能记录敏感信息的明文，这就需要业务在记录或上传前就完成敏感信息的脱敏。

13.7　应用和数据层的资产保护

在本书的第二部分，已经提到数据的存储加密、加密传输、数据脱敏相关的内容。在这里，我们将讲解其中涉及的基础设施或支持系统，以及应用层安全防御基础设施。

它们包括：

- KMS 与存储加密。
- 应用网关与 HTTPS。
- Web 应用防火墙。
- CC 攻击防御。
- RASP。

13.7.1　KMS 与存储加密

KMS（Key Management System，密钥管理系统）的主要作用是让业务无法单独对数据

解密，这样黑客单独攻克一个系统是无法还原数据的。要想解密已加密的数据，必须业务和
KMS 共同完成，缺一不可。

这里重复一下两个概念（DEK 和 KEK，如图 13-25 所示），以及加解密的原理。

- DEK（Data Encryption Key，数据加密密钥），即对数据进行加密的密钥。
- KEK（Key Encryption Key，密钥加密密钥），即对 DEK 进行加密的密钥。

对于 DEK，应具备：

- 每条记录均使用不同的 DEK（随机生成）。
- DEK 不能明文存储，需要使用 KEK 再次加密。
- DEK 在加密后建议随密文数据一起存储，可用于大数据场景。当只有少量的 DEK 且预期不会增长时，才会考虑存储在 KMS（不推荐）。

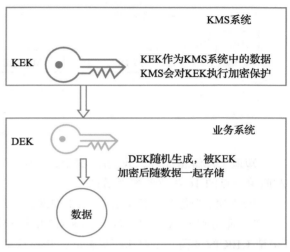

图 13-25　DEK 和 KEK

对于 KEK，应具备：

- 每个应用或每个用户应该使用不同的 KEK。
- KEK 加密存储在 KMS 系统中，不随密文数据一起存储，通常也不应存储在应用自身。
- 针对用户 KEK，可建立专用的用户 KMS，或存入用户信息表并将用户信息表作为一个应用（这个应用的 KEK 在 KMS 中加密存储）。
- 在安全性要求更高的情况下，可使用多级 KMS 来加强密钥保护。
- 在没有 KMS 的时候，在应用系统代码中固定 KEK（不推荐）。

加密时，使用随机生成的 DEK 对明文数据进行加密，使用 KEK 对随机 DEK 加密，最后加密后的数据和加密后的 DEK 一并写入数据库（或其他存储系统）。如图 13-26 所示。

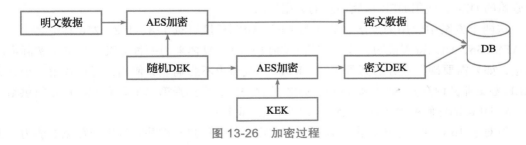

图 13-26　加密过程

解密时，从数据库或存储系统提取密文数据和密文 DEK，先使用 KEK 对密文 DEK 进行解密，得到明文的 DEK，再使用明文的 DEK 对密文数据进行解密，得到明文数据。如上图 13-27 所示。

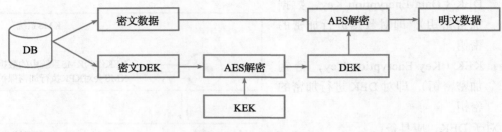

图 13-27　解密过程

知道了加解密原理，我们就可以设计出一个只需要少量交互的 KMS 方案。先看一个相对简单一点的 To B 业务加密场景：

1）KMS 为每个业务生成唯一的 KEK，并加密保存在 KMS 中。

2）业务可在服务启动时，向 KMS 申请获取 KEK，然后驻留内存（不写入任何文件）（申请 KEK 的过程，需要执行后台间的身份认证，可基于 RSA 或 AES-GCM）。

3）加密时，DEK 随机生成，使用 DEK 加密业务数据记录，使用 KEK 加密 DEK，加密后的两部分一起保存在业务自身的数据库中，KMS 不保存 DEK（或其加密形式）。

4）解密时，使用 KEK 解密记录对应的 DEK，使用 DEK 解密对应的数据记录。

加解密算法使用 AES，这种方案的效率和可靠性较高，跟 KMS 交互少，甚至 KMS 短时停止工作也不影响业务。不过，当内存也可能成为安全隐患时，业务内存中的 KEK 可能泄露，上述流程仍存在风险。下面继续改进：

1）KMS 为每个业务生成唯一的 KEK，并加密保存在 KMS 中。

2）加密时，DEK 随机生成，使用 DEK 加密业务数据记录，将 DEK 安全地传递给 KMS，KMS 提取该业务的密钥对其加密，向业务返回加密后的 DEK，加密后的两部分一起保存在业务自身的数据库中，KMS 不保存 DEK 或其加密形式（传递过程可基于 RSA 或 AES-GCM）。

3）解密时，将加密后的 DEK 安全地传递给 KMS，KMS 提取 KEK 解密后，向业务返回原始的 DEK，使用 DEK 解密对应的数据记录。

这两个方案中使用的加解密算法为 AES（密钥长度可选 128、192、256 其中之一，首选 AES 256，如无特别说明，模式首选 GCM 模式）；具体采用哪种方案，可基于实际需求确定，如果需要确保业务的高可用性，KMS 掉线后也不影响业务使用，可选择第一个方案（KEK 驻留业务内存）；如果需要确保 KEK 的保密性，可选择第二个方案（KEK 不提供给业务，对 DEK 的加解密过程在 KMS 完成后再发给业务）。

但对于 To C 业务来说，由于合规要求，需要具备销户及删除指定用户数据的能力，上述每个业务采用一个 KEK 的方案无法满足需求，需要做一些相应的调整，由每个业务一个 KEK 调整为每个用户的每个业务一个 KEK，参考方案如下：

- 用户敏感数据使用随机 DEK 加密（即每条记录的加密密钥都不一样）后存储在业务侧（第一个系统）。
- 上述随机 DEK 使用用户特定的 KEK 加密，随上述数据一起存储在业务侧（如图 13-28 所示，每个用户使用的 KEK 生成一次，后续继续使用）。

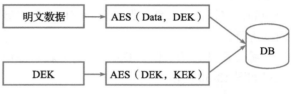

图 13-28　密文 DEK 随密文数据一起存储

- 用户特定的 KEK，加密存储在用户信息表或用户专用 KMS 系统中（记为第二个系统，用户特定的 KEK 作为第二个系统的数据，使用第二个系统中随机生成的 DEK 加密，如图 13-29 所示），这里的用户 KEK 可以设置多个，适配不同的应用。
- 第二个系统如果采用用户信息表，将其视为一个应用，其唯一的 KEK，加密存储在 KMS 系统（第三个系统）。

图 13-29　用户 KEK 加密存储在用户信息表或用户 KMS

当用户要求销户及删除自己的全部数据时，删除第二个系统中用户特定的 KEK 即可。

这一节的内容看起来稍微有点复杂，我们尝试用几个常见问题来进一步分析一下。

1）应用的密钥加密密钥（KEK）存储在什么地方？

解答： 存储在密钥管理系统（KMS），这样黑客即使窃取到应用代码及数据库，也无法解密。KEK 是 KMS 系统的 "数据"。

2）应用的密钥加密密钥（KEK）会发给应用本身吗？

解答： 在安全要求较高的时候，不要将 KEK 发给应用本身，而是由应用将密文 DEK 发给 KMS，KMS 完成解密后，将解密后的 DEK 安全地返回给应用。在可用性要求较高而安全性次之的场景中，也可采用应用自身缓存 KEK 的机制，只在首次启动时从 KMS 获取 KEK 并只在内存中存储和使用（应用不存储 KEK），但在出现内存攻击时 KEK 可能会泄露。

3）用户的 KEK 存储在什么地方？

解答： 建议为用户建立专用的 KMS 系统，或者存储在用户信息表并使用 KMS 保护；这样当需要删除用户数据时，只删除用户的 KEK 即可满足合规要求。由于真正的用户数据已被加密，且保护 DEK 的 KEK 已被删除，无法获取到解密需要的 DEK，因此数据无法被还原。当用户使用多个业务时，需要为每个用户的每个业务设置不同的 KEK。

4）密钥管理系统（KMS）是否需要设置多级？

解答：在一般业务场景中，默认推荐采用单级 KMS 方案，在单级 KMS 系统中，存在一个固定在代码中的明文的根密钥（KMS-KEK）及多个随机生成的 KMS-DEK（用于加密每个应用或每个用户的 KEK），KMS-KEK 用于加密 KMS-DEK。这个方案也可根据业务实际进行增减，当业务类型众多的时候，也可设置二级 KMS，一个 KMS 仅用于一部分同类业务（如一个业务线的所有产品），而这个 KMS 的 KEK 再使用上一级的 KMS 来保护，顶级 KMS 的根密钥是明文的，记为 KMS-RootKEK。但在一些高安全等级的方案中，还需要对全局的根密钥执行特别的保护，如使用密码机等硬件产品，让涉及根密钥的运算都在密码机内部进行。

综上所述，用 AES（Data，Key）表示使用 Key 对 Data 加密，涉及的各个部分及存储位置如图 13-30 所示。

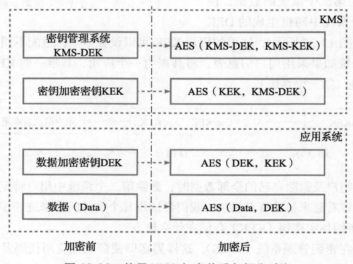

图 13-30 使用 KMS 加密前后各部分对比

13.7.2 应用网关与 HTTPS

在第二部分讲述了单个 Web 产品发布时启用 HTTPS 的办法，但如果每个业务都自行部署的话，存在很多缺点：

- 各业务团队各自保存自己的私钥，很容易出现保存不当或备份不当，比如将私钥备份文件存放在自己的个人电脑中，可能会在无意中泄露或被黑客窃取。
- 私钥文件明文放置在 Web 服务器文件系统中，可能会被木马通过翻找文件的方式窃取。
- 私钥文件可能被开发员工误上传到外部开源网站。

私钥泄露的风险显而易见：黑客拿到私钥之后，可结合 DNS 劫持等手段，将用户引到自己搭建的假冒官方网站。

2019 年 4 月，据南方都市报报道，深圳法院对某无人机公司前员工做出一审判决，以侵犯商业秘密罪判处有期徒刑六个月，并处罚金 20 万元。原来，该员工将其负责开发的代码上传到外部开源网站，泄露了用于 SSL 认证的私钥（可导致大量内部数据泄露），给公司造成超过 100 万元的损失。由此可见私钥的重要性。

为了保护私钥的安全，有必要统一对私钥加以管理，采取存储加密等技术手段来进行保护。这个问题的解决方案就是统一接入的应用网关，功能上至少应具备：

- 负载均衡：支持多节点部署，支持用户侧负载均衡（对用户分流），以及后端负载均衡（调度到不同的后端入口）；如果只有一个入口，则其中任何一个业务面临 DDoS 攻击的时候，全部业务都会受到影响。
- 证书及私钥管理：能够基于访问的域名，动态调用对应的证书和私钥。
- 私钥保护：私钥本身属于敏感数据，需要额外的保护，建议加密存储。

在业务访问量很少的情况下，可先按单节点进行部署，如图 13-31 所示。

在业务量大的情况下，就需要按照多节点负载均衡进行部署了，并配合域名调度，将不同地域的用户分流到不同的网关入口，如图 13-32 所示。

图 13-31　单节点应用网关

使用统一接入应用网关之后，还可以扩展更多功能，如：

- WAF（Web 应用防火墙）。
- CC 攻击防御。
- 跟 SSO 集成，这样一部分业务可以直接使用网关传递过来的身份。
- 作为流量分析的数据源（应用层流量审计）。

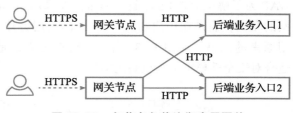

图 13-32　多节点负载均衡应用网关

其中，WAF 和 CC 攻击防御已经成为业务的刚性需求。

13.7.3　WAF（Web 应用防火墙）

WAF 的作用就是拦截针对 Web 应用的入侵行为，如 SQL 注入、跨站脚本、文件遍历、WebShell 上传或通信等。根据实现方式的不同，WAF 也包括较多种类。

1. 单机 WAF

如 ModSecurity、Naxsi 等开源 WAF 模块，或者使用 Lua 扩展的 Web 服务器功能，直接部署在每一台目标 Web 服务器上，并整合到 Web 服务器软件里面，如图 13-33 所示。该模式支持 HTTPS。如果 Web 服务器有多台，需要在每一台目标服务器上部署及配置。

图 13-33　单机 WAF

这种单机类型的 WAF，比较适合个人站长使用（服务器数量少），不太适合大中型企业的规模化部署（试想，服务器数十万或数百万，如何进行管理和维护）。

2. 中小型企业自建的扩展 WAF

如图 13-34 所示，采用扩展 Web 服务器功能，配合云端管理政策的模式，如基于 Nginx + Lua 扩展实现，需要在每一台目标 Web 服务器上部署，云管理的实现方式就比较多样化了。对于每一台需要保护的 Web 服务器来说，需要单独安装和配置扩展包。在规则的维护上，这种方案比单机模式简化很多，管理员使用浏览器进行管理维护，在不新增 Web 服务器的情况下，还是比较方便的。

图 13-34 扩展 WAF

此外，这种部署模式，流量的解密在每一台 Web 服务器进行，不便作为大型企业执行流量审计的输入。

3. 云 WAF

使用云服务商或第三方 WAF 服务，工作在反向代理模式，通常和 CDN 一起使用。云 WAF 为了解密 HTTPS 流量，通常需要采用 keyless 方案，这种方案不需要租户交出自己网站的私钥，而是在用户和云 WAF 之间启用另外一张证书，在云 WAF 到真实服务器之间使用原来的证书，如图 13-35 所示。keyless 方案是一种在安全和效率之间平衡的折中方案，适合对安全性要求不是很高的场景。

图 13-35 使用两段 HTTPS 的 keyless 方案

但如果需要支持严格的 HTTPS 的话，需要将自己的证书私钥交出去（即两段通信使用同一份证书和私钥），这里会涉及管理政策、信任、私钥泄露等问题。

无论是 keyless 方案还是严格的 HTTPS 方案，第三方的云 WAF 均需要对流量进行解密，所以不太适合对数据安全要求比较高的大型企业。

4. 硬件 WAF 网关

工作在网络层的硬件 WAF，一般串行或旁路接入网络，直接对网络层 IP 包进行解包，默认不支持 HTTPS。随着 HTTPS 的普及，工作在网络层的硬件 WAF 网关用处已不是太大（通常只能支持明文的 HTTP 协议），这里就不再讨论这类产品了。

如图 13-36 所示，工作在应用层的硬件 WAF，其实就充当了应用网关 +WAF 的角色，将证书和私钥配置进去可支持 HTTPS，适合有自己的机房的企业进行部署。

图 13-36　硬件 WAF 应用网关

5. 软件实现的 WAF 应用网关

应用网关（Application Gateway），或称为反向代理服务器，早期只有统一接入、反向代理、负载均衡等功能，但随着安全形势的严峻，应用网关也开始加入安全特性。最典型的安全特性，就是 WAF 以及 CC 攻击防御。如图 13-37 所示，加入安全特性的应用网关，充分利用了各个模块的优势，消除了传统 WAF 的缺点，通常整合证书管理、HTTPS 统一接入、WAF 等功能。与硬件 WAF 网关相比，软件实现的 WAF 网关除了可在自有机房部署，也可适用于云计算等场景下的部署。

图 13-37　软件实现的 WAF 应用网关

无论是哪一种 WAF，最基本的功能是可以对异常参数进行正则表达式匹配，例如：程序员经常会误把 svn 或 git 代码库一同发布到网站上，这时在网站的根目录上存在一个名为 .git 或 .svn 的目录；黑客利用程序员的疏忽，会尝试直接通过浏览器访问代码目录（如 https://your_site/.svn/entries），如果目录存在就可以下载到代码。

当然这里暴露出很多管理上的问题，如果暂时无法从根本上解决，作为安全团队，可以先配置一条正则规则（以 Google RE2 正则为例，如图 13-38 所示）：

Vulnerability
Sensitive Data Leakage
Check Point *
URLPath
Operation *
Regex Match
Value or RegexPolicy(Google RE2.start with (?i) if CaseInsensitive required) *
(?i)/\.(git|svn)/
⊕
Action
Block

图 13-38　正则规则举例（Janusec Application Gateway）

```
(?i)/\.(git|svn)/
```

这里（?i）在 Google RE2 正则中表示不区分大小写。

是否需要部署 WAF，以及选用什么类型的 WAF，跟业务场景和业务需求有关，可参考上述适用场景说明。

13.7.4　CC 攻击防御

CC（Challenge Collapsar，挑战黑洞）攻击，是早期为绕过抗 DDoS 产品 Collapsar 而发展出来的一种攻击形式，是模拟大并发用户量，访问需要消耗较多资源的动态页面或数据接口，以达到耗尽目标主机资源的目的。CC 攻击也是 DDoS（分布式拒绝服务）的一种。

比如一个动态页面是展示一篇论坛长文章以及跟帖，如果没有缓存机制，则在打开这个页面的过程中，需要读取多次数据库，对服务器的资源占用比较大。黑客就可以使用工具大量访问这个页面，导致服务器资源被占满，无法继续提供服务。

在 CC 攻击过程中，每一个请求看起来都是合法的，因此基于参数特征的防御机制就对 CC 攻击失效了。

对付 CC 防御，一般是基于访问频率和访问统计，在设定的单位时间内，同一来源的访问次数超过设定的阈值，就触发拦截或验证码等机制。CC 防御这一功能，通常会集成在 WAF、应用网关、抗 DDoS 等产品中。

如图 13-39 所示，Statistic Period 表示统计周期或统计时间窗（用秒数表示）。Max Requests Count 表示该统计周期内允许的最大访问次数。Block Seconds 表示触发 CC 拦截后的锁定秒数（在这个时间之内，新的访问请求会被阻断，或要求额外的操作，如输入验证码，正确之后才能解锁）。Action 表示触发 CC 拦截后的动作，默认为 Block（阻断），也可以选择 CAPTCHA（验证码，验证通过之后解锁）下面的三个选项：

- Count different URL separately 表示单独统计每个 URL 地址的访问情况。
- Count different User-Agent separately 表示单独统计不同 User-Agent 的访问情况，用于识别不同的浏览器、爬虫程序、扫描器等（所谓 User-Agent，就是代替用户发起请求的浏览器或其他软件工具）。
- Count different Cookies separately 表示单独统计使用不同 Cookie 的用户（用于区分同一个局域网内部的不同用户，比如面向各大企业集团的员工提供的互联网服务）。

图 13-39　CC 配置举例（Janusec Application Gateway）

13.7.5　RASP

Gartner 在 2014 年提出了 RASP（Runtime Application Self-Protection，运行时应用自我保护）的概念，即"应用程序需要具备自我保护的能力，不应该依赖于外部系统"。

与 WAF 相比，WAF 的控制点在入口，比如应用网关、单机 WAF（与静态 Web 服务器如 Nginx 等整合在一起），防护引擎作用在应用外部，主要基于规则匹配，不区分应用的上下文；RASP 的控制点在应用程序里面（PHP、Java 等），直接将防护引擎嵌入到应用内部，能够感知到应用的上下文，可以先标记可疑行为，将前后访问关联起来进行判断，判定为高风险行为后加以阻断。RASP 也可以理解为运行在中间件（如 PHP、Tomcat、WebLogic 等）内部的 WAF。

提示　百度安全开发了一款开源的应用运行自保护产品 OpenRASP[⊖]，可供进一步学习参考。

13.7.6　业务风险控制

在第 9 章，我们介绍了在产品自身加入预防业务逻辑漏洞的机制，但这往往还是不够，在一些专业的黑产团队面前，产品自带的业务安全防护能力往往比较有限，需要一些专业的解决方案，包括但不限于：

- 验证码。
- 基于大数据的互联网风控系统。
- 基于人工智能的内容风控系统。
- 特定行业的业务安全解决方案，如反盗版爬虫。

1. 验证码

验证码，学名为 CAPTCHA（Completely Automated Public Turing Test to tell Computers and Humans Apart，全自动区分计算机和人类的图灵测试），目的是区分出计算机和人类，让人类能很容易通过但计算机却很难通过。

最简单的验证码就是在服务器侧基于一串数字生成添加干扰的图片，如图 13-40 所示，用户侧浏览器只收到图片而不知道数字本身，添加干扰主要是为了增加黑客使用 OCR（Optical Character Recognition，光学字符识别）进行识别的难度。用户通过肉眼识别出图片上的数字并提交，服务器跟后台存储的数字进行比对，从而判断用户侧是人类在操作还是程序 / 脚本在运行。

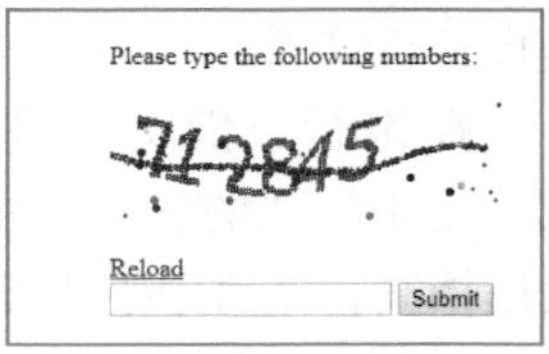

图 13-40　简单的数字验证码

不过，由于利益的驱使，黑产的技术能力也在提升。

一方面，借助人工智能技术，可以识别出很大比例的验证码图片，就算识别不出来（通过服务器返回来判断识别是否正确），还可以跳过不认识的图片，刷新图片后继续识别，从而可以极大提高识别率。

另一方面，由于国内很多地区人工成本还相对较低，黑产还采用了通过互联网招募人工打码的方式，开发了手机打码 APP（如图 13-41 所示），并按照识别通过的数量付费。

为了对抗黑产，业界也出现了各种形态的验证码，如滑动验证码、趣味答题验证码，如图 13-42 所示。

2. 基于大数据的互联网风控系统

验证码主要用于判断请求是来自人类，还是计算机程序，这种方式相对简单有效，但如果黑产已经绕过了验证码机制，就需要其他的手段了，最典型的一种就是基于大数据的风控系统。

⊖　https://rasp.baidu.com/

以互联网普遍存在的薅羊毛为例,大数据其实就是有关黑产的大数据,包括黑产所使用的手机号、账号、IP 地址、手机设备等等。如果已经判断出某个请求是黑产提交的请求,就可以直接拦截掉,从而防止黑产的进一步动作。

图 13-41　某人工打码 APP

图 13-42　趣味答题验证码(来自 12306 网站)

在没有具备黑产大数据之前,我们需要建立相应的算法或规则,为黑产画像,来构建黑产大数据,如图 13-43 所示。而相应的算法,则构成了专业风控公司的核心竞争力,如设备指纹等。

在银行、借贷、保险、网络购物等领域,也是类似的思路,先基于用户行为建立信用档案,然后用于业务决策。

3. 基于人工智能的内容风控系统

近几年网络视频直播业务火热,但主播众多,为了吸引眼球,往往会有一些出格的行为,甚至触犯法律。

在这些内容产业,平台通过人工往往难以第一时间发现违规行为,自动识别视频、图片中是否涉及黄赌毒等相关内容就成了刚需。

视频是由一帧一帧的图片所构成,可以以图片的识别与分类作为基础。以图片鉴黄

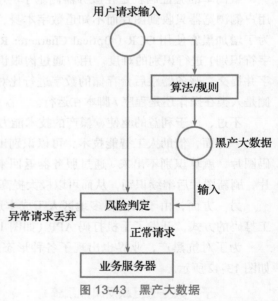

图 13-43　黑产大数据

为例,就需要用到基于深度学习的分类算法,而这些算法本身(卷积神经网络等)很深奥,这里仅作简单介绍。

首先,需要一些已知分类的图片(像素 + 结论)作为分类引擎学习的输入,从而让分类引擎计算出可供分类的特征(实际的一组向量数据);然后使用这个特征,对另一组图片进

行实验性质的分类测试，看分类的结果准确率如何；如果准确率能够接受且没有过拟合的情况，就可以用于实际业务了。

💡提
示　简单地说，过拟合就是学习到了样本中的大量细节数据，如果对样本数据进行测试，结果接近完美，但在实际业务场景，对真实数据进行测试就会出现大量错漏，因为学到的过于细节的特征在真实业务场景中不属于共性特征。如同千里马的一个特征是"额头隆起，双眼突出"，而实际上"额头隆起，双眼突出"的也许是癞蛤蟆。

如果需要了解更多人工智能或深度学习的内容，可以单独购买相关书籍进行学习。

---

4. 反爬虫

当我们希望提升网站知名度的时候，总希望尽快被各大搜索引擎抓取并收录，这时候爬虫对我们来说是好事。但是，也有人盯上了我们的专有数据，如各种文学、动漫等内容、用户评语、付费数据等，这就影响到数据所有者的商业利益了，于是爬虫与反爬虫的战争不断上演，这种现象在盗版、同行竞争方面比较突出。特别是各种采集工具功能强大，有的还具备绕过反爬虫措施的能力，在这场战争中爬虫方占据上风。

为了保护特定业务数据不被爬虫抓取，可以采取的措施有：

- 在 WAF 中封杀相应的 User-Agent，这是最简单的一种做法，但也最容易绕过，因为修改一下 User-Agent 就绕过了。
- 在 WAF 中启用 CC 防护，限定指定时间段内请求的次数，但前提是采集量需要远远超过正常用户的访问量，不然就容易误伤正常用户。
- 使用前端 JavaScript 执行解码或解密动作，提高爬取成本，因为爬取方需要执行同样的解码或解密动作，但对于直接模拟浏览器类型的爬虫来说，此门槛效果不大。
- 关键数据，不固定其展示格式及 HTML 标签，可使用 <i></i>、<b></b> 标签拆分原始数据，如：4.50 可在 HTML 中展示为 <b>4</b>.<b>50</b>。

一味地封杀往往并不能解决问题，可以考虑提高抓取成本，比如检测到爬虫之后，返回混淆的数据，特别是对文学类内容，可打乱整段或整句内容的顺序，"飞流直下三千尺，疑是银河落九天"，打乱顺序后可能变成"银河千尺九飞流，直下天三是疑落"。

插入不连续的暗语也可以作为典型的盗版爬虫证据，比如某互联网应用爬取百度内容时被添加了 4 个字，且分布上不连续，如图 13-44 所示。

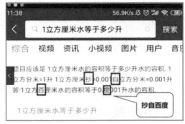

图 13-44　某互联网应用抓取内容时被插入暗语

13.8　客户端数据安全

客户端，是指包括手机 APP、电脑客户端软件等参与网络通信的客户端软件。

13.8.1 客户端敏感数据保护

客户端会遇到数据存储、数据展示、数据上传等场景。

首先，如果我们需要在客户端存储数据，不要直接使用明文存储任何敏感数据，包括但不限于口令、密钥、Cookie、个人信息及隐私等，因为这些文件可能会被窃取。输出日志的时候，也不要在日志中输出敏感数据，这就要求我们在客户端产品发布前移除输出日志代码或关闭输出。如果业务要求必须输出敏感数据（如银行卡号），那么需要在日志中采取脱敏措施。

其次，客户端不能展示用于身份认证的相关敏感数据，包括口令、生物特征等；例如展示指纹认证效果时，仅使用示例库中的不对应任何自然人的指纹效果图，如图 13-45 所示。

图 13-45　仅展示模拟的指纹效果

当客户端展示其他非认证用途的敏感数据时，应当采取脱敏措施，如姓名、地址、手机号码、银行卡号等（如图 13-46 所示）。

涉及数据上传时，需要注意客户端任何时候都不得上传用户用于身份认证目的的生物识别图像（指纹图像、人脸图像等）。生物识别图像无法像口令一样修改，如果处理或存储不当，一旦泄露，可能给具体的个人带来严重的影响。

图 13-46　脱敏展示银行卡号

在 GDPR 的法律条款中指出，原则上禁止收集个人的特别敏感的信息，包括基因、生物特征、种族、儿童个人数据、政治观点、工会成员资格、宗教信仰、健康与性相关的个人数据，除非满足特定的要求，例如得到个人的明示同意，也就是让用户清楚地看到收集的目的、留存有效期、处理方式等，以及此举可能带来的风险，并要求由用户主动勾选同意。

此外，用于身份认证时，不建议上传用户的原始口令（在前面的章节提到，建议先在用户侧执行慢速加盐散列后再使用；如果后续有立法禁止上传用户原始口令，则以法律规定为准）。

13.8.2 安全传输与防劫持

在客户端与服务器通信时，尽量不要采用明文的 HTTP 协议，如果之前计划采用 HTTP 协议，则建议启用 HTTPS。如果不使用 HTTPS 协议，也可以考虑使用 RPC 加密通信。

在客户端与服务器建立会话前，还需要先验证服务器证书的合法性，防止用户流量被劫持。

在实践中，笔者发现了一个奇怪的现象，很多公司为手机 APP 的后台 HTTPS Restful API 接口采购并配置了昂贵的数字证书，但是在手机 APP 客户端访问服务器接口时，却没有验证服务器证书的合法性，有些证书过期了仍在使用中，这至少意味着：

- 购买证书的钱基本白花了，用免费的自签发证书也完全可以代替（因为这些接口仅提供给 APP 使用，而不是用户通过浏览器访问；浏览器访问网站时会校验证书的合法性，但手机 APP 是否校验则取决于开发者是否主动实施了这一动作，或者所使用的第三方库在连接时是否执行了校验，但现实是常用的库都没有主动校验，比如 python 库 urllib 和 urllib2，均不会主动校验对方证书的合法性）。
- 手机 APP 的后台流量实际上是可以被劫持的（因为没有验证证书的合法性，导致伪造的证书也可以使用），细思极恐。

那么该如何验证服务器证书呢？

如果你的 APP 所使用的网络连接库函数未校验服务侧证书，则需要程序员自行编写代码来完成校验。

数字证书是依赖根证书的信任传递机制的，所以验证一张数字证书的合法性，需要其上级证书参与来进行验证。除了根证书，每一张数字证书都包含了其上级证书对其的签名，也就是用上级证书的私钥对证书摘要（简记为 H1）进行加密。如果使用自签发服务器证书，需要至少使用 SHA-256 作为签名散列算法。

> 提示　2008 年业界出现了伪造的使用 MD5 签名哈希算法的数字证书，使用 SHA1 作为签名哈希算法的伪造证书虽然目前暂时未发现，但基于 SHA-1 校验的文件碰撞也已经出现了。

接下来，总结一下验证服务器数字证书合法性的方法：

- 验证根证书是否为受信任的根证书：如果根证书为自签名证书，需使用预置的根证书的公钥来验证（这一点是必不可少的，根证书是信任的基础，如果根证书有问题，则后面的操作就没法信任了。根证书的公钥要预置在 APP 中）。如果是购买的证书，就需要像电脑上的浏览器一样，基于系统预置的受信任的根证书（如图 13-47 所示），并在建立连接前主动验证。

在安卓手机系统里，也存在预置的受信任的根证书颁发机构，如图 13-48 所示，在 Android 7 中位于 /system/etc/security/ 目录下，也可以通过设置菜单找到（"设置"–>

图 13-47　Windows 预置的受信任的根证书颁发机构

"高级设置"–>"安全"–>"受信任的凭据")。

- 验证证书链中每一张数字证书的证书摘要(指纹)是否与基于证书内容重新计算得出的摘要(指纹)一致。
- 验证最后一级证书的适用范围(使用者或使用者可选名称)是否包含访问的域名,或者一致(如图 13-49 所示),这一点也是不可省略的。

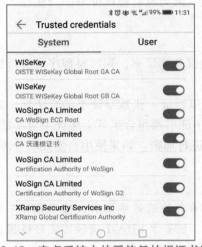

图 13-48 安卓系统中的受信任的根证书颁发机构

图 13-49 证书适用的域名范围

- 验证证书是否在有效期内及证书是否被吊销。对于自签发证书来说,预置的公钥在服务器证书到期之后就失效了,可设置一个稍长的有效期或提醒用户当前版本需要升级(当然,这会涉及强制用户升级旧版本客户端从而影响用户体验的问题),在新版本的 APP 中,预置最新的证书公钥(建议高安全级别的应用启用该特性,消除证书泄密的风险)。

一般来说,建议高安全等级的应用在和服务侧建立连接的时候,采取上述全部步骤进行验证,普通的应用可以适当降低标准,但也必然会导致漏洞,要分析存在的漏洞是否会给业务带来损失。如果只校验最后一级证书(即域名证书)而不校验根证书,那么很轻易就可以绕过(因为该证书是自签发的,颁给谁、域名和组织名等信息都是可以自行填写的)。

最后强调一下,在存在网络劫持的情况下,客户端应用(含手机客户端)在与服务器建立业务联系之前,验证服务器证书的合法性是非常有必要的,希望能够引起各公司的重视,特别是移动 APP 开发人员。

13.8.3 客户端发布

原则:任何客户端程序的发布都需要执行安全检查,并在安全检查通过后执行数字签名。

　　数字签名一方面可以保护客户端程序的完整性，另一方面可以理解为使用组织的信誉为该程序背书（Endorsement，即提供担保）。

　　以某可执行文件（安装包）为例，在安装之前，先查看一下是否具有官方的数字签名。步骤为：右键单击文件名 -> 属性，切换到"数字签名"标签页，如图 13-50 所示。

　　在"签名列表"一栏，就列出了该安装包的数字签名。

　　当我们下载外部的可执行程序时，除了检查是否存在病毒之外，也应习惯性地检查是否存在数字签名。

图 13-50　数字签名

第 14 章
安全架构案例与实战

前面我们利用安全架构的 5A 方法论，逐层分解，讲解了安全架构在各层的关注重点。接下来，我们将综合运用这些知识，选取一些典型的架构设计案例，构建立体的安全技术体系。本章介绍了三个案例：零信任与无边界网络架构，统一 HTTPS 接入与安全防御，存储加密。

14.1　零信任与无边界网络架构

2010 年，时任 Forrester 的首席分析师 John Kindervag 提出"零信任"概念；2017 年，Google 基于零信任构建的 BeyondCorp 项目完工，取消了办公内网，取消了 VPN，为零信任安全架构的实践提供了参考，并对传统的基于边界的网络安全架构理念产生了冲击。

过去我们认为内部员工是可信任的，但实际并非如此，内部原因造成的数据泄露已频频出现；过去我们认为内部网络都是可信任的，但黑客只要找到一个入口，就能在内网漫游。可见，内部员工也并不是完全值得信任的，内网也不是值得信任的安全域。

接下来，我们从安全架构的视角出发，看看 Google 的基础设施安全设计，是如何实施零信任安全架构的。其理念概括如下：

不信任企业内部和外部的任何人 / 系统 / 设备，需基于身份认证和授权，执行以身份为中心的访问控制和资产保护。

图 14-1 是基于对 Google 无边界网络的理解，重新绘制的无边界网络系统架构图。其中托管设备可以暂时理解为公司统一配发、经过安全加固的电脑。

无论 Google 员工是在办公场地，还是在外出差，都是使用外网 IP 地址访问网关；当员工在办公场地时，会同时启用准入控制，便于对电脑终端进行修复，如系统补丁。

图 14-1 中的虚线为安全相关的功能（身份认证、动态授权与访问控制、NAC 等），实线

为业务访问（通过网关统一接入）。下面分别进行介绍。

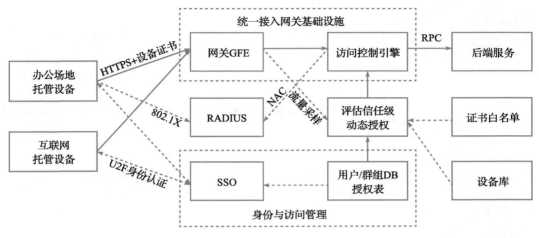

图 14-1　零信任网络架构参考

14.1.1　无边界网络概述

前面讲到，安全域就是用路由表、交换机 ACL、防火墙所包围起来的一个逻辑上的网络区域。所谓边界，就是指一个安全域跟另一个安全域的边界，具体来说，就是用路由表、交换机 ACL、防火墙进行控制的分界线。

零信任架构以身份为中心，员工能否访问相应的业务，不是取决于他所接入的网络是否为公司办公网络，而是他的身份是否具有访问对应业务的权限。由于不再需要基于员工的位置来决定能否访问，办公网络的边界就可以取消了，员工可以在办公场地，也可以在家里、酒店等任何地方接入而不需要使用 VPN。办公场地的网络就变为无边界无特权的办公网络，员工访问生产网络，可以直接通过外网访问，即使员工位于办公建筑内。

对于生产网络，由于采用了统一的接入网关（对 Google 来说，就是 GFE，Google Front-End），不再需要专门的防火墙；网关后面的服务器只需要配置内网地址（不配置外网地址），天然就无法直接对外网提供服务，而只能被接入网关所接管。

这样，一个不需要防火墙的网络架构就初具雏形了，如图 14-2 所示。

综上所述，在无边界网络的架构设计中，使用统一接入网关取代边界防火墙，可让员工或用户随时随地安全接入。

这里并不是说我们要实施零信任架构，就需要立即将所有的服务开放到外网，然后直接通过外网来访问。Google 敢于将内部业务也开放到外网，是因为后面有一整套基于零信任构建起来的安全机制来保障。

如果我们已经建立内部的网络通道来访问业务（即办公网络到生产网络走内网通道），同样也可以借鉴外网零信任的做法来改进安全。

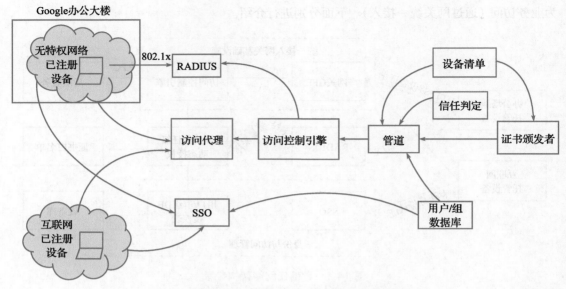

图 14-2 Google 的无边界网络组件及访问流图

14.1.2 对人的身份认证（SSO 及 U2F）

不能信任企业内部和外部的任何人，首先就需要身份认证，确认访问者的身份。

实现身份认证依靠的是企业的 SSO 系统，为了确保身份的安全性，SSO 的认证机制需要具备防止钓鱼攻击的能力。

如果采用静态口令，则口令的泄露就会导致身份被冒用。

企业在内网较多采用动态口令机制（TOTP），不过前面讲双因子认证时提到，如果在外网使用 TOTP，仍有可能遭受实时的钓鱼攻击（动态口令通常在 30 秒或 60 秒内有效）。

为了规避这一风险，企业的 SSO 系统就需要改用更安全的双因子身份认证机制，推荐 U2F（Universal 2nd Factor，通用双因子身份认证，是由 Google 和 Yubico 共同推出的开放认证标准）。Google 就采用了 U2F 的方式。

14.1.3 对设备的身份认证

不能信任企业内部和外部的任何设备，就需要对设备进行认证和接入控制。

对设备的认证主要采用数字证书，设备的数字证书存储在硬件或软件的 TPM（可信平台模块），或操作系统证书管理器中。

14.1.4 最小授权原则

采用最小权限原则，在应用层赋予用户完成特定工作所需的最小权限。授权机制通过 IAM（身份与访问管理）进行，整合了 SSO 认证、授权、审计几大功能。授权可以基于角色授权（如某员工属于工程师序列，拥有工程师角色的权限；或属于工程部，拥有工程部对应的权限），也可以基于属性进行授权（如某员工是目标业务的管理员）。

14.1.5　设备准入控制

首先来看终端设备，也就是员工办公使用到的电脑、笔记本电脑、手机等终端。在前面讲网络准入控制的时候，已提到这些终端从安全上可以划分未注册、已注册、不可信、可信任等几个状态，如图 14-3 所示。

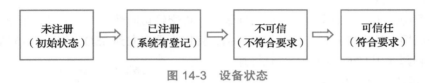

图 14-3　设备状态

通过对设备状态的判定，可执行相应的网络准入控制，如：

- 只允许公司配发的电脑注册登记。
- 只允许可信任终端接入办公网络，否则接入修复区。

对生产网络中的服务器来说，Google 采用了基于定制安全芯片的信任链传递机制，其中安全芯片作为信任链的根，依次对 BIOS、BootLoader、操作系统内核进行签名，确保它们未被篡改，也就是说操作系统是可信的；如果是没有安全芯片的设备，就可以视为外来设备，拒绝接入网络。

Google 的这一实践，对于大多数企业来说，很难复制。其实，信任机制不一定非得来自硬件芯片，在硬件条件不具备的情况下，适当降级，采取软件的手段，如导入操作系统的自颁发证书、自定义安全组件、服务器设备 MAC 登记等，都可以用于生产网络中设备的准入控制。

14.1.6　应用访问控制

通过应用网关接管后端所有应用、资源、服务器的访问流量，只有先在应用网关系统中登记才能对外提供服务；只有通过身份认证与终端可信的用户才可以访问隐藏在应用访问网关之后的业务服务。

应用访问控制采用 RBAC（基于角色的访问控制）和 ABAC（基于属性的访问控制）相结合。

Google 的应用网关，首先实现了 Web 的代理（称为 GFE，Google Front-End），提供 Web 反向代理、负载均衡、TLS 终止等功能；后又进行了扩展，支持了 SSH 等非 Web 的协议，统称为访问网关（Access Proxy）。也就是说，Google 的访问网关支持 Web 业务和非 Web 业务，其中支持 Web 业务的部分为 GFE。

图 14-4 是一名 Google 工程师访问内部业务的场景。

图 14-4 统一接入的应用网关

下面来看实际的访问场景：

1）工程师员工的笔记本电脑发起访问请求，提交给访问网关，带上设备证书。

2）访问网关没有检测到有效的用户凭据，将用户重定向到 SSO，如图 14-5 所示。

3）工程师使用 U2F 双因子身份认证通过认证，获得认证通过的 Token（或 Ticket），重定向到访问网关，如图 14-6 所示。

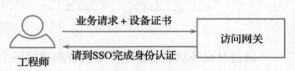

图 14-5 接入网关检测到用户未经过身份认证

4）访问网关收到设备证书（标明设备身份）和 SSO Token（标明员工身份），如图 14-7 所示。

5）访问控制引擎对每一个请求执行授权检查（检查通过，转发到相应的后端服务器；检查不通过，拒绝请求）：

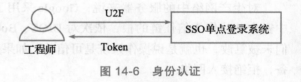

图 14-6 身份认证

- 确认用户在工程师群组（基于用户 / 群组数据库）。
- 确认用户拥有足够的信任等级。
- 确认用户使用的电脑是可信任终端（托管终端 + 健康状态良好）。

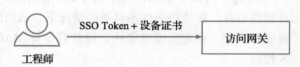

图 14-7 员工带上认证凭据再次接入应用网关

- 确认用户使用的电脑拥有足够的信任等级。

14.1.7 借鉴与改进

零信任架构（"基于身份信任的架构"）从源头考虑安全要素，是一种从根本上解决问题的思路，非常值得借鉴。

无边界网络减少了防火墙的部署和使用，如办公网络和主要的生产网络不设边界防火墙；统一接入和访问控制，让内部服务隐藏在网关后面，只使用内部地址，构建了安全的虚拟边界（无边界防火墙）。少量的防火墙仅用于强化对后台核心数据的访问控制，例如保护数据库等存储基础设施，以及满足合规要求。

不使用 VPN，员工在外也可以像在办公室一样访问办公业务，极大地提升了员工办公体验。

不过，转向基于身份的信任架构不能一蹴而就，而是一个漫长的过程，我们可以让该理念作为企业安全战略的一部分，逐步引导基础设施和业务改进。如在当前使用内部路由访问生产网络的时候，也采用统一的网关接入和访问控制，如图 14-8 所示。

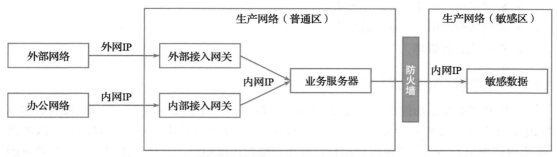

图 14-8　内部和外部使用不同的接入网关

统一接入网关的采用，可以让员工不用再申请具体到后端业务服务器的防火墙策略。如果按照直接路由到生产网络后端服务器的模式，随着业务的变化，防火墙慢慢就会变得千疮百孔，管理和维护将消耗极大的成本。

14.2　统一 HTTPS 接入与安全防御

在前面的章节中，多次提到统一接入、应用网关的概念。

在业界除了 Google Front-End，还有微软的 Azure Application Gateway 也采用了这种模式。不过 Google Front-End、Azure Application Gateway 这两个产品暂时都没有开源。这一节以开源的应用网关 Janusec Application Gateway（以下简称 Janusec⊖）为例，介绍如何将统一接入与 Web 安全防护整合在一起，以供参考。

14.2.1　原理与架构

如图 14-9 所示，Janusec 是基于 Golang 打造的应用安全网关，具备 WAF（Web 应用防火墙）功能及组合策略配置，支持 HTTP2 和 HTTPS（符合 PCI-DSS 认证要求），无需在目标服务器部署组件（Agent），私钥加密存储在数据库，提供负载均衡和统一的 Web 化管理入口。

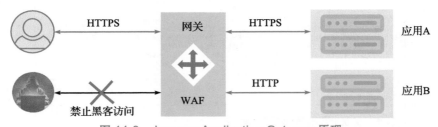

图 14-9　Janusec Application Gateway 原理

⊖　https://github.com/Janusec/janusec

架构设计要点：

- 应用网关：采用统一的 HTTPS 接入（TLS 加密通信），统一管理证书和私钥。
- 安全防护：网关内置 Web 应用防火墙、CC 防护。
- 数据保护：对私钥采取加密措施。
- 前端负载均衡与后端负载均衡。
- Web 化后台管理。

14.2.2　应用网关与 HTTPS

应用网关的核心功能是反向代理（Reverse Proxy），用于统一接入，反向代理到后端真实的 Web 业务，避免直接路由到生产环境。反向代理即转发用户请求到内部真实服务器（使用内部地址）并将结果返回给用户，对用户隐藏内部地址。对用户而言，可见的部分到网关就中止了，网关到业务的部分对用户而言是看不见的，如图 14-10 所示。

在网关的 Web 管理后台，配置内部业务和后端地址之后，只需要将业务域名指向网关即可实现访问内部业务。

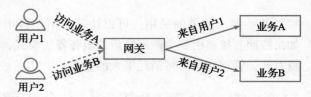

图 14-10　应用网关原理

应用网关作为统一接入的基础设施，需要具备 HTTPS 支持，特别是当前 HTTPS 已基本普及的情况下，如果不启用 HTTPS，则用户的访问很容易被第三方劫持，用于加塞广告等行为。Janusec 采用了直接在 Web 管理后台统一管理证书和私钥（加密）的方式，可以让各业务不再自行保管敏感的私钥，如图 14-11 所示。

图 14-11　证书管理

14.2.3　WAF 与 CC 防御

为便于理解，我们先看一下防护效果，如图 14-12 和图 14-13 所示。

图 14-12　SQL Injection 拦截

图 14-13　敏感信息泄露拦截

内置 WAF 使用 Google RE2 正则引擎，可拦截典型的 Web 漏洞如 SQL 注入、XSS（跨站脚本）、敏感信息泄露、WebShell 上传或连接动作、路径遍历等。

在 CC 防御方面，基于访问频率和访问统计，对同一来源，在设定的单位时间内，访问次数超过设定的阈值，就触发拦截或出验证码等机制。

图 14-14 中各参数的含义分别为：

图 14-14　Janusec CC 防护

- 统计周期（Statistic Period）：统计的时间窗，时长用秒数来计算。
- 最大请求数（Max Requests Count）：统计周期内允许的最大请求次数，如果超过，则触发 CC 规则。
- 锁定秒数（Block Seconds）：触发 CC 规则后，此后一段时间内不再直接响应同一来源的请求，锁定秒数即这段时间的时长。
- 动作（Action）：触发 CC 规则后，可选择直接拒绝（Block）或者出验证码（CAPTCHA）等动作，如图 14-15 所示。

图 14-15　验证码防 CC 机制

14.2.4　私钥数据保护

当前，各大主流 Web 服务器在配置证书的时候，均使用文件形式的证书及私钥文件，在配置文件中设置两个证书文件的路径。以 Nginx 为例：

```
server {
    listen   443 ssl;
    ssl_certificate /path/to/fullchain.pem;
    ssl_certificate_key   /path/to/privkey.pem;
    ...
}
```

可以看出，私钥文件直接明文存储在文件系统。如果黑客进入到了这台主机，就可以拿到证书的私钥了。

Janusec 把证书统一管理起来，采用 AES256 加密保护私钥，不再将证书文件、私钥文件直接明文存放在服务器某个目录下，可有效防止黑客窃取私钥。使用 psql 登录进 Janusec 所使用的 PostgreSQL 数据库，查询私钥的结果类似图 14-16 所示。（二进制密文）。

\x06f48ee6d5e3699d98581dbaf4e4ae9e4b4b0c91e5bb88fa725671b0c2a954a
4193433e04904a322675a7d032b9f7fb889fcc307c3fa2380e0bc659a17f52e649
a2d5cdb17421c5939cca3fefe43f6f0d0da1b5e102450ee2858a2ddb29b66a1eae
a84039584dbc0f835f731ee73de4cef5f08420e6d326ca2b120ddba0f088a8ee54
089a40c1b3ae2622638c259d4313f10d706d5f4ffb3e45c0d6f1069dd17c1c5c80
d4254d6a57e041f6485dbb4d97f921796420af6961936a39e28a40221528fae4f3
180a4f30970fda076314b3cdd6279acea0b05caacad6b485919cb73e20b6491ea7
728fdb5ed8906d3df5b411fa95d016d6f7ed6e191a53af87afd8f603d1a3d0c098
```

图 14-16　私钥加密

由于私钥使用了加密技术存放于数据库，且不同的部署实例使用不同的加密密钥，大大降低了私钥泄露的风险。管理上，可以让网关管理人员统一申请和配置证书，这样业务团队的人员不用接触证书文件就可以自助启用 HTTPS。

### 14.2.5　负载均衡

Janusec 支持多网关节点部署作为前端的负载均衡，可通过 DNS 或 GSLB（Global Server Load Balance，全局负载均衡）的 DNS 调度，将不同地域的请求引导到不同的网关节点。当后端业务存在多台服务器时，也会随机选择后端服务器进行负载均衡，如图 14-17 所示。

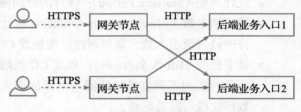

图 14-17　前端负载均衡及后端负载均衡

### 14.2.6　编码实现

Janusec 整体实现分为两个部分：应用网关功能模块、Web 化后台管理模块（见图 14-18）。其中，应用网关功能模块采用 Golang 语言开发。

图 14-18　后台 Web 化管理
```

后台管理模块采用 Angular 5（或以上版本）开发，在其身份认证环节，采用了前端慢速加盐散列运算，不传输原始口令，后端在前端散列结果的基础上继续执行加盐散列操作，有效避免了口令泄露、撞库等风险。

应用网关里面已经包含了后台 Web 化管理模块编译后的成果，故默认不需要理会后台管理模块。只有当你需要定制化或修改界面展示效果时，才需要下载后台 Web 化管理模块的源码[⊖]。

14.2.7 典型特点

1. 多检查点

WAF 模块对同一个请求，可以在从请求到响应的过程中设置多个检查点，组合检测（通常的 WAF 只能设置一个检查点）；比如某一条规则在请求（Request）中设置了检查点，同时还可以在该请求的其他位置或响应（Response）中设置检查点。

2. 恶意域名指向拦截

网关拦截未登记域名：假设你的网站域名为 www.yourdomain.com，有恶意对手使用侮辱性域名如 www.fu*kyourdomain.com 指向你的网站，如果服务器配置不当，有可能会正常响应请求，对公司的声誉造成影响。

所以，当非法域名指向过来的时候，应该拒绝响应，Janusec 只响应已登记的域名，未登记的域名会拒绝访问。

3. HTTPS 证书质量

不是所有的 HTTPS 配置出来都是安全的，错误的配置、算法的选用均有可能让你的业务踩坑，如 SSL 1.0，SSL 2.0，SSL 3.0 以及 TLS 1.0 均已出现漏洞。

如果你的业务涉及资金支付，PCI-DSS 认证会对证书质量有特别的要求，如必须使用 TLS 1.1 或以上的协议版本（推荐 TLS 1.2 或以上）、必须使用前向安全算法（Forward Security）用于保障安全的密钥交换等。

因此，网关默认就需要启用安全保障。Janusec 针对 HTTPS 证书质量，默认已按最佳实践设置。

4. 任意后端 Web 服务器适配

WAF 模块不需要在被保护的目标服务器上安装任何组件或私有 Agent，后端业务可使用任何类型的 Web 服务器（包括但不限于 Apache、Nginx、IIS、NodeJS、Resin 等）。

🎯 提示　到本书截稿时，Janusec 尚未经过大规模生产环境的部署考验，如果选用，请充分测试后再做决定。

⊖　https://github.com/Janusec/janusec-admin

14.3 存储加密实践

狭义的数据安全，主要关注点集中在数据本身的加密存储、加密传输、脱敏展示等方面。这一节重点放在企业的数据存储加密上面，市场上销售的各种加密产品不在本书的讨论范围之内。

哪些数据需要加密存储呢？结合当前的各项监管政策和国际国内的合规要求，以及加解密对业务场景的适配度，建议如下：

- 敏感的个人信息以及涉及敏感的个人隐私的数据、敏感的 UGC 数据，需要加密存储。
- 口令、加解密密钥、私钥，需要加密存储（其中不需要还原的口令需要使用单向散列算法）。
- 有明确检索、排序、求和等运算需求的业务数据，不需要加密存储。

其他需结合业务场景进行判断。

14.3.1 数据库字段加密

针对结构化数据（一般指存放于数据库的数据），推荐采用数据库字段加密，这属于产品自身需要考虑的事情，在 13.7.1 节已有介绍。主要原理是加解密过程需要 KMS 系统配合完成，即使业务系统全部源码和数据丢失，黑客也无法解密，如图 14-19 所示。

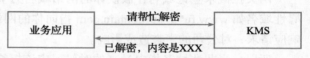

图 14-19 加解密过程需要 KMS 参与

不过在涉及用户的敏感个人数据加密时，上述 KEK 需要使用针对该用户和业务特定的 KEK，而不能对所有用户都使用同一个 KEK，也不能一个用户所有的业务都使用同一个 KEK，这样在用户提出删除某个业务中的个人数据时，删除该用户对应该业务的 KEK 即可满足合规要求。

14.3.2 数据库透明加密

部分数据库也支持透明加密（或静态加密），原来使用明文存取数据的应用不需要任何改进，由数据库提供透明的加解密，可供最低级别的加密参考。

例如 MariaDB 从 10.1.7 版本开始，支持表加密、表空间加密、binlog 加密，其他数据库也有类似的特性。

透明加密是一种快速达成加密效果的方案，因为所有的加密和解密过程都是在存储这一级自动完成的。对应用来说，仍可以像以前一样，继续使用明文存取数据，而不需要做任何改进。

如果你所在企业业务众多，难以一一改进，刚好又使用了自建的存储系统，这时就可以考虑对存储系统进行改进，实施静态加密，而业务系统不用改进。这种方式可以快速满足合规要求。

存储系统也可以配合 KMS 实施静态加密，来加强安全性。

14.3.3　网盘文件加密方案探讨

网盘通常用于保存用户的个人文件，这属于 UGC 数据，可能涉及用户个人的隐私，因此需要加密；如果用于企业客户，则更是需要加强保护。

加密算法使用 AES 加密算法 GCM 模式，密钥长度 256 位，以下使用 AES（Data，Key）表示使用密钥 Key 对数据 Data 执行 AES 加密，网盘的加密存储方案建议如下：

- 文件切片（或分块），每个切片使用随机 DEK（数据加密密钥）进行加密。
- 每个 DEK 均使用用户的业务 KEK（密钥加密密钥）加密，加密后随对应的密文切片一起存储。

图 14-20 中，KEK 是指用户的 KEK，使用 KMS（密钥管理系统）进行保护。

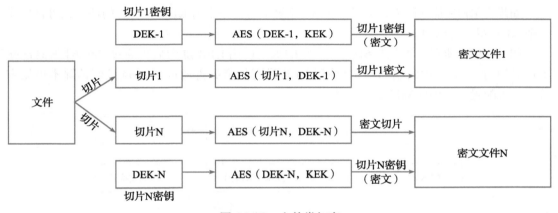

图 14-20　文件类加密

KMS 是独立于具体业务之外的加密基础设施，已在 13.7 节中介绍。KMS 作为加密基础设施，不宜存储大量业务侧的随机 DEK，因此在大数据场景中，密文 DEK 需要随密文数据一起存储在业务的存储系统中，而不是存储在 KMS 中。

图 14-21 是某网盘的解密原理。

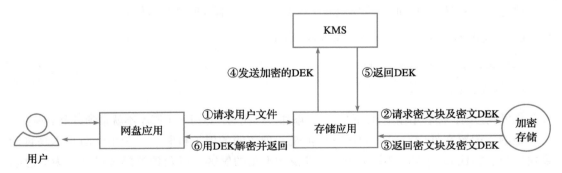

图 14-21　某网盘存储解密原理

当需要使用 KEK 时，有两种方式：一种是将 KEK 发给业务，业务收到后在内存中缓存起来，后续加解密时均自行完成，适用于对可用性要求很高的业务；第二种方式，KEK只在 KMS 系统中使用，不给业务，需要使用时，把 DEK 密文发给 KMS，然后 KMS 提取该 KEK 对 DEK 密文执行解密，再将 DEK 返回给业务系统，适用于对安全性要求很高的业务。图 14-21 中的网盘业务使用的是第二种方式。

14.3.4 配置文件口令加密

配置文件是口令、密钥类信息泄露的重要渠道，包括员工无意中泄露、黑客或木马侵入服务器后查看配置文件窃取等。

以口令为例，参考前面所说的至少双密钥的机制，也需要为口令加密设置 DEK 和 KEK。

如果有 KMS 基础设施，可以在 KMS 系统中为业务申请 KEK；没有的话，也可自生成一个 KEK 写入代码中。

如图 14-22 所示，首先随机生成一个 DEK，使用 KEK 加密后再通过 Base64 编码消除不可见字符，写入配置文件；口令使用 DEK 进行加密后再通过 Base64 编码消除不可见字符，写入配置文件中原来口令的位置。

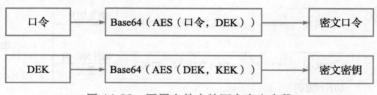

图 14-22 配置文件中的两个密文字段

尽管原理已经清楚，但往往还是会遇到问题，比如最典型的一个问题就是：第三方开发的脚本程序（如 PHP、Python 等）该如何改进？通常第三方开发的程序也使用脚本类型的配置文件，如：config.ini.php、settings.py 等；在保留第三方脚本程序业务逻辑不变的条件下，我们可以通过使用解密函数替换明文口令的方法，并添加解密函数本身或附加一个解密文件，实现口令解密。

改进后，配置文件中的口令字段看上去效果类似这样（密文为虚构）：

```
password=decrypt_data("87C39A0F039B3C421==")
...
def decrypt_data(encrypted_str):
    ...
    return plain_data
```

你可能会问，黑客用输出日志的方式，添加一行代码，运行一下脚本不就拿到口令了吗？

是的，配置文件中对口令的加密保护是一种较弱的保护机制，一般用于防止木马自动寻找口令、挡住 ScriptBoy（脚本小子）等技能不足的黑客，以及延缓黑客进度，为应急响应赢得时间。

14.4　最佳实践小结

根据之前的内容，我们小结一下安全架构设计上的最佳做法，包括但不限于：

- 身份认证：人员身份认证（含员工、合作伙伴、用户等）使用 SSO 单点登录系统，并在敏感业务上启用超时退出机制；非人员身份认证（含后台之间、客户端访问后台等），To C 业务推荐全程使用 Ticket，其他业务推荐使用 AES-GCM 等机制。
- 授权：首选在业务自身建立授权模型（基于角色的授权等）；其次可使用业务之外的权限管理系统（但不适用于 To C 业务，或参数值影响权限判定的业务）；敏感业务的管理权限采用权限分离，不兼任多个敏感权限。
- 访问控制：采用 ABAC（基于属性的访问控制）、RBAC（基于角色的访问控制）等机制；不直接向外网提供服务，经统一的应用网关接入；业务不直接操作数据库，将数据库封装为数据服务（例如将 MySQL 封装为 Restful JSON API）；收缩防火墙的使用。
- 审计：敏感操作日志提交到统一的日志管理平台，且无法从业务自身发起删除。
- 资产保护：配合统一的 KMS 对敏感的个人信息加密存储；使用全站 HTTPS；展示脱敏；构建立体安全防御体系。

14.4.1　统一接入

在没有统一接入的概念之前，各应用直接对外提供服务，用户访问业务如图 14-23 所示。

这种方式存在什么问题呢？

首先，员工的安全意识一般是不够的，不可能每个业务都去实现一套完整的安全机制，这也导致我们经常会发现有的敏感业务直接开放外网访问的时候没有任何安全机制！

其次，容易误将高危服务开放出去，导致黑客直接进入生产内网。

最后，如果业务存在漏洞，且没有部署 WAF 等防御设施，也可以直接到达内网。

在应用网关出现后，可以将共性问题集中在应用网关上解决，如图 14-24 所示。

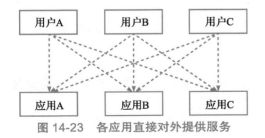

图 14-23　各应用直接对外提供服务

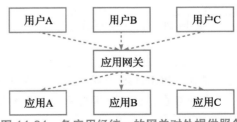

图 14-24　各应用经统一的网关对外提供服务

启用应用网关之后，通常大多数业务就不需要直接对外提供服务了，从而也就不需要配置外网网卡或外网 IP 地址，这一点可以在很大程度上避免对外误开高危服务端口。

应用网关上可以扩展安全功能，如身份认证、统一证书管理与 HTTPS 配置、授权管理、集成安全防御等。

针对微服务数据接口，也可借鉴该形式，采用 API 网关，来扩展安全功能，如图 14-25 所示。

图 14-25　微服务架构与 API 网关

14.4.2　收缩防火墙的使用

传统防火墙的管理是一个老大难问题，经年累月开通的历史策略越来越多，业务又经常发生变化，导致失效策略也越来越多，时间长了之后，防火墙也变得千疮百孔，成为安全隐患。防火墙管理比较好的企业，也付出了很高的管理成本。

因此，本书采用以身份为中心的访问控制和资产保护理念，不再推崇传统的基于网络分区和防火墙的访问控制和数据保护（如图 14-26 所示），而是在满足合规要求的前提下，建立尽可能少的网络分区，尽量避免从一个安全域直接路由到另一个安全域。

如图 14-27 所示，使用无边界的网络理念，生产网络的外网边界被统一的接入网关所取代，因此外网防火墙可以取消了；内网方面，从办公网络访问生产网络，也可以采用统一的接入网关，这部分防火墙也可以取消了。这样，防火墙可仅在内网不同网络安全域之间使用，且主要用于保护存放敏感数据的区域。

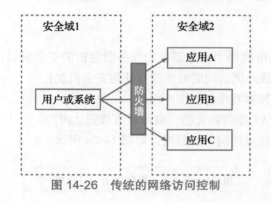

图 14-26　传统的网络访问控制

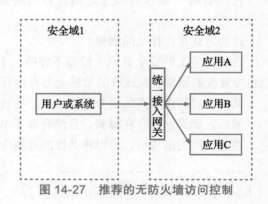

图 14-27　推荐的无防火墙访问控制

> 💡提示　目前，PCI-DSS 合规要求有需要防火墙保护持卡人资料的条款，且由于大量存量业务的存在，网络分区仍是一个需要使用的安全手段。

14.4.3　数据服务

如图 14-28 所示，将数据库或其他存储系统仅作为底层的基础设施，加以封装，以数据服务的形式向业务提供。针对 To C 业务，数据服务可以跟用户 SSO 系统集成，统一身份认证；针对 ToB 业务，可以在数据服务这里建立基于后台的身份认证机制。

图 14-28　将数据库封装为数据服务

14.4.4　建立 KMS

KMS（Key Management System，密钥管理系统）的主要作用是让业务无法单独对数据解密，这样黑客单独攻克一个系统是无法还原数据的。

要想解密加密的数据，只有业务和 KMS 共同完成，缺一不可。KMS 的方案设计可参考 13.7 节。

14.4.5　全站 HTTPS

HTTPS 在防止流量劫持、保障数据的安全传输方面发挥着很大的作用。

浏览器 Chrome 从版本 68（2018 年 7 月发布）开始将 HTTP 页面明显标注为不安全，如果你的业务还没有启用外网 HTTPS，那就需要尽快切换了。

在 13.7 节提到，各业务自行配置证书和私钥，存在私钥泄露的风险，因此推荐采用 HTTPS 统一接入的应用网关，统一管理证书和私钥，统一启用 HTTPS，如图 14-29 所示。

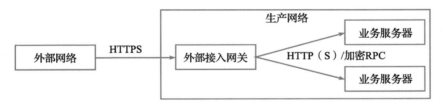

图 14-29　通过统一接入网关启用全站 HTTPS

14.4.6　通用组件作为基础设施

一些典型的通用组件，如 Web 服务器（Nginx/Apache 等）、数据库服务器（MariaDB 等），如果每个业务都自行建设，那就带来很多的问题，比如资源浪费（需要更多的服务器）、安全配置不一致、需要登录服务器操作而不利于自动化运维、人为失误等。

推荐将这些组件作为基础设施建设，业务可通过自助申请配置的方式，直接使用现成的 Web 服务器（实际上是共用服务器）而不需要登录服务器从零开始安装。对于数据库，也可按这种模式自助申请数据库实例使用，如尚未建立数据服务基础设施，也可考虑构建数据服务，对外以 Restful JSON API 的形式提供。

14.4.7 自动化运维

登录服务器本身属于高风险行为,很可能由于员工误操作等原因造成配置错误、数据丢失等巨大损失。所以,在能力许可的情况下,应尽可能地实施自动化运维,将日常例行的运维操作放到自动化运维平台,减少日常登录服务器的操作。

使用自动化运维平台的好处有很多:

- 使用 Web 化界面,方便、效率高、体验好。
- 可屏蔽高危操作(如:rm -rf /),避免误操作。
- 方便跟 SSO 集成,用于员工实名认证。
- 方便执行权限管控、运维审计。

在上述通用组件作为基础设施,不需要各业务登录服务器自行安装的情况下,可大幅提高自动化运维水平,降低人为的安全风险。

而对业务自身,可将常用的操作加以封装,纳入自动化运维平台,可大幅降低登录服务器的频次,减少误操作以及口令泄露的风险。

自动化运维一般提供如下功能:

- 文件上传或下载。
- 脚本批量发布。
- 配置文件批量发布。
- 内容发布(适用于内容平台业务,如新闻)。
- 应急的指令通道(在网页上出现类似命令行控制台的界面,可交互操作)。

04

第四部分

数据安全与隐私保护治理

第 15 章　数据安全治理

第 16 章　数据安全政策文件体系

第 17 章　隐私保护基础

第 18 章　隐私保护增强技术

第 19 章　GRC 与隐私保护治理

第 20 章　数据安全与隐私保护的统一

P　　　A　　　R　　　T　　　4

第 15 章
数据安全治理

　　"数据安全治理"是在数据安全领域采取的战略、组织、政策框架的集合。"数据安全管理",则主要侧重于战术执行层面。

　　本章将介绍数据安全治理以及相关实践,包括:如何制定战略目标,安全组织的设立、权力与责任划分、监督以及问责机制。政策文件体系与框架,以及确定合规边界。

15.1　治理简介

15.1.1　治理与管理的区别

　　提到治理,想必你首先就会关心"治理"和"管理"这二者的区别。

　　我们首先来看早期传统的职能组织架构中的上下级管理模式,从高层开始,就是一人分管一个或几个领域,其他高管也不插手其领域内的任何事情。

　　如图 15-1 所示,在这样的职能组织体系内,权威的唯一来源是上级,上级决策后下级执行。如果下级不执行或执行不到位,上级可以利用自己的威慑力对下级进行打压或处罚,如在考核权、奖金分配权、提名权等方面进行压制。在上级面前,下级人微言轻,极少会出现反对上级的情况。整个团队的能力瓶颈,就受制于上级的视野和能力范围,也就是常说的"兵熊熊一个,将熊熊一窝"。但在实际工作上,没有任何一个人是全能的,这种单一权威来源的管理模式("一言堂")具有很大的弊端,很可能让实际工作走偏。

图 15-1　传统的管理模式(唯一权威来源)

　　而在治理模式下,不再指望每一个上级都是英明的领导,也不再将上级作为唯一的权威,而是通过一种分工协作而又互相制衡的矩阵型组织和制度设计,让每个人能够发挥主观能动性，但又都在政策框架下行动，不至于偏离太远，让各团队总是能朝着"大致正确"的方向前进。

在决策上，一般采取集体决策的形式，比如各种风险管理委员会、技术管理委员会、指导委员会等。

从这个意义上说，治理是一种协作和秩序，较少依靠个人的权威，由"人治"转变为"法治"。在战略、组织、政策框架下，一切行动都受到一定程度的制约，需要接受他人的挑战，经得起实践检验。从管理到治理，既是观念上的转变，也是矩阵型组织相对于职能型组织的优势，体现出整个组织自上而下的高度重视，促进全员参与，人人发挥主观能动性。在治理模式下，每个团队中的每个人都可以成为自己所负责领域的权威，同时也将接受来自其他协作团队的挑战，这种机制可以让自己的工作在基本正确的轨道上开展。

在治理模式下，同样需要管理。治理模式下的管理，是从战术层面支撑治理的开展，是在治理所设定的战略方向、组织架构、政策框架下所采取的行政事务管理和日常例行决策的集合，包括计划、组织、辅导与考核，以及利用人力、物力、财力来达成目标。

表 15-1 总结了治理和管理之间的差异，而图 15-2 显示了治理与管理的定位差异。

表 15-1　管理和治理的对比

对比要素	管理	治理
决策者	职能部门内最高级别的主管	董事会或各领域风险管理委员会（集体决策）
角色定位	被授权，在政策框架内以及职能部门内执行战术层面的决策（执法）、业务合规、沟通与报告	战略方向决策、制定政策、授权给合适的人选（让他来执行战术决策）以及监督与问责
改进方法	面向目标，使用技术手段、业务手段、团队激励与考核方法调整	面向战略，组织架构调整与权责的重新划分（部门整合、裁撤等）、部门管理者调整（轮岗、调岗等）、跨部门流程

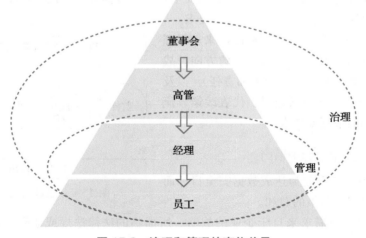

图 15-2　治理和管理的定位差异

15.1.2 治理三要素

如图 15-3 所示，治理需要至少包含三个要素：

- 战略。
- 组织。
- 政策总纲 / 框架。

图 15-3 治理三要素

按照这三个要素，我们可以将治理的主要内容加以展开。

首先，需要建立战略，解决"大家朝哪个方向努力"的问题。战略（Strategy），原指军队将领指挥作战的谋略，现在主要指为了实现长期目标而采取的全局性规划。

其次，组织架构设计与权责分配，解决"谁做什么"、"如何制衡"、"如何监督"以及问责的问题。通过不同的组织划分，确定其权力和责任范围，并建立相应的监督与问责机制。

比如数据安全领域的最高权力决策机构是哪个组织、产品部门负责将安全要素融入产品设计开发过程、业务部门对风险负主要责任，以及法务、监管接口、公关、人力资源、审计等部门的责任。在设定权力和责任的时候，需要权力与责任对等，谁决策谁担责。但这样会带来一个明显的问题，就是无人决策、不敢决策，或者将决策权力下放到基层员工，出了事情就是基层员工担责的情况。为了避免此问题，需要通过正式的政策文件确定风险 Owner（即风险的责任人）并明确指定对应层级的主管来担任这一角色，在遇到需要决策的时候，大家都知道找谁。监督机制，解决"做得好不好"的问题，以及政策是否有效，哪些人员或团队需要被问责等。

最后，政策、规范、流程、框架以及合规边界，解决"怎么做才能控制风险"以及"需要遵循的底线"等问题。在总体政策中，要将上述组织架构中的各部门在该风险领域（如数据安全）的职责明确下来，如谁负责全员的安全意识能力提升、培训。政策中也应包含风险管理与合规的整体要求、安全意识教育的要求。

这三个要素的关系，可以用图 15-4 来加强理解。中间的箭头代表战略，表示前进的方向。战略的执行方（各级组织、权力制衡和责任），以及监督，代表组织。上下两条边界，代表政策、流程、框架与合规的限制或要求。

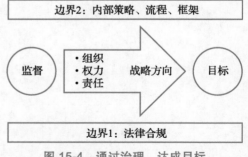

图 15-4 通过治理，达成目标

15.2 数据安全治理简介

数据安全治理是企业为达成数据安全目标而采取的战略、组织、政策的总和。

数据安全治理的需求来自于企业的战略、所面临的法律法规或监管层面的合规要求、业务面临的风险等，目的是让企业在市场中保持竞争优势、法律合规以及数据的安全。

在前面的章节中，已经介绍了如何打造安全的产品以及建立安全体系的知识，但这些知识并不会自发落地到产品或安全体系中。无为而治是行不通的，需要通过一些主动的治理，达成企业整体的数据安全目标。

数据安全的目标是保障数据的安全收集、安全使用、安全传输、安全存储、安全披露、安全流转与跟踪，防止敏感数据泄露，并满足合规要求（包括法律法规的要求、监管的要求、合同义务、认证 / 测评机构认可的行业最佳实践等）。这一目标状态是在我们的政策文件中明确的，即我们期望或将要达到的状态。

数据安全治理确定了边界、改进方向，以及朝着目标方向前进所进行的战略决策、组织架构设计、政策制定、监督等活动。

> 💡提示　在实践中，数据安全治理的大部分工作通常是由第二道防线（也就是风险管理部门，比如数据安全管理部）规划方案，然后在董事会或风险管理委员会决策，形成决议后才生效的。

如果把目标比作"交通安全"，那么，治理就包括了以下一系列管理和技术活动：
- 交通安全战略目标，比如"零伤亡"。
- 交通管理参与各方的职责划分，监督与问责机制。
- 交通规则（合规要求）。

以此类推，数据安全治理大致分为如下几个子领域：
- 确定数据安全战略。
- 数据安全组织的设计，确定权责边界、监督与问责机制。
- 制定数据安全政策文件体系（含政策总纲、管理规定、标准规范、流程等）。

15.2.1　数据安全治理的要素

1. 数据安全战略

数据安全战略，就是数据安全的长期目标，可以长期指引大家工作的方向。初看起来，这好像不是个问题，但在实际工作中，往往存在许多误区，比如：
- A 企业："构建安全体系的铜墙铁壁，让坏人进不来"。
- B 企业："构建安全体系的万里长城，覆盖所有业务"。
- C 企业："构建完全隔离的内部网络，让数据出不去"。
- D 企业："要绝对的安全，零损失，不能出任何问题"。
- E 企业："一切都按照最高标准，做到安全能力成熟度最高级"。

这些目标有什么问题呢？答案很明显，成本太高。

事实上，安全也是有成本的，当我们考虑投资安全建设时，也需要考虑投资回报率，比如每投入一块钱，能够避免多大的损失。如果投入 10 元钱，才能避免 1 元的损失，那当然就没有投入的必要。

可见，清晰地定义数据安全战略，并不是想象中那么简单。

第一，"零损失"是一个非常不现实的目标，这将使得成本非常的高昂，最后也不一定能够达成目标。无差别的全面防御，也即重要性不同的业务都采用同样等级的防护措施，对于高敏感业务来说保护力度不足，对于普通业务来说则保护措施过剩。因此，单就范围和成本考虑，执行有差别地保护，区分对待不同的业务和数据，才是正确的选择。先把重要的业务和数据保护好，确保它们不出问题，才是上策。此外，合法合规是我们的底线。考虑安全与业务的双赢，不影响业务的效率，也应是我们追求的目标之一。

在这个基调下，我们的数据安全战略可以描述为：

- 保护敏感数据安全与法律合规，确保敏感数据不泄露。
- 数据作为生产力，保护敏感数据安全，使能业务发展。

重点强调敏感数据，而不是无差别的全面防御。

提示 不建议将本书所介绍的 5A 方法论无差别地用在所有的业务上，而是在已达成共识的政策框架下，先把敏感业务识别出来，针对敏感业务重点防护，先把预算用在真正需要保护的资产上。

第二，数据安全的工作重心应该放在哪里？

业界有有两种典型的做法，一种是"重检测轻预防"（或"重检轻防"），即强调对入侵的检测能力放在最重要的位置；第二种是"事前预防胜于事后补救"，即将安全需求作为产品的基本需求纳入产品的设计开发过程，从源头构建安全，构建数据全生命周期的安全性。具体应该选用哪一种策略，需要结合业务实际情况来看，两种方式都有公司采用。不过，本书推荐的做法是预防胜于补救，从源头构建安全能力。

然后，数据安全是"以产品为中心"，还是"以数据为中心"？

过去的安全实践大部分都是以产品为中心，包括本书第二部分所述的产品安全架构，也是基于产品为中心。当产品的边界越来越模糊，不同的产品间也开始大量复用数据（或内部数据流转、内部数据共享）的时候，也许使用数据目录、数据流图能够更清晰地描述彼此之间的关系，不妨考虑构建"以数据为中心"的架构模式，统一管理数据服务，构成数据中台。在以数据为中心的模式下，可以让数据作为生产力，在此基础上可快速构建出新的业务。当然，在当前阶段，两种模式都是可供选择的，也可以并行存在。

第四，我们既然使用数据安全这个概念，那么全生命周期的数据保护就不得不提。不然，其中任何一个阶段都有可能出现数据泄露事件。

最后，无论使用何种数据安全战略，都需要在主要的利益干系人之间达成共识，获取它们的一致同意和支持。其中，最主要的干系人，预算的最终决策者，应作为数据安全相关项目的赞助人（Sponsor）。

2. 数据安全组织

参与数据安全工作的，不仅有专职的安全团队，也有业务团队，以及审计、法务、内控、合规、政府关系等团队的参与，在落地配合上，全员都会参与。其中，主体部分由图 15-5 所示的组织单元构成。

这是按照前面所介绍的"三道防线"而建立的组织与职责划分。在实际的组织架构中，也许使用了不同的名称，或者承担了更多的职责，但大体上可参考这个模式。

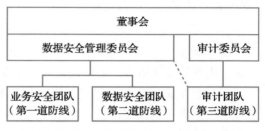

图 15-5　分工协作又互相制衡的治理模式

第一道防线，由业务线里面负责安全职能的团队构成，主要向业务线领导汇报。

第二道防线，由专职的安全部门和团队所构成，主要向安全领域领导汇报。

第三道防线，由独立的审计团队担任，不向第一道、第二道防线的领导汇报，而是向审计委员会或数据安全管理委员会汇报。

> **提示** 安全部门中的大数据风控团队，往往也被命名为业务安全团队，虽然名字中有"业务"两个字，但是实际上属于第二道防线。

进一步展开，还包括指导委员会、技术管理委员会等虚拟组织，为日常数据安全工作的开展提供指导或决策意见。

在团队建立后，还需要为每个团队建立相应的权力和职责描述以及问责机制，且权力与职责对等。如果一个团队无人决策，出了事情总是由一线员工承担责任（俗称"背锅"），那么就是权力和职责不匹配。而问责，通常是指管理问责，即对管理者问责。

数据安全是谁的责任？

在企业内部，往往在安全职责上存在很大的争议，甚至一些高层也没有明白。在发生安全事件后，是"开掉安全工程师"，还是"拿程序员祭天"，已经不是一个笑话，而是发生在我们身边的真实案例。无论是选择哪一个，往往也是于事无补，事后并没有采取必要的系统化的安全改进措施，当下一个安全事件发生后，又会面临同样的抉择。究竟谁才是责任人呢？其实，从数据安全的角度，法律法规已经明确：数据控制者是数据保护的责任人。对企业外部来说，提供网络服务的企业是数据控制者。在企业内部，继续细分就可以看到，第一道防线是数据控制者，因此，业务部门的领导是安全的第一责任人。而第二道防线，是受企业全部业务的委托，作为安全风险的管理部门及安全能力中心为业务安全防控提供指导、监督，并协助解决共性的问题（构建安全防御基础设施、安全组件与支撑系统、风险管理等）。

在安全事件得到处置后，应执行根因分析，才能确定职责归属。如属于产品架构设计、开发方面的原因，则通常是业务的产品架构、开发团队负主要责任。如属于安全配置方面的原因，则运维团队有责任。

对于数据安全的从业者来说，需要具备与职责相对应的技能，这可以通过外部的资格认证、内部的专业培训、上岗认证等形式来完成。

对于员工来说，需要接受相应的培训和意识教育，防止大家在日常工作中的失误、疏忽或者故意的不当操作，引入数据泄露风险。

注意 员工违反管理规定要求而受到的处罚，不是问责。同一个团队内，员工违规的次数多了，明显超出其他团队，则通常意味着该团队的管理者不重视安全意识教育，需要被问责。

3. 政策总纲 / 框架

当我们真正开始着手执行数据安全治理时，应遵循自上而下的原则，先就政策总纲在管理层达成共识，确定整体的数据安全治理原则，而不是直接从身份认证、应用授权、访问控制、审计、资产保护开始。这个政策总纲可以在组织内部自行制定，也可以选择引入业界成熟的标准或框架，比如支付行业可选择 PCI-DSS 作为自己的政策框架。如果面临外部的合规压力较小，而主要的风险来自技术层面，也可以将 Security by Design（从设计上构建安全）以及本书的安全架构 5A 方法作为实践的参考框架。

建立一套完整的数据安全政策文件体系（在下一章详细介绍）通常包括：

- 建立政策总纲。
- 建立数据分级和分类标准，明确数据 Owner 的定义与权利、职责。
- 建立数据安全的管理政策，包括建立最小化权限以及权限分离的相关政策。
- 建立数据安全算法 / 协议标准、产品标准、开发规范、运维规范。
- 建立和完善数据生命周期管理制度，从源头开始对数据保护，覆盖数据生成、存储、使用、传输、共享审核、销毁等。
- 建立针对法律、监管 / 行管所需要的合规要求（网络安全法、PCI-DSS 等），可单独发文或整合到上述规范中去。
- 数据分级和分类清单的建立与例行维护，并考虑建立 / 完善数据安全管理系统，或者整合到数据管理中台（所谓中台，是相对于前台和后台而言的，是统一的中间层基础设施）。
- 风险管理与闭环：基于分级管理，例行开展指标化风险运营，建立并完善风险闭环跟进流程。

- 将安全要求融入到产品开发发布的流程中去。我们可基于业务实际情况，建立适合业务需要的 SDL 流程，对关键控制点进行裁剪或取舍，串行或并行开展安全质量保障、质量控制活动。

其中，控制点就是在流程中设定的必须在本阶段完成的活动或任务，如果不执行该活动或任务，流程就无法继续进行下去。比如产品发布流程中，在正式发布前，可以设立一个产品安全检查的控制点，对 Web 类产品执行漏洞扫描，如果发现高危漏洞，则必须改进后才能发布。

我们把政策总纲以及业界的最佳实践框架等，作为数据安全治理的一部分。而由上述总纲、框架派生出来的其他文件，划入到合规与风险管理的范围。

4. 监督

上面三个要素（战略、组织、政策）是否有效，需要进行监督，接收反馈，加以改进。除了内部监督之外，常用的方法还有外部监督，比如通过外部认证、外部审计，验证治理的有效性。

15.2.2　数据安全治理与数据安全管理的关系

数据安全管理，是在数据安全治理设定的组织架构和政策框架下，从战术层面，对日常的数据安全活动加以管理，执行日常管理决策，达成组织设定的数据安全目标。

数据安全管理中几个较大的领域包括风险管理、项目管理、运营管理，它们和数据安全治理三要素是什么关系呢？

首先，数据安全相关的项目建设与管理是为了支持企业的数据安全战略（如图 15-6 所示），例如构建安全防御系统、检测能力、工具和技术，以及各种支撑系统，为防止入侵和数据泄露起到重要的作用。

其次，运营管理是围绕组织开展的，如图 15-7 所示。比如运营数据经常以部门为维度，加以排名，促进改进。报表 / 报告、改进效果，成为考核团队绩效的重要依据。

然后，风险管理是围绕政策展开的，如图 15-8 所示。以政策为依据，开展风险识别、改进、度量等活动，并用于政策改进。

图 15-6　项目管理围绕战略展开

此外，还有合规管理，是跟风险管理密切相关的一项工作。所谓合规，就是符合法律法规的要求。为了便于业务合规，可以将合规要求融入到政策要求中去，这样，业务合规就统一转化为对内部安全政策的遵从。图 15-9 展示了数据安全治理和数据安全管理之间的关系。

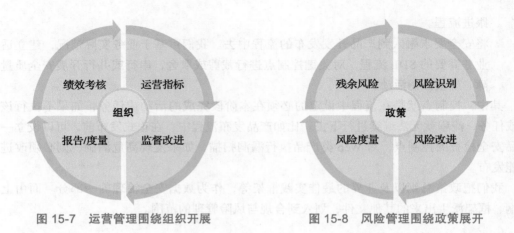

图 15-7　运营管理围绕组织开展　　　　　图 15-8　风险管理围绕政策展开

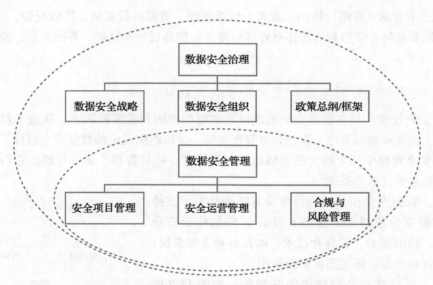

图 15-9　数据安全治理与数据安全管理的关系

　　数据安全管理是如何从战术层面对数据安全治理提供支撑的呢？具体方案可参照图 15-10。

　　第一，数据安全管理通过项目建设，支撑数据安全战略。"巧妇难为无米之炊"，没有安全防御工事和自动化防御能力，难以支撑起"保障敏感数据不泄露"的战略目标，这是安全项目要解决的问题。

　　第二，通过日常运营管理，支撑组织职责、管理问责与绩效考核。"口头上说很重视，资源投入上却很诚实"，自上而下都不重视的话，没有人会将安全措施落到实处。这是安全运营要解决的组织和人员层面的问题。

　　第三，通过风险管理，支撑业务内外合规与风险可控。"你看或不看，风险就在那里"，风险不会自动地凭空得到解决。这是合规与风险管理要解决的外部合规与内部政策遵从问题。

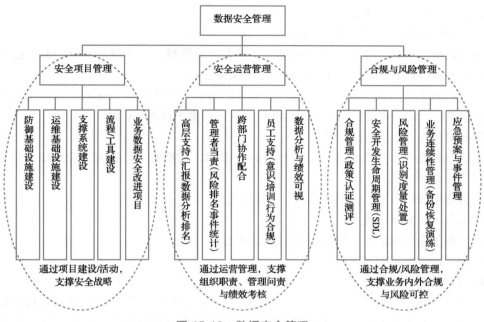

图 15-10 数据安全管理

15.3 安全项目管理

本书所说的安全项目管理，是指 Security Program Management，是为了达成长期目标而采取的一系列活动或项目（Project）的集合。

> Program 不是 Project，但可以包括 Project。Project 通常是指为了创造独特的产品、服务或成果而进行的临时性工作，具有明确的期限。本书主要聚焦数据安全这个专业领域，只介绍跟数据安全专业有关的 Program Management 内容，不包括项目管理（Project Management）这个领域的方法或实践。Program 可以不用立项，也可以不设明确的期限。

本书所涉及的项目管理（Program Management）主要包括为支撑数据安全战略而发起的各种建设性项目，如安全防御基础设施、安全运维基础设施、支撑系统、流程、工具，以及重大的安全改进项目。

"工欲善其事，必先利其器"，各种不断完善的基础设施、流程、工具，为达成数据安全的战略目标奠定良好的基础。它们包括：

- 安全防御基础设施，如抗 DDoS 系统、HIDS、WAF 等。
- 安全运维基础设施，如跳板机、自动化运维平台、数据传输系统等。
- 各种安全支撑系统，如 SSO、权限管理系统、密钥管理系统、日志管理平台等。

- 流程，如发布审核流程。
- 工具，如端口扫描工具、漏洞扫描工具。

这些系统能够协助业务提升防御能力，从各方面降低业务面临的风险。有关这些系统的介绍，已在本书第三部分讲述，这里就不再重复了。

不过，为了保障安全架构能力在各业务线的落地，安全团队最好能够提供统一的数据安全管理系统，或者将数据安全管理功能融入数据管理平台或中台。

数据安全管理系统功能参考：

- 提供数据分级分类信息、数据对应的 CMDB、数据安全负责人、业务线安全接口人等信息的登记。
- 数据的权限申请，含权限明细、有效期等。
- 数据流转的审批或登记。
- 数据生命周期状态的跟踪，直至数据销毁。
- 内外部合规要求与改进指引。
- 使用数据的业务登记。
- 将 "Security by Design" 的相关要求，做成在线的检查表（Checklist），使用数据的业务，对照合规要求与改进指引，执行自检并保存检查结果，可以用于对业务进行设计合规性的度量。
- 风险数据（基于安全团队提供的扫描或检测方法，可视化展示各业务的风险）。
- 改进计划与改进进度的展示与跟踪。

简单地说，数据安全管理系统可以视为数据安全的仪表盘（Dashboard），让大家直观地感受到当前的数据安全风险现状及改进趋势，系统提供的数据可直接作为向上汇报的数据来源。

15.4　安全运营管理

安全运营管理，即日常运营活动的管理。对于安全运营的内涵，业界有很多不同的看法，大体集中在如下两点：

- 把安全当业务来经营，促进防御能力和效率的提升，比如自动化检测与防御。
- 最大化安全业务的价值，包括促进客户信任、提升产品或服务的竞争力、减少损失。

不过，笔者认为，安全运营主要是为了支撑组织履行职责，以及为管理问责、团队绩效考核提供依据。

也就是说，安全运营本质上是为了解决人员和组织方面的问题，促进各安全从业人员提升主观能动性，从结果上看，由于各干系人的积极参与，安全的效率和价值也得到最大化（殊归同途）。

1. 高层支持

公司高层通常都不是安全领域出身，对于安全领域不够了解是很正常的现象，加上高层自身工作繁忙，有些高层对于安全工作不重视也在情理之中了。

但是，安全领域又非常需要高层的重视和支持。无数实践证明，只有自上而下地推动，才是安全工作得以开展的强有力的动力。而自下而上的努力，基本都失败了。

这里所说的重视，不是指口头上的重视，而是在人力、财力、内外部资源等方面的实际支持，必要时也需要为安全领域的工作站台，比如出席安全领域的会议、项目启动会等。

数据安全治理，就是这样一个需要高层支持的工作。要获得高层的支持，一般需要通过汇报来进行，比如向"安全管理委员会"这样的决策组织汇报，或者直接向分管安全领域的高层领导汇报。

那么，应该汇报什么内容，以及希望获得什么样的支持呢？这个问题在汇报前是需要明确的。通常来说，需要包括以下要点：

- 法律法规、监管、合同的要求。其中，以法律法规的强制性要求最为权威。比如《网络安全法》明确规定了网络产品、服务提供者有修复漏洞或安全缺陷的义务；GDPR 要求数据控制者具有能够向监管机构证明自身合规的义务。
- 违法的处罚，比如违反《网络安全法》要求拒不修复漏洞，最高可罚款 50 万元，导致严重个人信息泄露事件的最高可罚 100 万元，对主管个人最高可罚款 10 万元；违反 GDPR 基本原则要求，罚款可达企业上一年度全球营业额的 4% 或 2000 万欧元（取其中较高者），部分国家还将对企业法人实施监禁等处罚。
- 风险现状的总结与分析，含风险等级以及对公司的影响。
- 业界的实践经验参考，主要包括本行业内的头部企业是怎么做的。
- 下一步计划、对公司的意义，以及希望得到的支持，比如建议由高层发起，启动业务改进项目，这一行动在达成合规的同时，将赢得市场的竞争优势地位。

在项目启动时，需要确定关键的指标，量化风险现状，在项目进行过程中，定期更新风险数据，体现出改进进展和趋势，在不定期的汇报或邮件中让高层了解项目的进展或成绩。

2. 管理者当责

所谓管理者当责，就是中基层管理者真正负起责任来。

以业务的管理者为例，通常是作为数据 Owner（或数据安全管理责任人），当出现如下情况时，通常表示需要引起重视了：

- 该业务线近期多次出现同类安全事件。
- 该业务线近期多次出现员工行为违规。
- 该业务线各类安全风险数量及风险等级近期一直居高不下。

这些情况的出现，往往反映出管理者的重视程度不够，缺乏对团队内部的意识教育，缺乏对安全改进工作的支持力度。

安全运营团队，需要通过适当的方式，将此类问题暴露出来并同步到业务管理层。可以采用的方式有风险数据统计与分析、各业务线的改进得分排名（在改进活动中，落后的业务线排名垫底）等。

> 提示 必要时，也需要针对领导不当责、不严格要求团队或团队负责的业务综合安全风险长期居高不下的情况，在风险管理委员会或向更高级别的管理层提出，供管理问责参考。

3. 跨部门协作配合

在如今矩阵型组织中，安全职责分布在不同的团队中，彼此之间分工协作。

团队间不存在管理与被管理的关系，但经常会存在监督与被监督的关系，比如负责推动的团队和负责改进的团队。不同的团队，由于不同的目标、不同的利益冲突、缺乏信任，往往会存在逃避责任、避重就轻等现象。比如运营团队认为亟需解决的高危风险，在业务团队的优先级很低。

良好协作的前提是构建信任，有时候合作进行不下去，仅仅是不想跟"这个人"合作。作为安全运营，需要帮助业务真正地解决问题，建立信任，比如主动解决业务的求助、主动输出培训、主动输出案例与解决方案分享、及时提供技术支持。不能说，"这个问题你们自己想办法解决"，而应多说"咱们一起讨论下解决方案"。

在进行总结汇报时，也要注意分享利益，提及合作团队为克服什么样的困难而做出的努力，感谢合作团队的付出。在申请项目奖项时，主动纳入各协作团队的同事。

4. 员工支持

员工是在安全政策落地过程中参与范围最为广泛的一个群体，也最容易出现各种疏忽或失误，而引入新的安全风险。主要体现在如下方面：

- 绕过流程，不执行流程要求的规定动作（如 CMDB 登记、上线扫描、安全配置）等。
- 绕过安全控制措施，比如绕过跳板机登录。
- 员工的日常行为，有意或无意的数据泄露、违规操作。

以下工作需要员工配合：

- CMDB 即配置管理数据库，存储了一个企业生产网络的基础数据，也是安全运营和风险识别的重要数据源。因此，需要确保跟安全有关的数据，都已正确录入 CMDB。
- 使用合法的运维通道，而不要私建。
- 行为合规，避免引入风险。比如不要借用账号、不要运行不明来历的软件、不要将内部数据泄露到外部等。
- 提高安全意识，防止被钓鱼攻击利用，如 U 盘、邮件欺诈等。

在企业内部推行数据安全时，不是发几个通知就能完成的，也离不开持续的宣传、教育、培训、推广等活动，逐步将数据安全的理念深入人心，将数据安全的最佳实践在内部达成共识。这些意识教育活动包括但不限于如下场景：

- 针对各种人为原因导致的安全风险，加强宣传教育。
- 针对产品自身风险，建立针对各个风险指标的改进指引或解决方案介绍。

- 以业界的热点数据安全事件为契机，结合业务实际，宣传数据安全及改进指引。
- 走进业务，通过培训、交流等形式，在推行数据安全的同时，收集业务的反馈，改进相关环节。
- 各种安全意识教育活动，形式可以多种多样，比如视频、网课、海报、邮件、有奖活动等。

宣传素材参考

1. U 盘的秘密

假设你在路上捡到一个 U 盘，会不会想看一看 U 盘里有什么秘密？事实证明，人类的好奇心，往往是安全的天敌。

2010 年 6 月，震网病毒（Stuxnet）利用 U 盘进行传播，并借此进入伊朗核电站的内部网络，攻击铀浓缩设备，造成离心机损坏等后果。

谷歌反欺诈研究团队的负责人 Elie Bursztein 曾经做过一个试验，在伊利诺伊大学校园里丢弃 297 个 U 盘（贴上了所有者的名字和地址标签），结果 135 个 U 盘被人捡走后都连接了电脑，并且还打开了其中的文件，这个比例达到了惊人的 45%！也就是说，黑客想进入企业的内网其实非常容易，丢几个恶意的 U 盘就可以了。

此外，有一种被称为"Bad USB"的技术，看起来像"U 盘"的 USB 设备在被插入电脑后会模拟键盘、鼠标对电脑进行操作，如打开命令行窗口并输入命令，下载可执行文件运行，可达到窃取信息、控制目标机等目的。

2. 钓鱼邮件是怎么钓鱼的？

钓鱼邮件通常使用伪装的电子邮件地址，冒充内部人员发出通知，引诱收件人在某个伪装的网站上输入办公用途的用户名和口令，盗取收件人的账号信息。

钓鱼邮件相对于 U 盘来说，成本更低，撒网更大，因此往往是企业内网的一个很大的威胁源。为了规避此类问题，可不定期开展钓鱼邮件演习，借此机会强化大家的安全意识。

3. 开源的代价

2019 年 4 月，据南方都市报报道，深圳法院对某无人机公司前员工做出一审判决，以侵犯商业秘密罪判处有期徒刑六个月，并处罚金 20 万元。

原来，该员工将其负责开发的代码上传到开源网站，泄露了用于 SSL 认证的私钥（可导致大量内部数据泄露），给公司造成超过 100 万元的损失。

事实上，员工工作上的成果，其所有权是属于公司的，个人并无权力处置。即使开源，通常也需要遵循特定的流程并以公司名义发布。

---

5. 数据分析与绩效可视

安全运营的一项重要工作，就是对风险度量数据进行分析总结，用于汇报、沟通，发现需要重点关注的问题，以及展示团队取得的成果，让高层满意。度量数据按照团队进行聚合，比如针对选取的风险指标，给各业务线进行打分和排名，以及输出改进的变化趋势，用于评价各团队的绩效。

15.5 合规与风险管理

合规，即符合法律法规、监管的各项要求。不合规，不一定会给业务带来技术性的风险，比如某些行业需要上岗人员具有从业资格认证。如果某公司违反该要求，使用了没有资质的人员，则出现了不合规的问题，有可能面临来自监管层面的处罚，从这个意义上说，不合规也是一种风险。

于是，我们可以把合规与风险管理合在一起，称为"数据安全合规与风险管理"，其目的是为了支撑数据安全治理中的政策总纲与框架，将政策总纲与框架中的原则和精神在日常的产品开发与业务活动过程中落地。

合规与风险管理可以概括为："定政策、融流程、降风险"，如图 15-11 所示。

- "定政策"是指合规管理，包括建立并完善内部政策，使之符合法律法规的要求并作为内部风险改进的依据，以及合规认证与测评，促进合规政策体系改进、业务改进。
- "融流程"是指将安全活动在流程中落地，是管控风险的最佳手段。如果将安全要素融入产品开发与发布相关流程，可保障产品全生命周期的安全性，这也是最需要融入的流程（简称为 SDL 流程）。如果将安全相关要求融入业务流程，可保障业务活动的安全合规，比如融入开源发布流程，检测开源代码安全、移除配置文件中的敏感信息等。
- "降风险"是指风险管理，就是以内部政策为依

图 15-11 合规与风险管理以内部政策为中心

据，在流程中以及日常活动中，评估、识别、检测各业务的数据所面临的风险，根据严重程度对其定级，确定风险处置的优先级，并采取风险控制措施降低风险（控制在可以接受的水平以内），防止风险演变为事故，以及对风险进行度量，提升整体数据安全能力。

> 提示 合规管理（政策文件体系及完善）部分内容较多，将在下一章单独讲述。以下介绍 SDL 与风险管理的相关内容。

15.6 安全开发生命周期管理（SDL）

这一部分内容是为了支撑上一节中的"融流程"。

SDL（Security Development Lifecycle，安全开发生命周期），是将安全要素与安全检查点融入产品的项目阶段以及开发过程，从流程上控制风险的管理模式。

为了直观地了解 SDL 如何将风险消除在产品发布前，我们引入一个消除 SQL 注入漏洞的实例。

15.6.1　SQL 注入漏洞案例

众所周知，产生 SQL 注入漏洞的根本原因是 SQL 语句的拼接，如果 SQL 语句中的任何一部分（参数、字段名、搜索关键词、索引等）直接取自用户而未做校验，就可能存在注入漏洞。

攻击者通过构建特殊的输入作为参数传入服务器，导致原有业务逻辑中原有的 SQL 语句的语义被改变，或改变查询条件，或追加语句执行恶意操作，或调用存储过程等。

在公司没有实施 SDL 流程之前，很多代码类似下面这种写法（以互联网公司常用的 PHP 语言为例）：

```
$id=$_GET['id'];
$conn=mysql_connect($dbhost,$dbuser,$dbpassword) or die('Error: ' . mysql_error());
mysql_select_db("myDB");
$SQL="select * from myTable where id=".$id;
$result=mysql_query($SQL) or die('Error: ' . mysql_error());
```

开发完成后，经过简单的功能及性能测试，就直接上线了，一般过不了多久，就会有漏洞报告过来。很显然，很多教科书也是这样编写的，这里有几个错误：

- 将 SQL 指令和用户提交的参数拼接成一个字符串。
- 缺少分层，将用户交互、数据访问混合在一起编程。
- mysql_error() 将内部数据库的错误直接转发给用户。

假设开发人员并没有经过良好的安全训练，缺乏必要的安全意识，按照前面存在风险的拼接 SQL 的方法编码。在实施 SDL 流程后，让我们来看看这个 SQL 注入漏洞是否能闯过项目的各个关卡，嵌入流程的安全检查点能否发现并消除风险。

第一关：代码审计

如果企业已实施了代码审计这一工序并采购或自研了代码审计工具，会在代码提交时发现代码开发上的错误，以及可能的安全漏洞，给出提示和告警，可根据其提供的参考意见加以改进。

代码审计在很多公司都没有实施，失去了一个很好的提前发现漏洞的机会，潜在的漏洞就进入了下一环节。

第二关：安全自检

项目进行到开发完成，在即将转给测试人员之前，项目流程上有一个安全任务要做：安全自检。

首先，安全团队发布有安全开发规范（名字不一定叫这个），针对 SQL 注入，应该有类似如下的条款：

- 需要带入 SQL 查询语句的参数，只能采用参数化查询机制，将指令和参数分开，而不能采用字符串拼接 SQL 语句的形式。
- 未提供参数化查询机制的，应使用预编译（Prepare）和绑定变量（Bind）的机制以实现 SQL 指令和参数的分离。

流程上会提供一个检查表（Checklist），它由安全团队根据发布的标准、规范等政策文件拟制而成，包含了安全规范的各种检查项，它可以是一个文件模板，员工在评审前填写并提交；也可以是嵌入流程中直接在网页上展示的自检项，在评审前逐项确认（勾选），类似这样：

> ☐ 是否采用参数化查询（或预编译）的机制以实现 SQL 指令和参数的分离，参见防 SQL 注入指引（附超链接）。

在做自检的过程中，发现了不符合项（条款），一般比较容易改进的漏洞，项目组很快就自己改进了，消除了风险。暂时改进不了的，先留在那里，待评估后再议，制定改进计划或采取一定的规避措施之后接受风险。

安全自检做完之后，会有来自安全团队的人员复核，进行风险评估和相应的抽检，没有问题之后放行。

开发人员经历过一次这个流程，就会知道这个规范要求，后续就会优先采用安全的编码，提前规避类似风险，以 PHP 为例，首先看 mysqli：

```php
$mysqli=new mysqli($dbhost,$dbuser,$dbpassword,"myDB");
if($stmt=$mysqli->prepare("select * from userinfo where id=?"))
{
    $stmt->bind_param("i", $id); // s - string, b - blob, i - int, etc
    $stmt->execute();
    $stmt->bind_result($id,$name,$des);
    $row=$stmt->fetch();
...
}
```

其次看 PDO，如下所示：

```php
$pdo = new PDO('mysql:host=localhost;dbname=myDB;charset=utf8', $dbuser,
$dbpassword);
$pdo->setAttribute(PDO::ATTR_EMULATE_PREPARES, false);
$st = $pdo->prepare("select * from userinfo where id =? and name = ?");
$st->bindParam(1,$id);
$st->bindParam(2,$name);
$st->execute();
$st->fetchAll();
```

对于 PHP 来说，推荐优先采用 PDO，经过适当的配置即可很好地预防 SQL 注入；对于 Java，优先使用 PreparedStatement 而不是 statement；对于 C#，优先使用 SqlParameter 对参数进行处理。

如果采用了成熟的 ORM 框架，一般而言，框架已经可以很好地防止 SQL 注入漏洞，与自己写 SQL 语句相比，既提高了开发的效率，安全性方面也有较好的保障。千万不要再自己写过滤了！繁琐不说，写得往往都不好（各种绕过），还影响性能！

如果是按照这种参数化查询（本质是预编译）的方式，SQL 指令和参数是分离的，不会再引入 SQL 注入漏洞。

安全自检任务可以跟方案评审或开发评审合在一起；如果开发过程没有漏洞发现机制，则漏洞被带入下一个环节。

第三关：安全扫描或安全测试

在产品发布前，使用漏洞扫描器或基于一些典型的测试用例，对产品进行安全测试。对于重要的敏感业务，还可以直接请安全团队协助进行渗透测试，在发布前消除大部分漏洞。

第四关：安全配置

产品发布时，运维团队需要基于安全配置规范和脚本，对生产环境的操作系统、中间件等执行安全配置，如：

- 执行通用的安全配置脚本。
- 关闭不需要的端口。
- 指定应用运行的身份，通常来说不要使用 root 账号。
- 对互联网屏蔽后台管理入口。
- 配置静态解析用户上传的资源。
- 统一接入安全网关或部署 WAF，可以让产品在本身仍存在一些缺陷（漏洞）的情况下，具备基本的安全防御能力，将大部分恶意入侵者挡在企业门户之外。

安全验收包括：

- 确认安全部署结果。
- 确认备份及恢复演练，确保备份数据能够用于恢复业务。
- 对于执行 SOD（权限分离）的业务，回收各种账号（修改各操作系统、数据库口令）。

如果这一环节被忽视，例如产品存在漏洞但没有纳入 WAF 保护范围，则产品会面临被入侵的风险。初始配置完成后，进入正式的运营阶段，需基于应急响应流程处理风险，如漏洞报告、安全防御系统的入侵告警等。

15.6.2　SDL 关键检查点与检查项

通常来说，SDL 流程包含的项目阶段和安全检查点如图 15-12 所示。

但在实际工作上，每家企业所使用的项目阶段划分、检查点的设置都是不同的，在大型 IT 企业，项目阶段和检查点相对完备，而在以敏捷著称的互联网行业，则往往很难在发布前执行太多的检查点，通常至多只设一个检查点（上线前的安全扫描），而将主要的精力投在入侵检测等事后工作上。

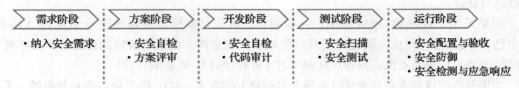

需求阶段	方案阶段	开发阶段	测试阶段	运行阶段
·纳入安全需求	·安全自检 ·方案评审	·安全自检 ·代码审计	·安全扫描 ·安全测试	·安全配置与验收 ·安全防御 ·安全检测与应急响应

图 15-12　SDL 与安全检查点

如何在提高效率的同时，保障数据安全，是一个需要权衡的问题。

> 💡**提示**　针对互联网行业，我们可以考虑在数据分级的基础上，将 SDL 的关注重点收缩到敏感业务上，并采取同步进行的工作方式，即 SDL 上的每一个安全检查点，都不作为项目流程中的强制前提，安全工作同步进行，不设关卡，在发现风险后再加以改进。

15.6.3　SDL 核心工作

1. 安全培训

产品是由人来设计、开发、测试、实施的，参与人员的安全能力和安全意识，不可避免地影响所交付产品的安全性。所以安全团队的日常运营工作还包括持续的宣传、培训、推广等活动。

2. 安全评估

评估就是主动识别产品可能的缺陷、漏洞、不合规等风险，评估的形式包括但不限于：

- 方案架构设计的评估，可通过同行评审、自检等方式完成。
- 代码漏洞的主动发现，可通过代码审计工具来完成。
- 安全测试，可通过扫描、测试用例、渗透测试等方式完成。
- 合规性评估，如隐私保护措施是否符合所有适用法律法规的要求。

15.7　风险管理

这一部分内容是为了支撑"合规与风险管理"中的"降风险"。

15.7.1　风险识别或评估

风险数据可来源于多个渠道，如图 15-13 所示。

这些渠道发现的风险如果得不到良好的跟踪和闭环处理，则很有可能被忽视，成为隐患。需要把它们管理起来，让专门的团队去跟进，典型的做法是建立风险库（一个或多个）。

数据面临的风险，即发生数据泄露的可能性及后果，主要包括：

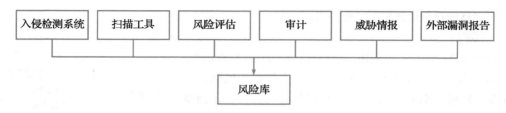

图 15-13　风险数据来源

- 产品自身的风险，如漏洞、设计缺陷，属于技术性风险，一方面依靠技术类规范在产品开发设计阶段控制；另一方面，依靠日常例行的扫描、入侵检测发现风险，并依靠安全防御基础设施拦截入侵动作。
- 合规的风险，如法律法规冲突、未履行监管要求、未满足合同义务等。

对于很多企业来说，扫描或检测的方法很容易理解，但对风险评估，恐怕就不是太清楚了。

在推行数据安全标准 / 规范、业务改进的过程中，或者新的敏感业务待发布，业务方面往往需要专业的安全人员对其产品的安全架构进行评估，确保架构等大的方向上不出安全问题。

在安全架构领域，我们通常直接使用安全架构的 5A 方法论，来审视产品的架构安全性。接下来，我们将以涉及敏感数据的业务为评估对象，探讨如何评估其安全性。如果是普通业务，相应的控制措施可以适当放宽。

什么时候需要进行安全架构风险评估呢？在实施了 SDL 流程的企业，风险评估活动已经嵌入到产品的项目流程中去了，在流程进行到相应的阶段，就会触发相应的安全活动或任务，如方案评审（或同行评审）等。在没有相关流程的企业，安全团队可基于整体的风险现状，主动选择重点业务，开展风险评估活动；当然，如果有业务对安全比较关注，也会主动要求对其进行风险评估。

1. 身份认证

身份认证是一切信任的基础。首先我们需要看这个产品是否提供了针对各种角色（用户、管理员等）的身份认证机制。如果没有任何身份认证机制，则产品基本上没有任何安全可言，这个方案可以否决了。

身份认证机制还要看它采用了哪种方式，是跟 SSO 集成还是独立认证。

如果是独立认证，则往往做不到和 SSO 系统同样的安全性，很可能存在口令存储方式不当、通用口令、弱口令等诸多问题，需要尽可能地避免，如图 15-14 所示。

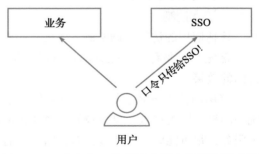

图 15-14　各业务不要自己建用户身份认证系统

更完整的身份认证机制，可参考图 15-15。

2. 授权

我们评估一个产品或应用，应检查它是否存在授权机制。

如果没有，可能存在平行越权、垂直越权的风险。如果存在，继续了解授权方式，是基于角色的授权，还是基于属性的授权（比如资源的创建者，是资源的一个属性，以文档为例，默认只允许它的创建者访问，文档的创建者可记为 document.creator），并判断越权操作的可能性。

当业务使用了应用外部的权限管理系统需要确认这个业务的用户范围，如果属于 To C 业务，参数主要基于用户 ID，外部的通用权限管理系统可能就不适用了，因为这会导致权限管理数据非常庞大，除非这个权限管理系统是给用户专用的。

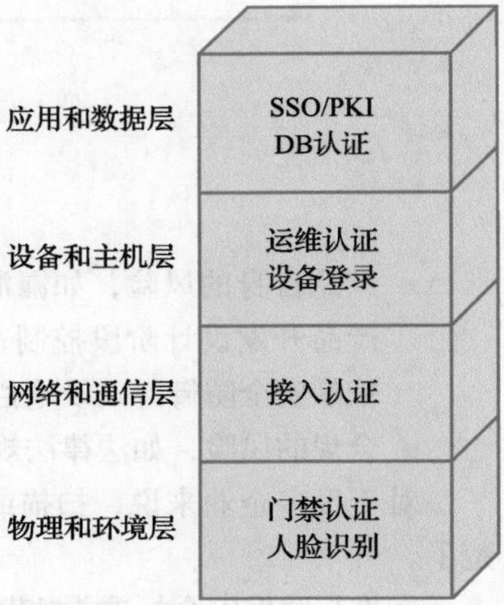

如图 15-16 所示，当员工 Bob 访问应用 A 的统计功能 /stat 时，应用 A 会向权限管理系统查询 Bob 是否有权访问统计功能，权限管理系统在自身系统中查询，检索到一条允许 Bob 访问应用 A 的 /stat 的授权记录，因此向应用 A 返回 Bob 具有权限的响应，这样 Bob 就可以正常使用 /stat 功能了。

图 15-15　各层的身份认证参考

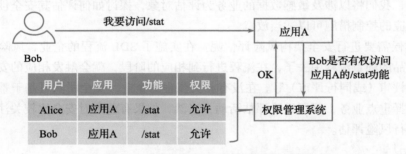

图 15-16　常用于内部业务的权限管理系统

涉及其他层级时，可参考图 15-17。

3. 访问控制

评估应用的访问控制机制，主要就是看它是如何决定放行或阻断用户请求的。

首先，需要看上面提到的授权机制是否已在访问控制措施中落地，能否达到防止越权访问的效果。

应用的接入方式也影响应用的开放范围与隔离机制，比如对于互联网数据中心，通过统一的接入网关接入，可以较好地避免内部高危服务监听外网地址。如果各业务自行对外提供服务，很可能因为一些服务默认监听所有网卡，导致内部高危服务直接对外网开放，从而增加了外部入侵的风险。

　　针对用户可能输入恶意参数的场景，要查看执行了哪些预防措施，例如是否采取了防止 SQL 注入的参数化查询机制（预编译机制）。如果各业务自行设计参数过滤措施，这属于治标不治本，很可能存在漏洞。

　　如果涉及对外提供敏感数据接口，要检查是否存在防批量查询控制机制，比如频率限制（类似 1 分钟内只能查询 10 次）、访问总量控制（类似一天只能查询 100 条）或异常监控等措施。不过，这通常依赖于产品外部的机制，如 Nginx Web 服务器的配置、WAF、风控系统等。

　　各层的访问控制可参考图 15-18。

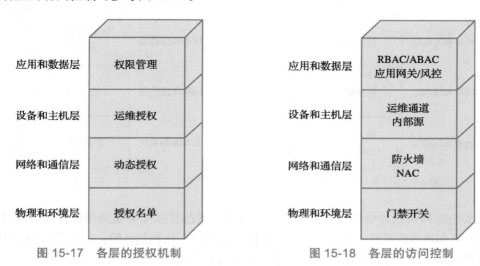

图 15-17　各层的授权机制　　　　　　　图 15-18　各层的访问控制

4. 审计

　　操作日志是供事件追溯、修复风险的重要依据，我们需要审视应用是否记录了操作日志，且有效期是否足够（一般在半年以上），是否具备完整的事件追溯能力。

　　涉及敏感数据的业务是否使用了外部的统一日志平台，且无法从自身删除日志。如果日志仅在本地保留，则黑客可能会将其清理掉，导致无法追溯。

　　完整的各层审计可参考图 15-19。

5. 资产保护

　　涉及敏感数据传输的时候，为保障传输安全，通常需要对传输通道进行加密，其中使用得最多的就是 HTTPS。如果是外网，建议对全部 Web 流量使用 HTTPS 加密。如果是内网，有统一的 RPC 框架，建议在 RPC 框架中统一实现传输加密；没有 RPC 框架的话，建议至少为敏感数据传输启用 HTTPS。

　　涉及个人敏感数据存储时，建议存储加密，首选在应用层显式地对字段值加密后再写入数据库（也就是需要在自己的代码中执行加解密操作），其次是静态（透明）加密（存储层面自动完成，应用层仍按明文进行操作，业务代码中不需要加解密相关代码）。

　　涉及个人敏感数据展示时，应采取脱敏机制（不展示完整信息，使用星号取代部分信息）。

此外，还需要执行数据全生命周期的风险评估，特别是需要评估个人数据在其全生命周期的过程中是否存在泄露风险。

完整的资产保护视图如图 15-20 所示。

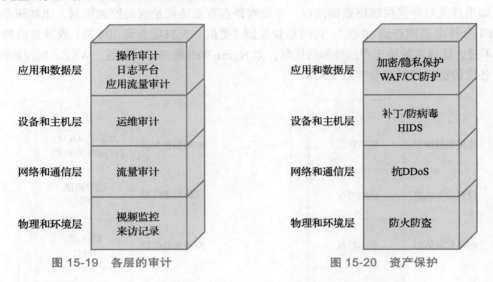

图 15-19 各层的审计   图 15-20 资产保护

在安全架构风险评估中如果发现风险，风险处置的首要原则是降低风险到可接受的水平之内，或彻底消除风险。如果技术上的风险规避措施无法控制风险，如用户钱包可能面临资金被盗风险，应考虑购买保险等技术之外的手段来缓解风险。

最后的选择是风险接受，这里就有问题了：谁来接受风险？谁能接受风险？答案一定是业务的管理层。作为安全团队，应尽到风险告知义务，让业务管理层决策，安全团队是无法代为接受风险的。

15.7.2 风险度量或成熟度分析

风险度量的第一件事，就是选取用于度量的风险指标。风险指标不一定是完备的，不需要 100% 覆盖所有风险，而是基于风险排序，突出需要重点改进的主要风险，分步添加及调整（比如 TOP 3 或 TOP 5）。

风险指标可以从安全架构的要素中选取，比如：

- 身份认证方面，可选取未接入 SSO 认证（用于推动 SSO 单点登录）、登录超时不达标、弱口令或未使用动态口令等指标中的一个或多个。
- 授权方面，可设置越权访问自检指标（自检，就是这一项无法通过扫描的手段获取度量数据，需要业务自行检查）。
- 访问控制方面，可选取使用未接入安全网关的比例指标。
- 审计方面，可使用未接入日志平台的比例指标。

- 资产保护方面，可选取明文传输敏感信息（用于推行 HTTPS）、明文存储敏感个人信息（用于推动加密存储）、明文展示敏感信息（用于推动业务采用脱敏措施）、未安装安全组件比例（用于推行安全检测系统）等指标中的一个或多个。

风险数据化，就是针对风险的度量，将风险用数据量化出来。通过量化反馈，给数据安全体系的持续优化提供依据。

我们先来看某公司 1 到 4 月的几项扫描 / 检测出来的风险统计（仅选取 3 项指标），试试看从这里可以发现什么问题？

从图 15-21 我们可以看出，缺少身份认证的业务数量在减少，高危漏洞数量也在减少，表明这两项风险在大家的努力下是在不断收敛的；但弱口令一项，则呈现出上升趋势，说明在这一块的工作还不到位，需要加强针对弱口令的检测、加强员工安全意识教育宣传或者考虑采用技术手段取消静态口令。

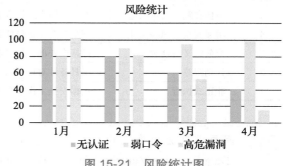

图 15-21 风险统计图

由此可见，风险数据的作用主要就用于度量，包括：

- 展示风险现状，体现出与目标的差距，作为汇报和改进的依据。
- 体现一个考核周期内风险收敛的成果，且可以跟上个考核周期进行对比，可用于考核安全团队的绩效。

风险数据，一方面可来自各种安全检测系统的采集，另一方面也可以来自业务的自检，如果可以从多个渠道获取，则可以互相印证。

所有选定指标的风险数据汇集之后，在同一个页面，按不同的组织单元进行分拆，输出各组织单元（部门）的风险量化指标，并体现出风险收敛的进度比例和收敛速度。这些量化指标可用于直观展示各业务的风险现状，提升业务重视程度，更有利于在不同的业务团队间形成比较或竞争心理，还可以用于考核各业务安全团队的绩效。更进一步，可在上述基础上对各业务团队进行排名，形成你追我赶、竞相改进的局面。

风险数据公示出来，需要保障数据准确无误，不然会收到来自业务的质疑。为了防止数据错误（或只有自检数据），也需要其他的手段来对数据进行复核，如审计抽检。

此外，在重要的时间节点，如月末、季度末、年度末，需要将风险现状定格下来，作为评价的依据，以及下一改进周期的起点。可以通过数据分析，如收敛比例、收敛速度等，体现出业务改进的进度，以及业务在改进方向上所做的努力。

对于通过风险评估识别出来的架构上的风险，通常来说，不是"做没做"的问题，而是"做得好不好"的问题，不方便使用上面的方法进行量化。虽然我们已经有了数据安全在架构上"应该怎么做"的参考，但对于存量业务而言，它们不是强制的，需要体现出"做得怎么样"的问题,以便认识差距,促进改进。这里借鉴一下能力成熟度的概念,讨论如何运用前面所述的安全架构知识点去评估内部各业务的数据安全能力。

我们将安全能力分为 5 级,如表 15-2 所示。以下内容将直接从 3 级开始,作为敏感业务数据安全改进的及格线,4 级可视为良好,5 级则为优秀,供业务改进参考,看看自己的业务处在什么水平,引导业务逐步向最佳实践靠拢。

表 15-2 安全能力分级

级别	能力简述	数据安全架构能力概述
5	最佳实践 + 持续改进	安全架构实践符合最佳实践并具备持续改进的流程机制
4	增强安全 + 风险量化	安全措施接近最佳实践,并具备风险量化与闭环跟进机制
3	充分定义与合规	已按内外部合规要求执行所有必要的安全改进并重复执行
2	计划跟踪	仅具备针对典型高危风险的改进计划及跟进措施
1	非正式执行	数据安全工作来自于被动需求,尚未主动开展数据安全合规与改进工作

 提示 阿里巴巴公司牵头拟制了国家标准《信息安全技术 数据安全能力成熟度模型》(Data Security Maturity Model,DSMM),可作为评价整个数据安全体系的参考。

在对具体业务进行评价或汇报时,可以使用柱状图或雷达图来展示其在架构设计方面跟最佳实践的差距,如图 15-22 所示。

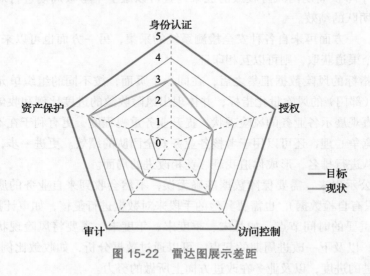

图 15-22 雷达图展示差距

1. 身份认证

表 15-3 所示的分级可供自评参考,3 级相当于及格,4 级相当于良好,5 级可视为最佳实践;在涉及具体场景时可能会跟期望的场景有所出入,完全可以自行加以调整。

表 15-3　身份认证能力

分级	要求	参考
5 级	在 4 级基础上：员工 / 用户入口超时退出时间不超过 15 分钟；	—
4 级	在 3 级基础上：员工 / 用户入口超时退出时间不超过 30 分钟；客户端到后端以及后端之间身份认证具备防重放能力；主机双因子身份认证	客户端到后端以及后端之间如果只有固定的 AppID + AppKey 机制，则达不到该标准
3 级	员工 / 用户入口使用 HTTPS 集成 SSO 双因子身份认证，并具备超时退出机制；客户端到后端以及后端之间具备身份认证机制	客户端到后端以及后端之间如果只有来源 IP 机制，则达不到该标准

2. 授权

表 15-4　授权能力

分级	要求	参考
5 级	在 4 级基础上：具备权限分离（SOD）机制；授权与行权分离；具备权限申请流程	操作系统管理员、DBA、业务管理员分离；流程上不能审批自己提交的申请
4 级	业务自身具备权限最小化机制，且交叉测试通过，能够防止平行越权、垂直越权；具备权限清理机制。	通过交换 URL 测试
3 级	具备基本的权限管理，比如接入了权限管理系统	权限管理系统往往只能控制到 CGI 这一级，无法控制到基于参数值的权限

3. 访问控制

表 15-5　访问控制能力

分级	要求	参考
5 级	在 4 级基础上：完善的自动化运维管理平台	基本不再登录服务器
4 级	具备 ABAC 或其他针对资产的细粒度访问控制能力；针对数据库的访问，具备唯一路径；应用如对外提供服务则通过应用网关统一接入；具备自动化运维平台	典型场景，只能用户自己访问自己创建的数据；使用统一的数据访问层或数据服务，只从一个来源访问数据库
3 级	数据接口具备基本的防遍历拉取能力；具备跳板机或自动化运维平台	比如频率限制、总量限制、来源限制等

4. 审计

表 15-6　审计能力

分级	要求	参考
5 级	在 4 级基础上：日志平台具备发现异常的自动化审计能力	建立基于大数据的分析模型并执行数据挖掘
4 级	在 3 级基础上：日志上传到业务之外的日志平台且日志平台中的日志无法从业务自身发起删除	通过 Web API 或 RPC 上报日志，而不是直接操作数据库
3 级	记录所有对敏感数据的操作日志并保存 6 个月以上	记录时间、来源 IP、用户 ID、操作等

5. 资产保护

表 15-7　资产保护能力

分级	要求	参考
5级	在4级基础上：具备数据分级管理系统及登记、自检或检测机制；数据流转跟踪机制；隐私数据统计接口使用差分隐私等机制	最好是建立统一的数据安全管理系统
4级	使用 KMS 配合的存储加密；内外网 HTTPS 或 RPC 加密；用户侧收集行为合规及采用差分隐私等机制处理	没有 KMS 则数据无法解密
3级	数据分级；无 KMS 配合的存储层静态加密；外网 HTTPS；敏感个人信息展示脱敏；数据登记，业务纳入安全防御基础设施保护范围	应用层继续按明文方式使用存储

15.7.3　风险处置与收敛跟踪

风险定级之后，接下来就是如何推动业务改进或收敛风险了。风险收敛跟踪需要运营支持系统来进行管理和跟进，一般需要覆盖风险列表展示及风险处置流程两个功能。

1. 实时或准实时的风险列表展示

风险列表，或风险清单，含风险描述、风险 Owner 或责任人、风险等级、改进建议等，是用来改进的输入，如图 15-23 所示。

序号	风险描述	风险等级	责任部门/责任人	改进建议
01	XXX业务服务器对外网开放高危服务	高	XXX/XXX	修改监听地址
02	YYY业务存在弱口令且口令已被黑客获取	高	YYY/YYY	修改口令
03	ZZZ业务对外数据接口缺乏身份认证	高	ZZZ/ZZZ	启用身份认证

图 15-23　风险列表样例

实时表示风险是指显示当前最新的状态，只要改进了，风险马上就能从未解决风险列表消失。

准实时通常是受制于条件限制，无法实时展示风险现状，往往只能定期地检测和同步，比如扫描或检测的结果，只能代表扫描或检测时的风险状态，通常这个扫描或检测间隔越小越好，以便让业务尽快看到改进后的效果。

2. 风险处置流程

风险处置流程（如图 15-24 所示）就是跟进风险处理的流程系统，这个流程还可以与办公系统中的"我的待办"整合起来，能够让业务第一时间收到风险通知，跟进处理。

业务在改进完成后，在流程系统中确认修复，这个风险跟进流程才算闭环。

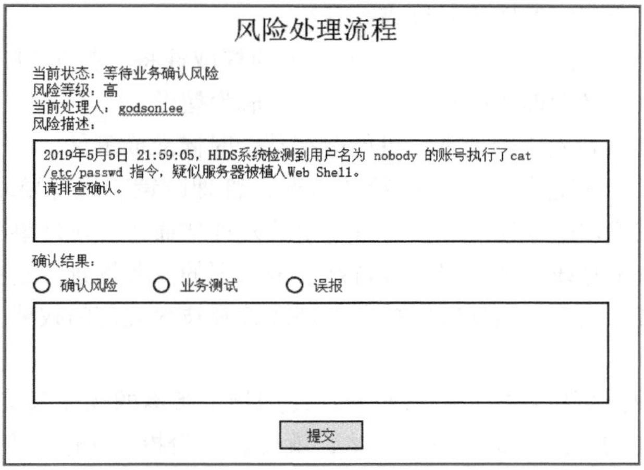

风险处理流程

当前状态：等待业务确认风险
风险等级：高
当前处理人：godsonlee
风险描述：

> 2019年5月5日 21:59:05，HIDS系统检测到用户名为 nobody 的账号执行了cat /etc/passwd 指令，疑似服务器被植入Web Shell。
> 请排查确认。

确认结果：
○ 确认风险　　○ 业务测试　　○ 误报

[　　　　　　　　　　　　　　　　　　]

[提交]

图 15-24　风险处理流程样例

15.7.4　风险运营工具和技术

在中小型企业，一般并不需要对风险进行量化管理；但对大型企业而言，安全团队往往会面临这样的问题：

- 当前企业的安全风险现状是怎样的？
- 如何衡量安全团队的绩效，相对于过去一段时间，风险是否有收敛？
- 安全团队应该重点关注哪些风险，在哪些方面需要重点投入资源？

为了回答这几个问题，我们需要选取重要的风险指标（比如弱口令、高危漏洞数量、风险闭环比例等），将风险数据化（包括风险数量、风险等级等），实时体现当前风险的现状；通过持续化的运营活动，记录不同时间段（比如按天、按周、按月等）的风险，并分析变化趋势是否在收敛，以体现安全团队的绩效；对于那些高危且难以收敛的风险，需要重点投入资源加以攻克。在这个过程当中，通过各类安全运营活动驱动业务安全改进，就需要使用各种安全风险数据化运营工具。

这些工具和技术，有助于安全工作的顺利开展和风险的收敛，可基于实际需要，决定是否选用。

1. 风险总览

风险总览仪表盘或风险内部披露系统，将风险数据通过各种直观的图形（如饼图、直方图、趋势图，如图 15-25 所示）展示出来，反映风险的现状以及风险的变化趋势，可作为改进推动的依据、汇报的素材、风险收敛的趋势判断依据。

2. 例外事项备案登记

试想，如果已知高危风险或问题存在，且跟管理政策冲突，

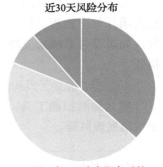

近30天风险分布

■弱口令　　■高危服务对外
■高危开源组件　■高危Web漏洞

图 15-25　风险分布

但又没有得到处理，会产生怎样的后果或影响？

首先，有法不依，执法不严，管理政策要求的权威性将大打折扣；大家看到有的业务不执行，也不处罚，最终管理政策就会流于形式，成为摆设。

其次，风险没有得到妥善的处理，可能会在某个时候酿成事件。

总有一些业务，具有这样或那样的特殊情况，管理政策、规范要求通常也有覆盖不到的时候，这就需要在正常的操作之外，留有一个例外评估通道。例外事项备案登记系统就用于登记各种不符合安全基线原则，但可以特殊安全加固的业务场景。这些场景经过评估和适当加固后，可以让其合法化。这样既坚持了管理政策及技术规范的权威，又照顾到业务的实际情况。

比如企业安全政策可以规定"默认只允许使用指定版本的操作系统"，出发点从安全和效率上看，都是合理的，因为每多一个版本，就要多一份投入（包括安全加固、技术支持、主机安全组件的适配等），减少版本可以降低对运维技术支持的需要，以及降低出现安全风险的概率。但是，可能存在少量业务必须依赖不同的操作系统或版本，这就与管理要求冲突了，如果严格执行管理要求，则业务就无法开展。

类似的情况还有很多，比如对外开放端口，为了简化管理，我们可以制定原则上只允许指定服务（如 HTTPS/HTTP）对外开放的要求，但是这条要求又不能一刀切式地执行下去，总有一些例外是合理的业务需求。

针对这些场景，我们都可以在报备、评估、加固后将其"合法化"。比如操作系统，可执行与标准操作系统相同级别的安全配置；端口在评估后认为风险很小的情况下，可以在登记后开通，如果存在高风险，则可以要求采取身份认证及强口令、最小化权限、限制来源、启用审计等方式。

登记后，还需要经常对登记的数据进行分析，如果是共性的需求，就需要考虑通过正式的解决方案，彻底解决问题。

3. 漏洞（或事件）报告系统

来自外部报告的漏洞（或事件）报告系统：接收外部用户（或白帽子）报告的漏洞，并跟进闭环的全流程支持系统，包括风险确认与定级、业务改进修复、发放奖励、累计积分等。如果没有系统来支持，则只能通过人工登记与跟进的方式，不仅管理不规范，效率也很低。

4. 扫描/检测工具和技术

建立漏洞扫描工具、端口扫描工具，以及其他各类风险检测工具、合规检测工具，用于主动发现风险。

⚠️ 警告　未经授权，扫描外部第三方的系统涉嫌违法；因此相关工具，需要谨慎处理，限制扫描范围，只能扫描自己公司的系统；建议做成 B/S 架构，并在配置中限定允许扫描的目标域名或 IP 范围，也方便各业务通过浏览器访问并自行发起扫描任务。

5. 风险或问题跟踪系统

内部监控、扫描 / 检测工具发现的各种风险，需要通过风险或问题跟踪系统进行跟进直至闭环。这个过程需要人员的介入、流程的控制。

风险或问题跟踪系统包含了风险处理的整个流程：

1）接收各监控、工具发过来的问题或风险。

2）生成风险单据（一个新的流程实例），并发给对应的责任人。

3）责任人排查风险，确认有问题的，确认风险并安排修复（确认误报的，则提供相关说明）。

4）修复风险确认（确认误报的，跳过此环节）。

5）检测团队复核检测风险是否修复（确认误报的，重新审视安全检测策略以及是否修正）。

6）风险或问题已解决，关闭该流程。

每运营一段时间之后，安全团队需要对一个周期内发生的风险进行总结，评估还需要执行哪些活动来改善典型的高危风险频繁出现的问题，例如培训、宣传要点调整、安全意识教育等。

6. 代码审计工具

在代码发布前，使用代码审计工具直接对代码本身进行扫描，对代码质量进行检测的同时，防止引入高危漏洞、后门等。典型的代码审计工具有 Checkmarx CxSuite、Fortify SCA、Coverity、RIPS 等等。

不管是哪一款代码审计工具，在实际工作中往往还需要专业人员的定制维护，降低误报。检查结果可用于统计分析，就频繁出现的安全风险点，有针对性地加以培训、宣传普及，防止重复出现。

7. 项目管理系统

将安全融入产品的开发设计过程，并不是一件简单的事，往往受制于开发设计人员的知识水平。为了普及最佳实践，除了专业的人员参与，还需要借助流程和平台的力量，在项目执行过程中就执行流程中规定的活动，比如对照标准及最佳实践的自检表逐一检查、同行评审等，让这些改进产品安全质量的活动在项目过程中无法绕过，从而提升最终交付的产品的安全性。

项目管理系统作为产品生命周期中重要的安全质量控制工具，担负着从流程上、从源头消除风险的重任。将 SDL 融入项目管理系统，才能逐步从源头消除安全风险。

不过，对互联网企业而言，一般较少使用流程化的项目管理系统，那么如何将安全检查纳入产品的开发、测试及发布过程呢？为了提高工作效率，可以采取的办法有：

- 代码统一管理，提交后触发自动代码审计。
- 减少流程控制点，甚至减少到只剩下一个，只在上线前设置一个检查点，提供统一的 Web 化扫描工具，让各业务对产品进行扫描。
- 基于内部域名登记信息，触发自动扫描。

15.8 PDCA 方法论与数据安全治理

PDCA 指计划（Plan）、实施（Do）、检查（Check）、处理（Action）的缩写，是一个循环改进过程，最早是由美国质量管理专家休哈特博士提出的，由戴明采纳并发扬光大，所以又称为戴明环，如图 15-26 所示。

PDCA 最早用于企业的全面质量管理，企业先把各项工作按照计划、实施、检查、处理这个流程来执行，如果效果好，就将其标准化。这一工作方法，不仅可以用于企业质量管理，也可以用于各项管理工作。比如 ISO 27001 信息安全管理体系，就引入了 PDCA 模式。

试想一下，假设你现在被委任为某企业的数据安全负责人，你将如何着手开始工作呢？我们完全可以借鉴 PDCA 方法论。下面就采用 PDCA 流程开展工作。

图 15-26　PDCA 方法论

1. 计划

如果考虑快速启动，我们可以采取如下的 Quick-Win（速赢）方法。

首先，我们需要了解现状，识别出问题或风险所在，比如，数据安全领域主要面临入侵、数据泄露风险等，隐私保护领域将主要面临法律合规风险。

其次，我们要对主要的风险进行根因分析，找出主要的问题所在，如缺乏相关的管理政策、标准、规范，或缺乏安全防御防御设施、支撑系统，或缺乏针对风险的度量反馈与持续改进机制等。对找到的原因还需要进行排序，分清主次，以便确定解决方案的优先级，如图 15-27 所示。

图 15-27　根因分析与解决方案制定

然后，需要设定改进的目标，并为此制定整体的解决方案与计划。这里的解决方案，不仅仅是技术层面的系统建设，也包括管理、运营等各种手段，如制定发布管理类文件、标准 / 规范类文件、意识教育宣传、培训、考试、流程建设、响应机制等等。可以将目标分解为一个个小目标，安排不同的团队来完成，并设定时间限制。

对于大型企业来说，我们首先需要参考数据安全治理的几个主要领域：战略、组织、政策总纲 / 最佳实践框架，制定这些领域的建议稿，并筹备下一步计划，在各利益干系人之间达成共识，并提请数据安全领域的最高决策机构（风险管理委员会或董事会）决策发布，构建数据安全治理的基石。在已经具备部分政策文件的前提下，可以同步启动风险识别活动。

2. 执行

在数据安全治理方面的基石已经确定的情况下，可以执行具体的数据安全管理活动，如项目建设、运营、合规与风险管理。确定整体解决方案和计划之后，按照预定的计划，设计出具体的行动方案，按计划的进度执行。比如分工协作，分别完成不同的任务。

对于数据安全来说，通常包括如下任务：

- 项目建设，如安全防御基础设施的建设（抗 DDoS、HIDS、WAF 等）、安全支持系统的建设（SSO、KMS、日志平台等）、流程建设、工具建设（如扫描器）。
- 安全运营，包括意识教育活动、培训、宣传等。
- 合规与风险管理，包括政策、标准、规范等文件体系的建设，以及基于合规政策的风险改进活动（政策、标准、规范等文件的内容也是需要落地的，发现风险后，通过风险闭环流程驱动改进直至关闭。

3. 检查

阶段性地检查计划执行的效果，对风险进行度量（即风险量化），评估执行效果，及时纠偏。例如：

- 检查业务对内部文件的符合性（合规性），以及改进的情况。
- 风险度量，即用数据来描述当前的风险，以及风险的改进趋势。
- 发起扫描或渗透测试，看看实际防御效果。
- 发起专项审计。

检查、度量的目的就是发现问题，并反馈到安全体系的改进中去，作为安全体系持续改进的输入。

度量数据，特别是风险收敛数据，常用来作为团队绩效考核的依据。

在各种成熟度模型中，通常也将度量（或量化）作为达到第四级成熟度的标志。

提示 成熟度模型通常分为五级，三级的标志是"充分定义"（即充分的文档化，可视为及格线），四级的标志是度量，五级的标志是基于度量和反馈的持续改进。

---

4. 处理

这一环节，是对之前的工作加以深度思考的总结（或称为"复盘"），作为下一步决策和管理问责的参考，并在下一步工作中进行巩固或纠正。

做得好的地方，可以视为成功的经验，为巩固成绩，可将其作为标准，文档化记录下来，并整合到相关的管理、规范、流程文件中去。

做得还不够的地方，作为遗留问题，将在下一个循环中重新作为风险项输入，并再次

考虑新的解决方案去解决它。

就这样，通过不断的计划、执行、检查、复盘纠正，让整体数据安全能力水平上一个新台阶，如图 15-28 所示。放在其他工作领域，同样可运用 PDCA 方法，让我们的工作做得更好。

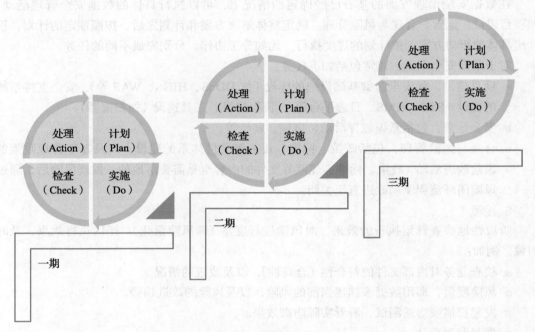

图 15-28 循环改进

第 16 章
数据安全政策文件体系

这一章将介绍数据安全的四层文件体系，以及构成该体系的数据安全政策总纲、管理政策、安全标准以及技术规范。其中，政策总纲是数据安全治理的三个核心要素之一（另外两个是战略、组织），奠定整个政策文件体系的基调。管理政策、安全标准以及技术规范，是数据安全合规管理的主要交付内容。

16.1 数据安全文件体系

数据安全文件体系，即一系列管理、标准与规范、流程、指南、模板等文件的文档化记录。

在企业规模尚小的时候，也许根本用不上建立政策文件，或者说虽然已经具有了一些政策文件但不是很完善。当企业开始规范化运作的时候，特别是需要通过外部的认证、测评的时候，文档化的文件体系就是必不可少的了，如等级保护三级认证。当需要通过相当于成熟度三级的有关认证时，相对完善的政策文件体系更是必不可少。

在各种能力成熟度模型里面，通常分为五级：
- 第一级为临时的或不可重复的实践做法
- 第二级为可重复的实践做法
- 第三级为充分定义的政策、流程、控制措施，并文档化发布
- 第四级为可量化（度量）
- 第五级为基于度量、定期审计的反馈与持续改进

其中，第三级一般可以认为是及格线，从第三级开始，要求具备相对完善的文档化的定义，包括风险、控制程序要求、流程遵从等领域的严格定义，并在实践和治理活动

中遵从这些文件。如果你所在企业还没有建立起相对完善的政策文件体系，那么是无法通过相当于成熟度三级的相关认证的。

16.1.1　四层文件体系架构简介

通常我们在设计文件体系的时候，可按照四层文件体系来进行设计，如图 16-1 所示。这四层文件体系为：

- 第一层：政策总纲 / 实践框架，属于该领域内的顶层文件，包括该领域工作的目标、范围、基本原则（或政策方针）、组织与职责等，授权各级组织按照设定的角色和职责，动用组织资源来为目标服务。顶层文件不引用下层文件。

图 16-1　四层文件体系

- 第二层：管理规定和技术标准 / 规范。
- 第三层：操作指南 / 指引 / 流程。
- 第四层：交付件模板、Checklist

（即若干检查项的清单或列表，可用来逐项检查是否符合，并打勾√）。

其中，政策总纲 / 实践框架属于治理的范围，属于治理的三个元素之一（另外两个是战略和组织）。第二层到第四层属于合规管理的范围，其主要职责是：

- 构建一套符合法律法规、监管要求、合同义务、行业最佳实践以及业务发展需要的政策文件体系。
- 作为风险管理的输入和依据（风险管理即风险评估 / 识别、风险改进、风险度量、风险总结与残余风险的管理等）。
- 与时俱进，基于外部环境如法律法规的变化、外部审计、认证 / 测评、业务变化、各种反馈，优化调整政策文件体系。也就是说，这个"规"也不见得就完全是合理的，也需要持续改进。

> 提示　这个模式仅供参考，如果你的企业追求高效率，也有可能将它们融合在一起，只是这样的话，不太利于后期维护，如果有机会对其进行重构，建议按照上述四层文件体系进行设计。

16.1.2　数据安全四层文件体系

按照上述四层文件体系，适用到数据安全领域，则数据安全四层文件体系设计如

图 16-2 所示。

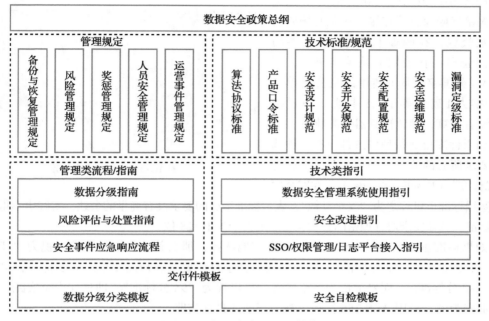

图 16-2　数据安全四层文件体系

备注　文件名称仅供参考，并不表示你也需要照搬此做法。在实际场景中具体制定哪些文件，需要根据业务实际情况进行调整。

第一层为数据安全政策总纲，属于顶层文件，一旦发布，一般不会再轻易修改，因为它规定了整个数据安全体系的目标、范围、各项基本原则（数据分级分类、授权）等，是各团队赖以共同协作的纲领性文件。

第二层为管理规定、技术标准 / 规范。

第三层为操作类的流程 / 指南、技术类指引等文件。

第四层为模板。

16.1.3　标准、规范与管理规定的关系

看到如图 16-2 所示的文件体系图，可能有读者会问，管理规定、标准、规范之间到底有什么区别和关系呢？

先从最容易理解的"标准"说起，比如秦始皇推行的"车同轨，书同文，统一度量衡"（如图 16-3 所示）就是标准。

古代没有轮胎，马车行走必定会留下车辙，相同轨距的马车可以利用现有的车辙快速行

驶，而不同轨距的马车，只要一边车轮陷进车辙里面，马车就失去平衡了。

1999 年，美国的一颗价值 1.25 亿美元的火星气候探测器在接近火星时偏离轨道而被烧毁，在调查中发现，探测器的供应商公司一直使用的是英制单位，而 NASA（美国宇航局）使用的是公制单位（比如推力 1 磅约等于 4.5 牛顿），发送指令时没有换算，导致探测器偏离轨道。

图 16-3　"车同轨"标准

如果标准里面每种场景都只有一种选择，要求所有的业务都必须满足，那就是"基线标准"（Baseline Standard）。在安全领域，基线标准也可称之为"安全红线"，表示标准里面的要求没有商量的余地，实践中不得低于基线标准。例如要求对称加密的密钥长度必须大于等于 128 位。

如果标准里面，除了最低要求，还有其他选择，那么其中的最低要求可视为"基线标准"，可以理解为"60 分标准"，即及格线；介于最低要求和最高要求之间的标准，可以理解为"80 分标准"；而要求最为严格的部分可以视为"95 分标准"，即最佳安全实践。以对内容加密为例，采用 AES 256 往往可视为当前的最佳实践。

具有多种选择的技术标准，可以看成是一个备件库，里面有指定规格的零配件。我们在制定管理规定或技术规范的时候，可以引用标准中的条目，比如在某种安全要求高的场景下，只能使用标准中的那些强度比较高的算法。

在管理或风险治理领域，最为典型的分级标准，就是能力成熟度标准。

能力成熟度标准通常可分为五级，其中三级要求充分定义活动过程以及文档化，可视为及格线；四级要求可度量，即量化（用具体的数据来描述风险程度），可视为 80 分标准；五级要求基于度量的量化反馈和持续改进。

为内部各业务的数据安全能力制定成熟度标准，可以参考表 16-1。

表 16-1　数据安全能力成熟度标准参考

级别	能力简述
五级	持续优化级，最佳实践＋基于度量的量化反馈和持续改进
四级	可度量级，增强安全＋风险量化
三级	充分定义与合规、文档化
二级	可重复的活动过程
一级	单例，基本不重复

内部的数据安全能力成熟度通过选定一批指标，为每一个指标设定达到该级别应该具备的能力，让各业务对照自检，评价现状和差距，并可以用柱状图或雷达图表示出来，如图 16-4 所示（内圈表示每个指标的现状）。

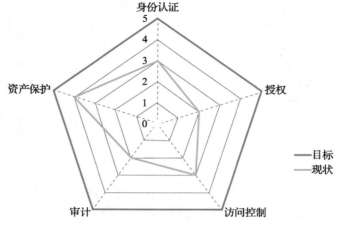

图 16-4　雷达图表示现状跟目标的差距

　　简单来说，标准就是解决"有什么组件（或套餐）可以提供"的问题。通常来说，标准中并不直接规定最终的落地要求，不直接作用于业务，承接这一重要职能的文件就是规范了。

　　规范，就是适配业务场景的技术要求；在技术要求中，可以决定选用什么标准来适配业务场景，比如规范中可以要求采用 AES 256 加密标准来对敏感个人数据加密。

　　上面把标准比作备件库，那么规范就是组装作业规程，决定使用什么样的工具、备件以及组装过程。

　　在技术规范无法覆盖的业务场景，通常使用管理规定（或管理要求），作为非技术性的控制手段，降低风险，如规定组装作业时必须佩戴安全帽。在安全领域，条件成熟的企业可以发布一个管理规定，要求敏感业务必须至少达到数据安全能力成熟度三级要求（当然，前提是企业已经发布了数据安全能力成熟度标准）。

　　总而言之，管理规定、技术规范都是为了降低风险而采用的控制手段，在管理规定或技术规范中都可以引用某个内部标准。如果业务场景比较简单，将管理规定、标准、规范合在一起也是没有问题的。

16.1.4　外部法规转为内部文件

　　外部的法律法规、监管要求、行业标准、实践参考多种多样，是无法直接在企业内部作为合规基线的。为了对内部安全进行规范化治理，我们就需要把各种各样的外部要求转化为内部文件，作为开展工作的依据。

　　笔者之前在制定数据安全相关文件的时候，往往很少有需要直接引用法律条款的情况，采用的方法大多是拿着外部法规、业界最佳实践、外部标准等，对着我们现有的文件查漏补缺，看看还差什么，"差什么就补什么"，来完善内部文件体系，如图 16-5 所示。

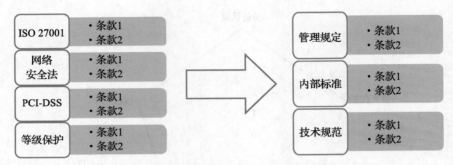

图 16-5　外部法规标准转化为内部文件的一种方法

上面这种方法在转入隐私保护领域"立法"的时候，就不太好使了，因为隐私保护领域严重依赖外部的法律法规，而且如果涉及国际业务，法律法规的种类、地域适配、条款要求非常多（数百部法律文件），上述模式极易遗漏重要的法律条款，从而给业务带来法律风险，需要寻求另外的方法来支持，我们在第 17 章介绍将外部法律法规转化为内部文件的方法。

16.2　数据安全政策总纲

数据安全政策总纲，即数据安全领域的顶层文件，可以将其看成是一个在管理层达成共识的授权令，授权各级组织按照设定的角色和职责，动用组织资源来为数据安全目标服务。

政策总纲通常需要包括：

- 数据安全的目标。
- 数据安全的范围。
- 强调对数据分级与分类管理（具体分级分类在管理政策部分）。
- 数据安全组织与职责。
- 授权原则。
- 数据保护原则。
- 数据安全外部合规要求。
- 对人为原因导致的数据安全事件的问责要求。

16.2.1　数据安全的目标和范围

数据安全以数据的安全收集、安全使用、安全传输、安全存储、安全披露、安全流转与跟踪为目标，防止敏感数据泄露，并满足合规要求。

数据安全要保护的范围：

- 各种结构化数据，包括存放于数据库、缓存系统中的数据。
- 非结构化数据，是指数据结构不规则，没有预定义的数据模型，不便用二维表来表现的数据；主要包括各类文件如办公文档、文本、图片、音频、视频等。
- 资源：网络资源、计算资源、存储资源、进程、产品功能、网络服务、系统文件等。

　　数据安全涉及的组织范围：全体。数据安全不仅仅是安全团队的事情，也需要业务的重度参与，且业务才是业务数据安全的首要责任人。

　　做安全有自上而下和自下而上两种做法。一般做得好的企业都是采取自上而下推动的模式；而自下而上的模式，安全往往不被重视，项目推动困难。

16.2.2　数据安全组织与职责

　　从制定数据安全政策，到最终实施，需要组织推动、各方协调和配合，才能逐步落地。数据安全组织，就是数据安全政策从制定到落地，并持续优化改进的组织保障；简单地说，就是我们要推行数据安全政策，需要哪些组织单元（在企业里面通常为部门、工作组等）协同工作，各自的分工是什么样的，各自承担什么样的职责。

　　数据安全组织的种类如表 16-2 所示。根据企业规模、特点，一个安全团队也可能兼职上述多种角色。在政策总纲里面，可以规定上述角色和职责由什么部门承担。

表 16-2　数据安全组织 / 角色

数据安全组织 / 角色	职责描述	建议团队
数据安全政策的制定者	负责建立、解释、持续优化企业内数据安全相关的管理政策、标准、规范要求等，作为业务数据安全改进的依据；对业务数据安全改进提供必要的支持，包括但不限于运营宣传、改进指引、数据安全解决方案的风险评估及合规判定等	由负责企业整体安全的安全团队担任
数据安全改进的推动者	负责推动数据安全政策在所负责业务领域的落地；作为政策制定者和政策执行者之间的桥梁，收集业务反馈意见并参与数据安全政策优化评估	通常由来自业务的安全团队担任
数据安全改进的执行者	负责数据安全解决方案的实际落地，包括但不限于自行开发、整合现有的数据安全解决方案等	业务团队
数据安全解决方案的提供者	为共性的数据安全问题提供通用的解决方案，避免各业务重复造轮子	安全建设团队
数据安全合规的审计者	负责审计业务内外部合规情况，并对各方提出改进建议	安全审计团队
数据 Owner	或称为数据安全责任人、数据安全管理责任人等，负责数据安全权利主张、数据流转的审批、数据安全风险的决策等，对所负责业务线的数据安全负责	由来自业务管理团队的成员担任

16.2.3　授权原则

　　这里的授权，是指对角色或人员的授权。通常来说，授权的原则有如下几点可供参考：
- 仅授予相关角色或人员以完成业务工作所需的最小权限。
- 在涉及敏感数据的权限时，需考虑权限分离（SOD，Separation of Duty）；在一人承担多个重要角色时，往往可能导致授权漏洞的发生，最典型的场景是，会计和出纳如果由一人担任，会出现贪腐现象；开发人员和运维人员分离，可在一定程度上防止随意变更、数据无意中泄露的情况；操作系统管理员、数据库管理员、业务后台管理员由不同的员工担任，可防止其中某一个人窃取数据的风险。

- 授权与行权分离，负责审批权限的人不能执行，即不能审批自己提交的权限或业务单据。

16.2.4 数据保护原则

数据保护原则包括：

- 明确责任人：应确定每个业务领域的数据安全责任人。
- 基于身份的信任原则：默认不信任企业内部和外部的任何人 / 设备 / 系统，需基于身份认证和授权，执行以身份为中心的访问控制和资产保护。
- 数据流转原则：数据流转，包括但不限于数据共享给其他业务、数据流出当前安全域等，应经过责任人审批。
- 加密传输原则：外网 Web 业务应采取全站 HTTPS 加密，内网对重要的敏感数据加密传输。
- 加密存储原则：对敏感的个人信息、个人隐私、UGC 数据、身份鉴别数据，采取加密存储措施。
- 脱敏展示原则：当展示个人信息时，应采取脱敏措施。
- 业务连续性：建立备份和恢复机制。

16.2.5 数据安全外部合规要求

数据安全外部合规要求包括：

- 法律法规：包括但不限于《网络安全法》《数据安全法》《个人信息保护法》，以及开展国际业务可能涉及的其他数据保护法规，如 GDPR、CCPA 等；其中《个人信息安全规范》虽然暂未强制执行，但其内容预计会在接下来的立法规划中转化为法律，如个人信息保护法。
- 认证 / 测评要求：如等级保护测评，适用于 CII（关键信息资产）。
- 审计要求：如适用于美国上市公司的 SOX 审计。
- 监管要求：来自特定行业（金融、支付、证券、保险等）的监管要求。

具体需要对标哪些合规要求，需根据业务实际需求来判断。

16.3 数据安全管理政策

数据安全管理政策文件包括数据分级和分类、风险评估指南、风险管理要求、事件管理要求、人员管理要求、业务连续性管理等。

16.3.1 数据分级与分类

数据分级通常是按照数据的价值、敏感程度、泄露之后的影响等因素进行分级；通常分级一旦设定,基本不再变化。

数据分类通常是按照数据的用途、内容、业务领域等因素进行分类;数据分类可随着业务变化而动态变化。每一个数据分级可对应多个数据分类。

数据该怎么分级,业界并没有统一的标准,企业可根据实际需要进行分级。一般可以分为二到五级,例如:

- 甲公司可能使用"公开""内部使用""秘密""机密""绝密"五级。
- 乙公司使用"公开""内部使用""敏感"三级。
- 丙公司使用"普通""敏感"二级。

分级和分类的目的是为了对不同分级或分类的数据采用不同的防护措施,分级和分类越多,管理成本就越高。

如果你正面临数据分级的问题,笔者建议在满足合规要求的前提下,尽量使用简单的分级分类规则,推荐使用三级,如表 16-3 所示。

表 16-3 数据分级分类参考

数据分级	数据分类	说明	数据保护重点
敏感数据	敏感个人数据	如证件号、生物特征、银行卡号、手机号、地址等,以及儿童个人信息;各种交易/通信/医疗/运动/出行/住宿记录、财务/征信/健康状况、关系链、生物基因、种族血统、宗教信仰、性,以及敏感的 UGC 内容(用户创建的不便于公开的内容,如相册、文档、日记等)	加密、脱敏、去标识化、隐私法律合规等
	身份鉴别数据	如用户口令、系统口令、密钥	加密
	敏感业务数据	如预算、计划、敏感业务文档	水印、流转跟踪、加密(可选)等
普通数据	一般个人数据	如姓名、出生日期	脱敏
	一般业务数据	可以在内部公开的数据	安全使用
公开数据	公开数据	如新闻、公关、博客、自媒体数据	合规审核

16.3.2 风险评估与定级指南

风险评估与定级有很多种方法,ISO 27001、ISO 13335、信息安全评估指南等均包含风险评估的内容。

这些评估方法基于资产价值、漏洞、威胁等因素,可以概括为:

- 弱点(漏洞等)等级越高,发生风险的概率越高,从而风险越高。
- 威胁(黑客、内部人员等)等级越高,发生风险的概率越高,风险越高。
- 防护措施(安全加固、防御措施等)越弱,发生风险的概率越高,风险越高。
- 资产价值越高,发生风险后造成的影响越大,从而风险越高。

前面三个都跟风险发生的概率(可能性,简记为 P,即 Probability)有关,第四个为风险发生后的影响(简记为 I,即 Impact)。

风险（Risk）公式可总结为 PI 矩阵，即：

```
Risk = P * I
```

为了直观地感受 PI 矩阵的分布，我们使用图 16-6 的样本数据：概率 P 从 1/512 指数增长到 1/2，影响 I 用损失价值来描述，从 100 元指数增长到千万元级（至于这里为什么采用指数增长，而不是线性增长，这是基于人的感受来决定的，比如从 900 万到 1000 万，感受上差不太多，但线性差距 100 万，也是很大的一个数值）。

39062500	76294	152588	305176	610352	1220703	2441406	4882813	9765625	19531250
7812500	15259	30518	61035	122070	244141	488281	976563	1953125	3906250
1562500	3052	6104	12207	24414	48828	97656	195313	390625	781250
312500	610	1221	2441	4883	9766	19531	39063	78125	156250
62500	122	244	488	977	1953	3906	7813	15625	31250
12500	24	49	98	195	391	781	1563	3125	6250
2500	5	10	20	39	78	156	313	625	1250
500	1	2	4	8	16	31	63	125	250
100	0	0	1	2	3	6	13	25	50
I/P	1/512	1/256	1/128	1/64	1/32	1/16	1/8	1/4	1/2

图 16-6 PI 风险矩阵

风险通常可以分为三级：高、中、低；我们在图 16-6 中用不同的颜色来表示，风险以潜在的损失价值来计算，假设小于 1 万元为低风险，1 万到 10 万为中风险，10 万以上为高风险（仅为举例，每个企业都可以根据自己业务的实际情况来制定自己的风险评估方法和定级标准）。

可以看到，最终的风险定级跟资产价值的相关性最大，这也是我们特别强调要重点保护敏感业务的原因。

如果只需要简单地对风险分级进行定性，可以使用图 16-7 的简化风险评估方法。

这些评估方法常用于管理性质的风险评估、风险定级或风险量化，此处不再展开。

在安全技术领域，实际工作中用得最多的还是直接基于业务重要性和漏洞类型的风险定级，其中：

■ 业务重要性，决定了风险发生后对企业的

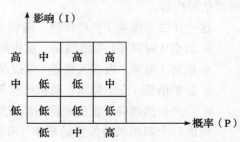

图 16-7 简化的风险定性方法

影响程度。

- 漏洞类型，决定了漏洞被利用的概率，以及被利用后进一步影响其他业务的概率

这部分的定级标准，我们将在后面的数据安全标准部分讲述。

无论是采用哪一种评估方法，一个企业内部通常需要约定（或选定）一种风险评估方法，用于在各利益相关人（stakeholder）之间达成共识，减少分歧。

风险等级的高低，在很大程度上统一了内部各团队对风险的看法、重视程度，以及改进时限要求，不然就会出现安全团队认为某个风险很高但业务团队不以为然的情况，一方说"这个漏洞很严重，需要修复"，另一方说"这个漏洞风险很小，不必处理"，无法达成共识，浪费大量的时间，改进工作也推不下去。

16.3.3　风险管理要求

1. 风险 Owner

风险 Owner（风险所有者）这一角色的确定，对风险管理非常重要，因为无人认领的风险就意味着风险可能会持续存在。

风险 Owner 是有责任、有义务管理业务安全风险的业务管理者。由管理者担任，由上级委派给下级解决，也符合安全工作自上而下推动的原则。

2. 风险指标

风险指标是按不同的组织单元进行分解后的量化指标，包括：

- 各种风险等级、各种风险类型的风险数量。
- 风险收敛的比例和速度。

这些量化指标可用于直观展示各业务的风险现状，提升业务重视程度，更有利于在不同的业务团队间形成比较或竞争心理。这些量化指标，还可以用于考核各业务安全团队的绩效。例如表 16-4 中几个不同的团队在选取的若干指标上形成对比。

表 16-4　量化指标

团队	弱口令	越权	明文传输	高危漏洞
取经团队	20%	30%	25%	20%
念经团队	30%	20%	35%	10%

更进一步，可在上述基础上对各业务团队进行排名，形成你追我赶、竞相改进的局面。

3. 风险处置与闭环

如果发现风险未能得到及时处理，则风险可能酿成安全事件。

如图 16-8 所示，发现风险，首先应考虑降低风险的措施，如修复漏洞、启用安全防御策略等，并对风险收敛的时限加以管控，针对不同等级的风险，采取不同的管理要求，比如高风险需要在 24 小时内解决，而中风险可以放宽时限，低风险可以在基层决策是否接受。

遇到风险无法通过管理或技术手段降低的时候，也可以考虑风险转嫁措施。

提到风险转嫁,你是否觉得这不太厚道呢?风险转给他人不就是损人利己么!其实不然,这里提到的风险转嫁,并不是指嫁祸于人,而是业界已经广泛使用的风险规避措施。比如,卫星发射,通常需要购买保险,而保险公司为了规避风险,还会再次购买其他更大的保险公司的保险。又如,某手机钱包为用户购买了账号安全险,防止资金损失。购买保险就是最常见的风险转嫁措施。

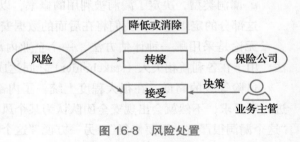

图 16-8　风险处置

此外,供应商的失误,给自己所在企业的业务带来的风险,可以通过合同严格区分责任界面,虽然是转嫁给供应商,但供应商为自己的失误买单也是非常合理的。常见于供应商提供了质量不合格的产品、服务质量不达标(比如你公司购买了某安全厂商提供的抗 DDoS 服务,结果拦不住合同约定流量限额内的攻击)等。

如果风险无法通过上述各种方式得以降低或规避,那么最后的选择就只有接受风险了。但接受风险就意味着风险并没有消除,将来发生事故后需要有人来承担责任,所以以决策接受风险的人,一定是来自业务管理团队的人。接受风险的决策,也需要形成文字记录,留存备案。

16.3.4　事件管理要求

在处置安全事件时,一个基本的原则是"以快速恢复业务,降低影响为主要目的",而不是立即找到事件发生的根本原因。

在入侵事件发生后,应启动应急响应,包括:

- 应急团队:统筹协调,联系业务,事件定级并视严重程度及时同步到相关人员(如业务侧管理层、公关、法务、社交媒体官方账号运营责任人等)。
- 入侵检测与防御团队:提取关键日志,定位受损业务,实施拦截策略。
- 业务团队:采取应急措施,中断入侵行为。

事件定级可决定该事件应该上升到哪一层级,确定卷入的人员、团队范围,以决定是否采取更多的措施,例如当数据泄露开始在社交媒体传播造成影响时,可及时在官方社交网络账号上同步处置情况,安抚用户,有效防止谣言的产生。

为了体现从源头预防的思想,事件一旦定位到原因,就一定需要第一时间卷入原因的责任方,比如开发设计方面的失误,就卷入业务方案设计与开发团队的人员,哪怕是在凌晨三点。从职责上看,业务方才是第一责任人,理应对自身疏忽或失误负责。如果源头的错误都由其他人解决了,那么同样的错误还有可能再犯。

事件按照其影响,从高到低,可分为多个级别,简单起见,我们以三级为例,如表 16-5 所示。

表 16-5　事件分级参考

分级	定位	分类	典型场景
一级	可给企业或广大用户带来重大影响或经济损失	批量敏感数据泄露，如涉及个人数据，可定位到自然人	包含敏感数据的数据库被拖走、API 数据接口由于没有认证等机制被批量查询窃取、通过 SQL 注入窃取了批量敏感数据
		敏感业务不可用	敏感业务遭遇 DDoS 攻击时无能力缓解、系统宕机、网络故障
		敏感业务内容被篡改	门户网站首页被篡改
二级	可给企业或用户带来中等影响或干扰（如骚扰电话）	批量普通数据泄露，或敏感数据泄露的记录小于 N 条，如涉及个人数据，可定位到自然人	普通数据库被拖走、API 数据接口由于没有认证等机制被批量查询窃取、通过 SQL 注入窃取了批量普通数据
		普通业务不可用	普通业务遭遇 DDoS 攻击时无能力缓解、系统宕机、网络故障
		普通业务内容被篡改	普通业务首页被篡改
三级	对企业或用户影响轻微	少量普通数据泄露，如涉及个人数据，无法定位到自然人	入侵事件中被窃取的数据不产生实质影响
		边缘业务不可用	系统宕机、网络故障
		边缘业务内容被篡改	边缘业务首页被篡改

在事件得到控制，风险解除之后，需要开始对事件进行复盘，按时间顺序还原入侵事件的详细入侵路径、所利用的漏洞类型、攻击方法，对其进行研究并找出风险点，给出防御措施，包括业务自身的改进、安全防御系统的策略覆盖或防御规则的升级。

16.3.5　人员管理要求

人员包括员工、访客、合作伙伴等，需要遵循、配合相应的安全管理政策、流程。人员有意识或无意识的各种行为，可能给业务带来风险，因此需要加以规范。

这里也借用安全架构的 5A 方法论，来分析人员与行为管理上应当覆盖的场景。

1. 身份认证

身份认证，是对访问者身份的确认，是授权、访问控制、审计等其他一切安全机制所赖以信任的基础。身份错了，则后面的一切控制机制就失灵了，因此安全上不能容忍冒用账号的行为。

典型的身份认证机制失灵场景是**借用账号**，包括：

- 借用他人账号：自己没有权限或权限不够，借用有权限操作的相关人员的账号。
- 出借自己的账号给他人（含代为输入口令）：他人没有权限或权限不够，将自己的账号口令告知他人（或代为输入）。

这两种情况，授权均基于输入的账号，而非操作者本人，违背了安全控制的本意。因此，在员工行为管理上，需要纳入"禁止互相借用账号"的条款。

正确的做法是，如果确属业务需要，员工访问业务系统不具有相应权限或权限不足时，应该通过正规的渠道，申请相应的权限，如图 16-9 所示。

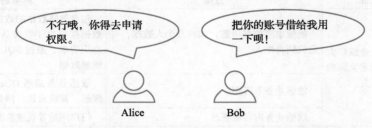

图 16-9 账号是一切安全机制和信任的基础，不能外借

2. 授权

对敏感业务的授权，在满足最小化授权的基础上，还需要体现出 SOD、授权与行权分离的原则，不要授予同一个员工多个彼此协作的权限。

SOD 是指权限分离（Separation of Duty）。在一人承担多个重要角色时，往往可能导致授权漏洞的发生，最典型的场景是，会计和出纳如果由一人担任，会出现贪腐现象。因此开发人员和运维人员分离，可在一定程度上防止随意变更、数据无意中泄露的情况；操作系统管理员、数据库管理员、业务后台管理员由不同的员工担任，可防止其中某一个人窃取数据的风险。

图 16-10 授权与行权要分离

授权与行权分离是指负责审批权限的人不能执行，即不能审批自己提交的权限或业务单据审核，如图 16-10 所示。

3. 访问控制

需要防止员工从事恶意行为，如 DDoS 攻击外部第三方网站、收集或破解口令、大量发送垃圾邮件，以及编写或发布后门程序等。

其中，后门程序是可绕过正常的身份认证、授权、访问控制、审计机制，执行高权限操作的相关程序，如图 16-11 所示。典型的后门程序包括：

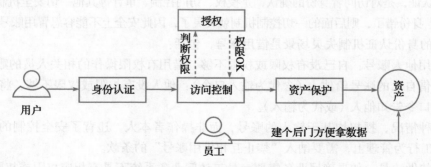

图 16-11 绕过安全机制建立后门

- 私建的后台管理入口。
- 私建的任意操作系统命令执行入口或任意 SQL 指令入口。
- 其他特权指令，如可远程触发停止服务的指令，或定时停止服务的逻辑炸弹等。

4. 可审计

内部的一些安全机制，通常也会占用一部分系统资源。有的业务团队为了降低这部分资源消耗，可能会破坏、干扰、屏蔽各种安全监控系统或安全工具的运作，如：

- 屏蔽企业内部的扫描器（这样做，用"掩耳盗铃"来形容相当贴切，因为自己人就发现不了漏洞，而只能由外部的黑客来发现，如图 16-12 所示）。

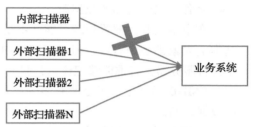

- 停止 HIDS 入侵检测服务（停止后 HIDS 检测机制失灵，就不能发现入侵及触发告警了）。

需要让大家认识到这样做的风险，不要破坏内部安全机制的运作。

图 16-12　屏蔽内部安全机制后就只有外部黑客来发现风险了

5. 资产保护

员工对资产保护不当，很容易导致数据泄露事件。下面列举一些常见的场景。

第一，未经审核私自对外开源。未经审核就自行将公司业务代码对外开源，在程序界是一个较为普遍的现象，殊不知，这带来了很多的问题，典型的有：

- 损害了公司的知识产权：工作中输出的代码，版权归公司所有，因此个人是无权直接决定开源的；如果是公司行为，开源也需要经过一系列的审核。
- 配置文件中敏感数据泄露：口令、密钥属于敏感数据，一旦无意中泄露，就给黑客进行内网渗透提供了方便。

第二，主动泄露内部信息到外部，典型场景：滥用内部权限，提供内部信息给外部人员，比如帮猎头好友查询内部通讯录等。

第三，安装高危软件。典型的场景是安装盗版或带毒软件，将风险引入办公或生产网络。

第四，随意处置或丢弃敏感文档等。在 APT 入侵中，往往会通过收集企业丢失的打印资料，从中获取有价值的信息，因此包含敏感信息的资料不能随意丢弃，不用时需要安全销毁（比如使用碎纸机）。

第五，个人持有生产环境的敏感数据副本。生产环境的敏感数据，除了正常的业务使用之外，不应该直接以数据源本身存在的原始形式流出生产环境。应当不允许在个人电脑或在非备份用途的介质上保留生产环境的数据库备份或其他敏感数据副本。

第六，未经授权使用其他业务敏感数据。前面讲到，数据 Owner 负责数据安全权利主张、数据流转的审批、数据安全风险的决策等，对所负责业务线的数据安全负责。因此，不得绕过数据 Owner 直接私下对接对方业务的执行层员工，并使用其数据。

第七，拒绝打补丁或修复漏洞。打补丁及修复漏洞，对于防止安全事件的发生非常重要，需要明确谁对此事负责，及时打上补丁或修复漏洞。

16.3.6 配置和运维管理

1. 配置管理

这里所说的配置管理，不是指该如何设定业务系统的各种配置文件或加固措施，而是在 CMDB（配置管理数据库）中登记与维护更新，维护 CMDB 的及时性和准确性，并将 CMDB 作为安全监测的数据源。

在小型企业，配置管理可能并不是刚需，总共才那么几台服务器，上面装了什么东西，基本上大家都心中有数；但是对于大中型企业来说，CMDB 就必不可少了，试想如果有几十万台服务器，有谁能够记住每台服务器的情况呢。

CMDB 不仅记录了企业有多少设备，更重要的是，它记录了我们开展安全工作所必需的数据，如：

- IP 地址，可以作为主机层安全扫描的数据源输入，可以作为该地址是否存在敏感数据的标记。
- 使用的域名，可以在发生安全事件后第一时间根据域名找到相应的业务团队。
- 操作系统、容器类型及版本，可以在第一时间基于威胁情报，统计出哪些设备需要紧急打上系统安全补丁，防止漏洞被外部利用。
- 服务端口，没有登记的端口将被视为可疑的行为（可能来自黑客、木马等）。

可以说，CMDB 记录的数据不完整或不及时更新，也将在很大程度上影响企业的安全防御能力。

CMDB 记录的数据粒度越细，则维护 CMDB 的成本越高，所以一些公司 CMDB 只登记最基本的信息，其他安全工作所需要的信息几乎全部采用安全组件自动采集的方式来完成。具体记录哪些信息，需要根据管理和业务的需要进行权衡。

2. 运维管理

运维管理，即规范运维操作，如使用自动化运维管理平台或跳板机、只从内部源部署开源组件、执行安全加固等。这一领域，应该将自动化运维能力的提升作为改进的方向，即：

- 建立自动化运维的基础设施，让日常的例行运维操作都通过自动化运维平台来实现，如批量脚本发布、文件发布、内容发布等。
- 建立通用的服务基础设施，如统一接入、数据服务，让业务不再单独部署自己的 Web 服务器或数据库服务器等通用服务。
- 引导业务尽可能地将日常操作纳入自动化运维平台。

只有在自动化运维能力覆盖不到的场景下，才使用第二选择：通过跳板机进行运维，以及执行运维审计。除了这两种选择之外，不应该再有其他选择，比如用户直接登录到目标服务器而不经过跳板机进行运维是不可接受的。

此外，运维管理还应包括：

- 运维人员资质要求，如仅限正式员工运维。
- 流程上的要求，如经过安全扫描或代码审计，无高危漏洞才能发布；域名管理与登记，特别是企业存在多个顶级域名的情况下，需要对域名用途进行限定。
- 部署区域要求，企业一般存在多个网络安全域，该如何部署（如是否强制要求通过 HTTPS 网关统一接入），应有规范约定。
- 对使用开源组件的要求，例如只能从内部源下载。
- 按照已发布的安全配置规范进行加固，包括补丁以及病毒防护要求。
- 是否启用 WAF、HIDS 等安全防御设施。

16.3.7　业务连续性管理

业务连续性管理（BCM，Business Continuity Management）是为了应对各种天灾人祸等异常情况而采取的预防性管理与技术措施。

这些异常情况包括：

- 自然灾害：地震、台风、海啸、洪水、火灾等。
- 人为灾害：黑客入侵、网络 DDoS 攻击、内部破坏或泄露数据等。
- 其他如供电中断、硬件故障、软件故障等导致的服务中止。

企业应遵循业界最佳实践（目前已有 BCM 国际标准 ISO 22301），采用系统化的方法来测试业务、执行数据备份与恢复演练。

这里我们仅从安全架构的角度考虑，探讨最常见的做法。

1. 异地热备高可用方案

在面临天灾如地震、海啸等情况下，可能会出现整个机房不可用的情况，这时就需要为重要的业务建立异地灾备机制。

对于分布式业务来说，首选考虑异地多节点的自动热备机制（异地多活），在其中任何一个节点失效的情况下，其他节点仍可正常工作。在异常发生后，需要做到将故障节点的流量引导到其他节点即可恢复业务。

对于非分布式业务，可以考虑异地冷备机制，但冷备的数据不是最新的，会遇到数据的丢失问题，只能用于那些对增量数据不敏感的业务，比如防病毒管理系统。

安全防御基础设施、安全组件与支持系统（SSO、权限管理等）为大量业务所共同依赖，因此也需要提前建立异地容灾机制。

2. 应急预案

在出现漏洞报告、黑客入侵、DDoS 攻击、数据泄露事件后，需要启用应急响应，以尽快恢复业务为首要目标，再来总结分析背后的原因。

这里面，除了DDoS可能有常态化的防御与响应机制，在其他几种场景下，当事件发生后的应急预案包括：

- 卷入相关业务团队，共同应对。
- 止损：能止损的场景立即止损，如切断入侵路径、封禁相关IP、通知用户修改口令、回滚恶意的操作或交易等。
- 溯源与风险评估：包括漏洞利用或入侵的全过程（时间点和操作），评估受影响的范围。
- 事件总结与改进优化：改进业务缺陷、优化安全防御策略等。

3. 数据备份与恢复演练

数据备份方面会出现的问题包括：

- 没有备份。
- 备份不完整，无法使用备份的数据恢复业务。
- 备份未经恢复测试验证，不确定能否基于该备份恢复业务。

为了避免上述各种情况，需要建立基于备份的恢复演练（检验）机制。

备份与恢复演练需要基于具体的业务，执行应用级的备份，并需要评估备份的内容是否能够恢复业务，以及定期执行恢复演练。

16.4 数据安全标准

数据安全标准，即数据安全领域内可重复或共同使用的约定或准则，是政策文件体系中的一部分。本节将介绍如下内容：

- 算法与协议标准。
- 口令标准。
- 产品与组件标准。
- 数据脱敏标准。
- 漏洞定级标准。

16.4.1 算法与协议标准

在安全的工程实践中，"不要自行设计加密算法"已是大家的共识，使用经过实践检验的、成熟的加密算法是最佳的选择。这里不是反对创新，而是让学术上的事情归学术、工程上的事情归工程，加密算法涉及大量理论与学术研究成果，理应由学术圈的专家来设计。我们作为使用方，没有必要自己造轮子，往往造出的轮子也不安全。

以下仅给出适用于当前（2019年）工程实践的推荐算法，但随着时间的推移和攻防对抗力量的此消彼长，推荐的部分算法可能会在将来不再适用；因此，选用的算法需要保持与时俱进并需要具备适度的超前性。

1. 对称加密算法

关于对称加密算法，需注意以下几点：

- 除非法律法规或监管层面有单独的规定（例如国内金融行业有使用 SM 系列加密算法的要求），推荐默认选用 AES（Advanced Encryption Standard）加密算法。
- AES 支持的三种密钥长度目前均是安全的，推荐首选 256 位。
- 除非清楚地知道各种模式的区别，否则推荐选用 GCM 模式（Galois/Counter Mode）

即默认情况下，我们推荐首选 AES-GCM-256 加密算法。

AES 是一种常用的对称加密算法，但是在实际使用中，又会遇到选用什么模式的问题，比如 CBC、ECB、CTR、OCB、CFB、GCM 等。本书不打算深入加密算法本身，因此，仅基于工程实践，给出建议：如果不知道选用什么模式，那就选 GCM 模式，除非你清楚知道各模式的区别。

GCM 是在加密算法中采用的一种计数器模式，带有 GMAC 消息认证码。AES 的 GCM 模式属于 AEAD（Authenticated Encryption with Associated Data）算法，同时实现了加密、认证和完整性保障功能；而其他不带认证码的模式无法实现消息的认证，这是源于一个密码学的常识：

加密不是认证，一般的加密解密过程可以理解为多轮转换或洗牌，就算密文被篡改，也是可以被解密的，只是解密出来的数据是乱码。计算机并不能区分这个是否乱码（只能人眼区分），或者是否具有可读的意义。

在 GCM 模式出现之前，AES 对称加密只是确保了消息的保密性，加密后的消息即使被篡改了，通常也可以被解密，只是解密出来的结果是乱码，并不能确认消息的发送者以及消息的完整性。

对称加密的典型使用场景：

- 数据存储加密。
- 后台节点间、客户端到服务器之间的认证加密（同时实现身份认证、传输加密）。

SSO 系统的身份认证通过之后，用户可以在会话有效期内不再执行身份认证，与 SSO 系统不同，认证加密机制对每一次交互都执行身份认证。

2. 非对称加密算法

在当前阶段，非对称加密算法推荐：

- 如果选用 RSA，首选 RSA 2048。
- 如果选用 ECC，首选 ECC 224。

典型适用场景：

- 协商 / 交换对称加密密钥。
- 身份认证。
- 数字签名（即使用私钥加密待传输的内容）。

由于非对称加密算法的效率不高，不适用于对大量内容进行加密，因此真正对大量数据进行加密的部分还是需要对称加密算法来完成，非对称加密算法仅用于安全地传递对称加密密钥。

3. 单向散列

单向单列可分为两类：

- 常规的单向散列，如 SHA256、SHA384、SHA512、SHA-3 等，首选 SHA256。
- 慢速散列，如 bcrypt、scrypt、PBKDF2 等，如果选用 PBKDF2，推荐配合 HMAC-SHA256 使用。

用于口令存储时，推荐的做法是：

- 用户侧不传递原始口令，在用户侧使用任何一种慢速加盐散列处理后再发送给服务器侧。
- 服务器侧收到用户侧发送过来的慢速加盐散列结果，推荐选用 SHA256 加盐散列继续处理。
- 无论使用哪一种散列算法，都需要加盐。

> 提示　MD5、SHA-1 是过去常用的常规单向散列算法，但由于已经发现了碰撞实例，不再推荐使用。

4. 消息认证

推荐使用 HMAC-SHA256。

为了便于理解，我们把 HMAC 的作用总结为一句话：带着 HMAC 消息来，我就相信你。相信是你说的，相信内容完整无误（未经篡改）！

HMAC 的用途包括：

- 身份认证：确定消息是谁发的（对约定的消息进行运算，比如请求的参数以及当前时间戳）。
- 完整性保障：确定消息没有被修改（HMAC 运算结果不包含消息内容，通常和明文消息一起发送，不能保障消息的保密性）。

5. 密码学安全的伪随机数生成器

在生活中，有很多需要随机数的场景，例如生成随机样本、生成密钥、抽奖等。如果涉及利益，往往出现意想不到的情况，如 2016 年某公司年会抽奖现场 CTO 审核代码。

在无外部输入的情况下，计算机本身无法产生真正随机的随机数，最多只能产生密码学安全的伪随机数，即 CSPRNG（Cryptographically Secure Pseudo-Random Number Generator，密码学安全的伪随机数生成器）。而我们的目的也正是如此，希望得到的随机数是密码学上安全的。

从表 16-6 中，大家是否看出了一点规律？通常数学函数库所提供的随机数函数，基本都不是密码学安全的随机数，应首先考虑使用操作系统提供的功能或加密库提供的相关函数。

表 16-6　伪随机数生成器

平台	推荐的随机数生成器	不推荐使用
Unix/Linux	/dev/urandom	—
Golang	crypto/rand	math/rand
Java	SecureRandom()	Math.random
JavaScript	window.crypto.getRandomValues()	Math.random
C#	System.Security.Cryptography.RNGCryptoServiceProvider	—
Python	os.urandom()	—

6. 传输协议

关于传输协议，有以下几点注意事项：

- 推荐首选 TLS 1.2 及以上版本，新业务推荐直接使用 TLS 1.3 或以上版本。
- 完全不要使用 SSL 1.0、SSL 2.0、SSL 3.0 等版本。
- TLS 1.0 也不安全（已被发现漏洞），不推荐使用；使用 TLS 1.0 的网站也不符合 PCI-DSS（支付卡行业数据安全标准）要求，支付类网站需要禁用。
- TLS 1.1 虽未发现明显漏洞，但各方面已被 TLS 1.2 超越，不推荐使用，PCI-DSS 也强烈建议弃用 TLS1.1。

根据 Mozilla 基金会的统计，当前主流浏览器已相继停止支持 SSL3.0，且 TLS1.0/TLS1.1 使用占比已低于 2%。谷歌、微软、火狐、苹果相继宣布，对 SSL3.0/TLS1.0/TLS1.1 的支持时间截止到 2019 年 12 月，2020 年起，对仍旧使用 SSL3.0/TLS1.0/TLS1.1 协议的网站，将强制进行不安全提示或禁止访问。作为对个人用户的建议，建议在"Internet 选项"中，取消勾选这些低版本，如图 16-13 所示。

16.4.2　口令标准

1. 服务侧静态口令标准

能够与 SSO 集成的场景，均应使用 SSO 身份认证，并配合动态口令或双因子认证，验证员工的身份。

不得不使用静态口令的场景（如数据库口令、没有与 SSO 集成的主机口令），应满足静态口令标准，以下几点可供参考：

- 不得使用默认初始口令。
- 不得使用通用口令（即一个口令在多处使用）。

图 16-13　停止使用低版本的加密传输协议

- 口令长度不小于 14 位。
- 口令应包含大写字母、小写字母、数字、符号。

为什么是 14 位呢？假设黑客已经拿到口令的 HASH 值，拟通过暴力破解的方式来尝试获取原始口令。键盘上可用作口令的字符一共有 94 个（大小写字母 26×2=52，数字 10 个，符号 32 个，不含空格），让我们基于当前世界上最快的计算机（每秒运算量级为 10 的 17 次方，仅按量级来算，假设一次运算即可尝试一个口令）来计算一下：

```
>>> import math
>>> math.pow(94,14)/(86400*365*math.pow(10,17))  # 一天 86400 秒，计算所需年数
1333.470288463579
>>> math.pow(94,13)/(86400*365*math.pow(10,17))
14.185854132591265
```

可见，当位数为 13 的时候，理论上最快 14 年可以破解。

2. 员工口令标准

参考标准：首选使用 SSO。

如果业务无法与 SSO 集成，则：

- 口令长度不小于 10 位。
- 口令应包含大写字母、小写字母、数字、符号中的三种。

3. 用户口令标准

参考标准如下：

- 口令长度不小于 8 位。
- 口令应包含大写字母、小写字母、数字、符号中的三种。
- 建议不上传用户的原始口令，先在用户侧执行慢速加盐散列处理后再上传（基于安全上的"默认员工也不能信任"的思维，这种先在客户端执行预处理的做法可以防止员工在服务器侧收集用户口令）。

用户口令可通过检测并展示口令强度、提示的方式，告知用户风险，因为涉及用户体验的问题，是否采用强制策略需要权衡。

16.4.3　产品与组件标准

提到产品与组件标准，可能读者会有疑问，为什么产品、组件也需要标准呢？

让我们先来看几个场景：

- A 业务使用 Windows Server 2012、IIS 8、SQL Server 2012
- B 业务使用 CentOS 7、Nginx 1.8、MariaDB 10.3
- C 业务使用 Debian 9、Apache 2.4、PostgreSQL 9.3
- D 业务使用 Ubuntu 16、NodeJS 10.15、Oracle 11

这几个场景选取了操作系统、Web 服务器、数据库这几个常用系统或组件的组合，假

设我们不加任何约束，其中每一类组件可选的产品大约 10 个左右，那么生产环境中存在的组合大概就可能有 1000 种（$10 \times 10 \times 10$）之多，这还不包括其他的组件。至于为什么要考虑组合的种类，主要是因为不同的组合会影响安装、配置的方式，体现在技术支持上，那么技术文档以及支持能力就需要考虑各种场景。

这么多的组合，这就对技术支持团队提出了挑战，如果希望运维支持团队关注到每一种产品及可能的组合是不现实的。

对安全团队来说，通常需要对常用的组件制定配置（或加固）规范、加固脚本，如果需要适配这么多的组合，也是不切实际的。

此外，安全组件、安全防御基础设施，往往需要基于实际的部署环境进行定制，如 HIDS（主机入侵检测）、主机 WAF（Web 应用防火墙）、RASP（运行时应用自保护）等安全产品均依赖于具体的主机环境，完全适配各种组合也是不可能的。

因此，我们需要基于员工的技术栈与能力现状、产品或组件在业界的流行程度等各种要素，来**约定**大家共同使用的产品及版本清单，在提升运维支持效率的同时，也能让安全能力覆盖到推荐的各种组合中去，降低攻击面。

注意这里用了约定这个说法，表示推荐给业务选用，尽量不要使用清单之外的其他组件，这样做的好处有：

- 可以提供更好的技术支持。
- 可以更好地跟企业内部的安全产品适配，获得安全防御或告警的能力。

如果业务不遵循这个约定，用了约定之外的组件，会怎样呢？

- 首先，因为使用量少，企业内部的专业技术支持力量不会专门为其提供技术支持。
- 安全检测能力可能覆盖不到，在发生入侵事件时不能发出告警，最终损害的还是业务自身的利益。

这就是我们需要产品与组件标准的原因，在具有多种产品或组件可以选择的时候，约定可以使用的产品清单，以提高安全防御与技术支持的效率。对于少量特殊场景，可采取报备、评估、加固的方式，降低风险后再使用。

用于 PC 机以及办公业务时，也是同样的道理，对大家最常使用的办公产品或开发工具进行约定。

1. 操作系统标准

选用什么样的操作系统，业界并没有标准答案，也就是说并不存在选用某种操作系统是正确的而选择其他的操作系统是错误的说法，需要结合业务实际进行约定。

- 服务器侧：推荐选一到两种操作系统并确定主版本，如 CentOS 7，并将安全防御或检测能力植入系统，如安全加固配置、HIDS 安全组件等。
- 用户侧：推荐选用大家都比较熟悉的系统并确定主版本，如 Windows 10，并实施安全政策相关的配置，如入域或将原身份认证模块替换为 SSO 认证模块、组策略、网络准入控制等。

任何产品都有其生命周期，操作系统也有更新换代的时候，当新一代操作系统开始普及，也要积极拥抱变化，主动适配，及时刷新产品标准，而存量的业务如果没有面临重大风险的话，可继续使用原来的标准直至退役。

2. Web 服务器标准

推荐约定使用少量几种 Web 服务器组件并确定主版本，如 Nginx 1.10、NodeJS 10 等。

3. 数据库标准

推荐约定使用少量几种数据库组件并确定主版本，如 MariaDB 10 等。

4. 容器基础镜像

目前用得最多的容器是 Docker，与虚拟机相比，Docker 性能更好，在同样的硬件环境下，可运行的容器数量远远多于可运行的虚拟机的数量，支持快速批量部署，但隔离性要弱于虚拟机。

容器的基础镜像，可以理解为容器内的操作系统，是容器内应用赖以运行的环境。如果各业务都采用自己的基础镜像，那么安全解决方案就无法统一适配，最终无法达到预期的安全效果。对容器的基础镜像进行约定，可以统一开展运维、安全检测等工作。

5. 用户侧标准

用户侧电脑终端：

- 使用指定的防病毒软件。
- 配置指定的补丁更新地址。
- 入域或将原身份认证模块替换为 SSO 身份认证模块。
- 安装 / 使用指定的网络准入控制与策略检查客户端软件。

员工电脑是大家的生产力工具，使用得最多，也最容易出现各种问题。使用统一的环境，将有助于 IT 技术支持人员快速定位及解决问题。

6. 限制使用的服务

有些服务已经过时，存在较多安全问题，应限制尽量不要使用，最好是禁止使用。例如 FTP、Telnet，存在明文传输等风险。FTP 的使用还会给防火墙管理带来麻烦，因为涉及多个端口的开放，而能够真正弄明白 FTP 各种模式（主动模式和被动模式）以及所需要开放的端口的人员不多，带来的沟通和管理成本也很高，强烈建议禁用。

文件共享服务，因为涉及多端口及潜在的入侵风险，也应严格限制，在业务中尽量避免使用。

FTP 主动模式下，客户端先和服务器 TCP 21 端口建立连接，并通过 PORT 指令指定客户端开放的数据端口，服务器侧使用 TCP 20 主动连接客户端指定的数据端口；被动模式下，服务器打开一个临时端口（1025 ～ 65535）用于数据传输，客户端访问该临时端口传输数据。无论是哪一种，均涉及多端口的使用，很容易造成防火墙开放大端口范围的策略，建议禁用。

7. 例外场景

约定范围内的产品有时无法满足业务需要，这就需要有一个例外的处理机制，如：

- 在登记备案系统中登记。
- 安全团队介入，提供专业的风险评估与加固意见，实施加固措施。
- 更新产品标准，与时俱进。

16.4.4　数据脱敏标准

数据脱敏，即按照一定的规则对数据进行变形、隐藏或部分隐藏处理，让处理后的数据不会泄露原始的敏感数据，实现对敏感数据的保护。

一般需要在界面展示、日志记录等场景对可以直接定位到自然人的个人数据进行脱敏处理。表 16-7 是一些典型的脱敏标准。

表 16-7　数据脱敏标准

常用个人数据	脱敏标准（仅供参考）	示例
姓名	只展示最后一个字	*三
身份证件号（含护照等）	只展示末位	********5
银行卡号	只展示末 4 位	**** **** **** 1234
手机号	展示前 3 位和后 4 位	138****1234
地址	只展示到区级	深圳市南山区 ******
Email	名字部分只展示首位和末位	z****e@gmail.com

通常来说，脱敏标准只是一种约定，让企业内的不同业务都采用同一标准进行脱敏，避免使用不同的脱敏标准，因为黑客可能利用不同业务的漏洞拼凑出完整的明文信息，如一个用户的手机号码，A 业务按照上述标准脱敏，B 业务对最后 4 位脱敏，结合相同的 ID 信息，可还原出明文手机号。上表中的脱敏标准仅为举例，并不代表你所在企业也需要制定同样的标准。

16.4.5　漏洞定级标准

在收到外部报告的漏洞，或者内部安全系统发现漏洞之后，通常需要对漏洞进行定级，以便在不同的团队间达成共识，减少分歧，因为定级决定了是否需要处置或处置的方式，可以让安全应急团队将重心放在处置高危漏洞上面。

对不同的漏洞按照定级进行排序，可以决定处置的优先级。此外，漏洞定级还可以用于向漏洞报告者发放不同的奖励。

关于漏洞分级，业界经常采用的方法有：

- 五级：严重、高危、中危、低危、可接受。
- 三级：高危、中危、低危。

这里我们采用较为简单的三级分级方法，供内部分级参考。

1. 高危漏洞

表 16-8　高危漏洞

漏洞等级	漏洞描述	典型场景
高危	身份认证漏洞	后台管理员弱口令、无需交互即可批量获取他人认证凭据（如存储型 XSS）等
	授权漏洞	各种针对敏感业务的越权访问、权限提升等
	访问控制	WebShell 上传、远程命令执行、缓冲区溢出、SSRF 漏洞等
	敏感数据泄露或普通数据批量泄露	SQL 注入漏洞、数据库弱口令、任意文件下载等
	业务逻辑漏洞	一分钱漏洞、无限刷优惠券漏洞等

2. 中危漏洞

表 16-9　中危漏洞

漏洞等级	漏洞描述	典型场景
中危	身份认证漏洞	需交互才能获取他人认证凭据，如反射型 XSS 漏洞
	授权漏洞	普通应用内提权等
	访问控制	拒绝服务漏洞、CSRF 漏洞等
	普通数据泄露	普通信息泄露如外网明文传输等

3. 低危漏洞

表 16-10　低危漏洞

漏洞等级	漏洞描述	典型场景
低危	身份认证漏洞	需要特定条件才能获取他人认证凭据，如反射型 XSS 漏洞
	授权漏洞	本地提权等
	访问控制	本地拒绝服务漏洞等
	轻微数据泄露	如配置信息、注释信息、日志信息等

16.5　数据安全技术规范

数据安全技术规范，用于指导或规范业务的安全架构设计、开发实现、部署实施、运维实践等目的，包括：

- 安全架构设计规范，从架构方案上保障产品的方案设计符合业界最佳实践。
- 安全开发规范，从编码上保障产品的各项安全要素得以落地。
- 安全运维规范，规范产品发布流程（如上线扫描、配置库登记、环境要求、加固与防御措施等），以及上线后的运维要求等。
- 安全配置规范，针对具体操作系统或具体中间件的加固规范。

16.5.1　安全架构设计规范

1. 产品架构

Web 类业务，应采用三层（或三层以上）的 B/S 架构（Browser/Server，浏览器 / 服务器）模式，至少具备用户接口层、业务逻辑层、数据访问层，如图 16-14 所示。

图 16-14　B/S 三层架构

其中：

- 用户接口层（User Interface Layer，即通常所说的 UI），也可以称之为表示层（Presentation Layer）。
- 业务逻辑层（Business Logic Layer，BLL）。
- 数据访问层（Data Access Layer，DAL）。

非 Web 类业务，应采用三层（或三层以上）的 C/S 架构（Client/Server，客户端 / 服务器架构）模式，至少具备客户端、接口与业务逻辑层、数据访问层，如图 16-15 所示。

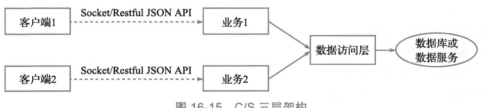

图 16-15　C/S 三层架构

2. 身份认证与敏感业务超时管理

除了只承载公开数据的业务不需要身份认证之外，其他业务都是需要身份认证的。

SSO 自身可以设置较长的超时时间，但对于敏感业务，就需要比较短的超时时间，这就要求敏感业务需要自行管理会话状态及进行超时管理，如从最后一次请求算起，15 分钟没有任何操作，就让会话失效，下次访问该业务时需要重新登录。

对于 To C 业务，如涉及访问 UGC 数据（用户创建的内容），后台数据访问层访问数据时的身份认证应首选使用用户身份认证通过的凭据，采用基于用户的身份认证，而不是基于后台间的身份认证。

针对不同的用户群体，使用不同的 SSO 单点登录系统进行身份认证，包括：

- 员工及合作伙伴 SSO。
- 用户 SSO。

实现 SSO 超时管理的典型方法可分为两类：

第一类是在应用自身实现，需要业务的开发人员基于 SSO 接入标准进行相应的开发，例如在用户浏览器和业务之间建立会话有效期机制。

第二类是在接入网关上统一实现，这种方式不需要业务投入额外的开发即可通过网关配置实现，超时参数直接在接入网关上进行配置。这也是我们推荐的方式，让业务聚焦在业务实现上，共性的问题交给基础设施来完成。

3. 最小化授权

应用系统应按最小化授权设计，并在访问业务时验证权限，防止权限不足、权限过期、平行越权、垂直越权等风险。

首选是在应用内建立授权模块，可以做到精细化的权限控制。

其次可使用外部权限管理系统，但适用场景有限，通常用于内部业务。

典型的授权方式有基于角色的授权、基于属性的授权（比如是否数据的创建者，或是否创建者的好友等）。

4. 访问控制

防止敏感数据被批量查询，应用接口不能信任企业内部和外部的任何人 / 系统，需基于身份认证和授权，执行以身份为中心的访问控制。

可以通过频率和总量控制缓解，也可以通过监控告警和审计，识别数据泄露（但属于事后措施）这两种方式都没有从根本上解决问题。

5. 审计

操作日志至少应当记录：

- When：时间。
- Where：用户 IP 地址。
- Who：用户 ID（用户名）。
- What：操作和操作对象。

安全性要求较高的应用，应当提交日志或日志副本到独立于应用之外的日志管理系统（如图 16-16 所示），且无法从应用自身发起删除。

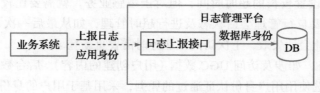

图 16-16　统一的日志管理平台

这里，日志管理系统是多个应用系统共用，通过应用层接口接收日志，而不是直接开放数据库端口（防止日志被外部篡改或删除）。也就是说，应用系统不需要持有日志管理系统的数据库账号。

6. 资产保护

敏感个人信息以及涉及个人隐私的数据、UGC（User Generated Content，用户生产内容）数据、口令、加解密密钥、私钥，需要加密存储（其中不需要还原的口令需要使用加盐单向散列算法）。

外网应采用全站 HTTPS，覆盖所有业务；内网敏感数据传输、后台管理等业务，也应实施 HTTPS 或其他加密传输机制（如加密的 RPC）。

身份认证类信息不能用于展示（比如散列后的口令、指纹特征等），个人敏感信息展示时需要脱敏。

7. 部署架构

在具备统一接入应用网关的情况下，应使用应用网关，避免各应用直接对外提供服务，如图 16-17 所示。在网关上配置实施 SSO，防止部分应用没有身份认证机制也直接对外开放。

16.5.2　安全开发规范

在安全开发过程中，时刻需要注意：
- 不能信任外部传入的任何参数。
- 防止无意中的内部信息泄露。
- 避免使用高危功能。

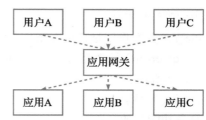

图 16-17　各应用经统一的网关对外提供服务

💡 提示　以下以简洁的形式展示规范中应当提及的内容，不包括对其详细的解释。对内容的详解可参考第 6 章的相关内容。

---

1. 防止 SQL 注入

需要带入 SQL 查询语句的参数，只能采用参数化查询机制，将指令和参数分开，而不能采用字符串拼接 SQL 语句的形式，如图 16-18 所示。

未提供参数化查询机制的，应使用预编译（Prepare）和绑定变量（Bind）的机制以实现 SQL 指令和参数的分离。

2. 防止 XSS

启用转义及 CSP 策略缓解 XSS 攻击。

3. 防止路径遍历

不传递路径或文件名，防止被黑客执行路径遍历（../../ 等）。

4. 防止 SSRF

尽量避免使用 URL 作为参数，如业务必需，需谨慎处理 URL 作参数的场景并禁止访问

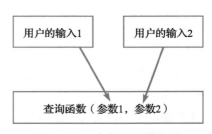

图 16-18　参数化查询机制

内网，防止黑客传入内网域名或地址造成 SSRF 攻击。

5. 防止缓冲区溢出

执行边界检查防止缓冲区溢出，防止超长的恶意输入引入 ShellCode 执行。

6. 隐藏内部信息

内部地址、域名、路径、账号、口令等信息不能出现在对外展示的页面源文件中，如图 16-19 所示。

```
<!--
/*
MySQL:
IP: 10.10.10.10
username: root
password: P@ssw0rd123
*/
-->
```

图 16-19 在 HTML 注释中包含敏感信息（错误做法）

数据库抛出的异常等错误信息，不能直接展示给用户。例如这样是不行的：

```
// php
die(mysql_error())
```

die() 函数的作用是直接在用户浏览器上展示指定的信息（通常为异常或错误提示）并退出；mysql_error() 是数据库抛出的异常信息，如图 16-20 所示。

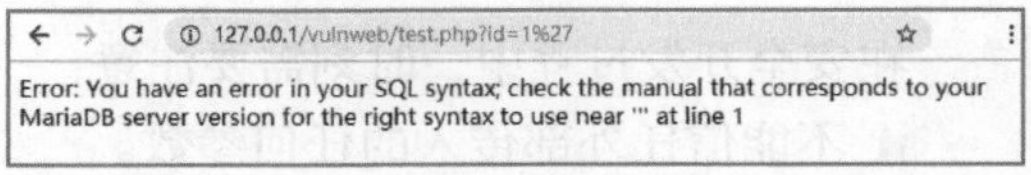

图 16-20 在浏览器展示数据库异常（错误做法）

7. 禁止高危功能

高危功能包括：

- 在 Web 应用中提供任意操作系统命令执行功能（类似 WebShell）。
- 在 Web 应用中提供任意 SQL 执行功能。
- 在 Web 应用中提供实时的代码编译功能。

这些功能可能会被黑客利用并作为内部渗透的跳板，通常情况下不要建立这样的应用；如有业务必需的场景，则需要执行特别的评估和报备流程。

例如，PHP 自带了一些高危函数，可以考虑在代码开发规范中禁止使用它们，如：

- Eval()，可以接收一段 PHP 代码作为参数；
- Exec()，可以执行外部命令（Linux Shell 或 CMD 命令），返回结果最后一行；
- Passthru()，可以执行外部命令并回显（直接将输出显示到浏览器，函数本身不返回值）；
- System()，可以执行外部命令并回显，并将最后一行作为函数的返回值；
- Shell_exec()，可以执行外部命令并将结果作为字符串返回。

16.5.3 安全运维规范

安全运维规范包含了业务发布时及发布后的运维安全要求。

1. 发布条件

业务在发布前，需要满足一定的条件，称为发布条件或准入条件，如：

- 发布审核。在强流程组织内，通常需要事先经过审核才能发布；而在弱流程组织（如很多互联网企业）内，通常没有该环节。

- 经过安全扫描或检测，确保不含高危漏洞。

2. 基础数据登记

在 16.3.6 节提到，最基本的信息如 IP、域名、操作系统、端口等，需要在配置管理数据库（CMDB）中登记，这些数据将作为安全工作的数据源输入。如，执行端口扫描时，需要 IP 清单；执行应用漏洞扫描时，需要域名信息。

当某一操作系统出现高危漏洞时，到配置管理数据库中检索一下，看哪些业务存在该漏洞，作为改进工作的输入。

3. 系统及组件安装

所使用的操作系统及组件，需要从产品与组件标准清单中选取，且需要从内部源获取并安装。不能任意安装清单之外的产品，也不能从不明来源的地方下载。

如果没有内部源，则安全上需要考虑应该以何种方式来防止或发现存在问题的组件被引入生产环境。

4. 安全加固

- 后台管理入口只对员工开放。
- 后台管理账号尽量跟 SSO 账号绑定，避免自建账号体系。
- 除了已登记的服务及端口保持开放，其他服务监听一律关闭。
- 操作系统及各组件，按照已发布的配置规范执行加固。

5. 安全防护

启用安全防护能力，包括但不限于抗 DDoS、HIDS、WAF 等。

6. 事件响应

在发现高危风险、入侵事件、漏洞报告等情况下，应基于应急响应流程指引，启动应急响应，消除风险。

16.5.4　安全配置规范

安全配置规范用来指导业务对常用的操作系统和常用组件进行加固，防止默认或错误的配置引入风险。常见的风险有：弱口令、误将高危服务端口直接对外网开放、使用含有高危漏洞的开源组件等。

安全配置规范至少应覆盖如下常用产品：

- 操作系统
- Web 服务器
- 数据库

我们从安全架构 5A 出发，来探讨具体产品的安全配置规范应当包含哪些内容。

1. 身份认证

消除无认证机制的数据服务，需要为默认无口令的服务设置符合口令标准要求的口令。

如 MongoDB 默认无口令，如果不设置很容易被入侵（如图 16-21 所示），需要在其配置文件中设置：

```
auth=true
```

图 16-21　MongoDB 被入侵并被勒索 0.2 个比特币

又如 Redis 配置文件（如果是通过 yum 方式安装的，该配置文件为 /etc/redis.conf）中有个参数 requirepass 需要启用：

```
requirepass P@ssw0rd123;
```

如果操作系统未跟企业内的动态口令认证机制集成，则至少需要消除弱口令，防止被暴力破解或使用弱口令字典猜出。

2. 授权

仅授予各账号完成工作所需的最小权限，如：

■ 禁止 Web 服务器的工作进程使用操作系统 root 账号；以 Nginx 为例，在配置文件中指定 worker 进程的身份（通常为 nginx，nobody 等不可登录的账号）：

```
user nginx;
```

在 /etc/passwd 中可以看到此类账号是禁止登录的（/sbin/nologin）：

```
nobody:x:99:99:Nobody:/:/sbin/nologin
nginx:x:997:995:Nginx web server:/var/lib/nginx:/sbin/nologin
```

■ 禁止业务使用数据库服务器的超级账号（比如 MySQL 的 root 账号），数据库账号按照业务需要设置最小权限（如从库只授予 select 权限）。

3. 访问控制

作为降低攻击面的重要举措，服务器应当关闭不必要的监听服务，并限制服务开放范围，如数据库服务默认仅允许监听内网 IP 地址。以 MySQL 为例，在配置文件 /etc/mysql/my.cnf 里将 bind-address 参数调整为内部 IP 地址，如：

```
bind-address = 10.10.10.10
```

如果已具备统一接入应用网关，对 Web 服务器而言，也应只监听内网 IP 地址，对外通过应用网关发布。

此外，为了缓解暴力破解行为，操作系统还可以配置登录次数与锁定限制等。

4. 审计

启用操作系统、组件、应用的审计功能，记录相关操作日志，可用于在出现安全事件后，进行追踪定位。

以 Nginx 配置文件为例，采用如下配置，就会在 /var/log/nginx/access.log 记录访问日志：

```
access_log  /var/log/nginx/access.log  main;
```

5. 资产保护

首先，我们需要保护主机计算资源的完整性，不受病毒、木马、蠕虫的破坏。针对 Windows 服务器来说，需要更新补丁以消除潜在的系统漏洞以及安装防病毒软件；对 Linux 服务器来说，也需要具备病毒发现能力。

如果企业已经具备统一接入应用网关，那么 HTTPS 的相关配置可在网关上配置；否则，仍需要为各自的 Web 服务器正确配置数字证书，以启用加密传输（如 HTTPS）。

如果使用了存储加密技术，需要正确配置 KMS 地址或密钥。

如果通过 API 网关发布数据服务，需要设置数据保护相关的配置项，如脱敏规则。

16.6　外部合规认证与测评

我们经常会面临一些主动或被动的认证测评需求，业界也存在各种各样的认证测评，那么这些认证测评有什么用，是否可以不做呢？

在这些认证测评中，部分是来自法律法规的强制性指令，或监管要求，或合同义务，是必须要履行的义务，如：

- 等级保护认证测评，来自对《关键信息基础设施安全保护条例》的合规遵从，适用于关键信息基础设施。
- GDPR 法律合规，适用于向欧盟用户提供服务的业务。
- PCI-DSS（Payment Card Industry Data Security Standard，支付卡行业数据安全标准），来自合同义务，适用于所有涉及支付卡处理的实体。

而其他大多数认证测评都是安全团队或业务团队的主动选择（选做），通过这些认证测评可以向外界证明其安全管理和技术能力符合国际安全行业的最佳实践，可促进销售、扩大市场份额。

数据安全团队通常需要协助业务参与访谈，并提供相应的安全管理政策、安全技术标准 / 规范、安全防御措施等方面的证据。

认证测评的结果，反过来，又可以作为政策文件体系的输入，用于完善政策文件体系、安全基础设施等。

1. CII 与等级保护

《关键信息基础设施安全保护条例》规定：发生安全事件后可能造成严重后果（危害国

家安全、国计民生、公共利益等）的设施，属于 CII（Critical Information Infrastructures，关键信息基础设施）。这表明，一些原本属于企业内部的安全工作，开始由企业的自主选择转变为国家意志；很多产品或服务一旦被确认为 CII，必须做好安全保护，并满足等级保护相关要求，这就引出等级保护认证测评的需求。也就是说，对于 CII 而言，等级保护认证测评已是强制性需求。

需要纳入 CII 的产品或服务包括但不限于：

- 通信、能源、交通、水利、金融、电子政务等领域的信息系统和工业控制系统，包括但不限于网站、即时通讯、购物、网银、支付、搜索、邮件、地图、电视转播、调度系统、通信网、物联网等。
- 互联网信息网络、云计算、大数据、大型公共信息网络平台或服务。

等级保护根据信息系统的重要程度由低到高划分 5 个等级，目前广泛认证的是等级保护三级，金融、支付等业务还会涉及四级认证。

2. PCI-DSS

PCI-DSS虽然不属于法律，但只要涉及支付卡处理，就需要履行合同义务，执行 PCI-DSS 合规，这也对云计算服务提供商提出了挑战，如果不能满足 PCI-DSS 合规要求，就不能向支付行业的客户提供云计算服务。

PCI-DSS 合规要求概要如下：

- 建立并维护安全的网络：需要有防火墙保护持卡人资料（备注：这跟不需要防火墙的无边界接入网关并不冲突，只需要新建敏感数据网络区域，并在主生产网络和敏感数据网络之间建立内部的防火墙即可满足要求）；不使用默认口令。
- 保护持卡人数据：持卡人数据在存储和传输过程中的保护。
- 漏洞管理：防病毒软件的定期更新；开发并维护安全的系统和应用程序。
- 访问控制：限制对持卡人数据的访问；识别并验证对系统组件的访问。
- 定期监控及测试：跟踪并监控对网络资源和持卡人数据的访问；定期测试安全系统和流程。
- 维护信息安全政策：人员安全政策。

3. CSA STAR

云安全国际认证（CSA-STAR），以 ISO/IEC 27001 认证为基础，结合云端安全控制矩阵 CCM（Cloud Control Matrix）的要求，运用 BSI（British Standards Institution，英国标准协会）提供的成熟度模型和评估方法，为提供和使用云计算的组织，从如下 5 个维度，综合评估组织在云端的安全管理和技术能力，并给出独立的第三方外审结论：

- 沟通和利益相关者的参与。
- 政策、计划、流程和系统性方法。

⊖ PCI-DSS 安全标准：https://zh.pcisecuritystandards.org/*onelink*/pcisecurity/en2zhcn/minisite/en/docs/PCI_DSS_v3-2_zh-CN.pdf

- 技术和能力。
- 所有权、领导力和管理。
- 监督和测量。

CSA-STAR 可以认为是信息安全管理体系 ISO/IEC27001 在云业务领域的增强版本，不是强制性认证，不过各云服务厂商一般都会选择参加该认证。

4. ISO 27001

ISO 27001 信息安全管理体系认证，是针对安全管理体系的认证（而不是针对具体业务或产品），以风险管理为核心，通过定期评估风险和控制措施的有效性来保证体系的持续运行；通过整体规划的信息安全解决方案，来确保企业信息系统和业务的安全和连续性。

ISO 27001 体系共分为两部分：

- 信息安全管理体系规范：建立、实施和文件化信息安全管理体系（ISMS）的要求。
- 信息安全管理实施规则：该部分对信息安全管理给出细则建议，供安全管理团队启动、实施或维护安全管理体系。

该认证不属于强制性认证，其详细内容不在本书讨论范围，但本书所提供的内容能够为通过该认证提供良好的技术支持。

5. ISO 29151

ISO 29151[一]提供了针对个人身份信息（PII，Personally Identifiable Information）的保护实践指南，涵盖 26 个控制域，181 条控制措施，旨在控制个人身份信息相关的风险，满足隐私影响评估的要求，确保个人身份信息全生命周期的安全。

该认证不属于强制性认证，且有关个人数据保护的业界最佳实践框架还有很多，如 GAPP（Generally Accepted Privacy Principles，公认隐私准则）、OECD Privacy Framework（Organisation for Economic Co-operation and Development，经济合作与发展组织隐私框架）等，一般只需要参考其中一种即可（它们在内容上有很多共同之处）。

6. ISO 27018

ISO 27018[二]用于保护云上个人可识别信息（Personally Identifiable Information，PII），主要包括：制定专门针对云端隐私保护的条款，以及提供针对云上个人数据的安全控制措施。它通常与 ISO/IEC 27001 标准配合使用，可用于云服务商向用户（或潜在客户）证明，用户的个人数据能够得到安全地保护，且不会用于未经用户授权的用途。

7. ISO 27701

隐私管理体系认证，其重要性相当于信息安全管理体系的 ISO 27001。ISO 27701 是在 ISO 27001 的基础上附加隐私管理要求，以建立、实施、维护及改进隐私管理体系。

○　ISO/IEC 29151: https://www.iso.org/standard/62726.html
○　ISO/IEC 27018: https://www.iso.org/standard/61498.html

第 17 章
隐私保护基础

个人数据安全，或者说隐私保护，是数据安全中的一个重要部分。除了需要满足企业内部的数据安全要求之外，还需要满足所有适用的法律法规要求。满足内部的要求可称为内部合规，满足法律法规的要求就是外部合规。

这一章我们将介绍：隐私保护与数据安全的关系，最受关注的欧洲隐私法律 GDPR，中国的个人信息安全规范，典型隐私保护框架 GAPP，用于保护云上个人可识别信息的 ISO 27018。

17.1 隐私保护简介

17.1.1 典型案例

近年来，出现了一系列个人信息泄露事件，造成了严重的社会后果：

- 2016 年 8 月，因山东高考考生信息泄露，考生徐 * 玉被电信诈骗团伙骗取学费 9900 元后心脏骤停离世。
- 2017 年 8 月～ 2018 年 1 月，印度国家身份认证系统 11 亿印度公民的姓名、电子邮箱、住址、电话号码及照片等信息泄露。
- 2018 年下半年，多家知名酒店登记的个人信息泄露，泄露的数据记录总量超过 10 亿条，包含用户身份资料、开房记录等。
- 2018 年 3 月，美国某社交网络巨头 8700 万用户数据泄露。

所幸的是，一系列国际、国内的法律法规出台，对企业的隐私保护提出了明确要求：

- 2021 年 11 月 1 日中国《个人信息保护法》生效。
- 2018 年 5 月 25 日欧盟 GDPR（通用数据保护条例）生效，该条例涉及长臂管辖

（只要向欧洲用户提供服务，都需要遵循）；目前已有多家企业因违反该条例受到处罚。

隐私保护已逐渐成为人们关注的热点。并且，**数据保护监管机构已陆续开出大额罚单**：

- 2019 年 1 月 22 日，法国数据保护委员会 CNIL 宣布对美国某搜索引擎巨头处以5000 万欧元的罚款。
- 2019 年 7 月 8 日，因 2018 年 50 万名客户资料被黑客窃取，英国信息专员办公室（ICO）向英国航空开出创纪录的 1.8339 亿英镑（大约相当于人民币 15.8 亿元）的罚单，相当于其 2017 年营业额的 1.5%。
- 2019 年 7 月，ICO 发布声明称，某知名酒店由于违反 GDPR，将对其开出约 9900 万英镑（约 8.5 亿人民币）的罚单。该酒店在收购过程中未进行充分的调查，没有发现被购酒店约 3.39 亿顾客数据被窃取，也未采取足够的措施保护用户数据安全，因此带来这次损失。
- 2019 年 7 月 13 日，美国联邦贸易委员会（FTC）与美国某社交网络巨头达成和解协议，以罚款 50 亿美元（约 344 亿人民币），以及包括长达 20 年的隐私保护监督等附加条款为条件，结束对该公司的调查。

17.1.2　什么是隐私

在人类还没有用树叶、兽皮遮住隐私部位的时候，应该说是没有隐私的。原始人类群居在一起，面临野兽攻击、缺少食物、恶劣的自然环境、其他部落的入侵等各种风险，生存的压力超过其他一切。自从人类开始穿上"衣服"，隐私的意识就萌芽了。

在此后相当长的时期里，隐私也存在各种表现形式，如单独的生活空间（房间、屏风、帘子），不愿告知他人财富数量或疾病等。在各种小说或电视剧中，也存在为了规避隐私而发明的悬丝诊脉技术，如孙思邈为长孙皇后诊脉，在《西游记》中也出现了孙悟空为朱紫国王悬丝诊脉的情节。

这些时期，隐私这个概念还没有真正引起人们的重视，也不是一项可以获得法律保障的权利。如果不小心被他人知道，也无法阻止他人泄露或扩散个人秘密。

直到 1890 年，美国律师 Samuel Warren 和 Louis Brandeis 在《哈佛法学评论》上发表了《The Right To Privacy》（隐私权）后才被视为隐私权的真正诞生。当时由于美国处于经济萧条期，各报社为了生存，纷纷用恶俗的手段吸引读者（史称"黄色新闻思潮"），报纸的版面被罪恶、性、暴力所占据，泄露了大量个人隐私，《The Right To Privacy》正是在这样的背景下发表的。此后，隐私权逐步被认同并形成法律，截至目前，已超过 120 个国家和地区制定了保护隐私的法律。

那么，隐私的定义究竟是什么呢？隐私，就是自然人享有的其个人事务、关系不被他人知悉的权利，以及免于被打扰或监视的权利。

通常来说，我们所关注的主要是网络世界的隐私，这些隐私以数据为载体，所以我们通常也将其称为"个人信息"或"个人数据"。

个人数据是已经识别出来的或者可以识别出来的跟自然人有关的任何数据。

- 已经识别出来的数据，是指可以唯一确定某个自然人的数据，如姓名、知名的网络ID、身份证号等。
- 可以识别出来的数据，是指不包含可直接确定某个自然人的数据，但通过已有的信息，经过分析或推理可以确定某个自然人的数据，如通过性别、籍贯、在哪里上的大学、工作单位、爱好等信息，可以推测出具体的自然人。

17.1.3 隐私保护与数据安全的关系

隐私保护与数据安全的关系如图 17-1 所示。

可以看出，隐私保护与数据安全之间存在交集，这个交集即个人数据安全，那么隐私保护可以理解为**个人数据的数据安全与合规遵从**。

很多大型企业建立了专业的隐私保护团队，通常由安全从业人员和法律从业人员所构成，因为隐私保护需要法务和安全的共同参与。而在数据安全方面，虽然也涉及法律法规的合规遵从，但主体工作一般由安全团队来完成。

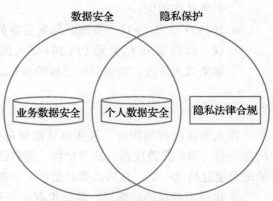

图 17-1　隐私保护与数据安全的关系

从目标上看，数据安全以"保障数据全生命周期的安全，防止数据泄露"为首要目标，隐私保护以"法律合规"为首要目标。

17.1.4 我需要了解隐私保护吗

以欧洲 GDPR 为代表，全球有隐私保护立法的国家或地区已超过 120 个，如果企业在这些国家或地区存在业务，则需要遵循相应的法律法规。

以 GDPR 为例，即使不直接在欧洲开展业务，企业也可能受到 GDPR 的影响，这是因为 GDPR 规定了长臂管辖权，只要涉及处理欧洲公民的个人数据，就需要遵循，即使企业未在欧洲设立任何分支机构。

中国的《个人信息安全规范》与 GDPR 同月生效（2018 年 5 月，暂未强制实施），也采用了跟 GDPR 相似的原则。中国的个人信息保护立法、数据安全立法也正在规划中，预期不久就会出台。

随着个人数据泄露事件频发，大家对隐私保护的关注也在不断加强，了解隐私保护是非常必要的。

17.1.5　隐私保护的技术手段

无论是保护业务数据，还是保护个人数据，在产品的安全架构设计上，我们都可以采用同样的覆盖数据全生命周期的 5A 方法论：

- 身份认证（Authentication）：用户主体是谁？
- 授权（Authorization）：授予某些用户主体允许或拒绝访问客体的权限。
- 访问控制（Acccess control）：是否放行的执行者。
- 可审计（Auditable）：形成可供追溯的记录。
- 资产保护（Asset protection）：资产的保密性、完整性、可用性保障。

也就是说，实现业务数据安全和个人数据安全的技术手段大体上是相同的。但在实现数据保护的过程中，一部分技术主要用于保护个人数据，如脱敏、K–匿名、差分隐私等，这些将在下一章具体讲述。

17.1.6　合规遵从

隐私保护需要遵循业务所在国（或业务覆盖国）的隐私保护相关法律，以及业务涉及的其他各国（或地区）的个人信息或隐私保护法案等等，典型的法律法规有：

- 欧盟 GDPR（通用数据保护条例）。
- 中国的《个人信息保护法》（2021 年 11 月 1 日生效）。
- 《加州消费者隐私法案》（CCPA，2020 年 1 月 1 日生效）。
- 日本《个人信息保护法》（The Personal Information Act，PIPA，2015 年修正案，2017 年生效）。

> 提示　在这些法律法规里面，使用了不同的术语，有个人数据、个人信息、个人隐私等。欧盟主要使用个人数据一词；美国、加拿大、澳大利亚、新西兰主要使用个人隐私一词；中国主要使用个人信息一词。这几个术语的含义和范围基本一致，但在某些具体的字段上（比如用户的 IP 地址），是否认定为个人数据则存在差异，GDPR 将用户的 IP 地址视为个人数据。

目前已有超过 120 个国家和地区制定了隐私保护相关的法律，那么是否需要逐一适配呢？

其实不然。首先，一些国家和地区的法律可能并不针对你的业务生效，比如你所在企业在该国家或地区没有开展业务，也没有当地的用户，不涉及当地居民的个人数据，就不涉及当地法律法规的遵从问题。但是，如果提供的是网络服务，比如网站涉及不特定用户的注册访问，就需要特别小心了，这可能涉及处理当地居民的个人数据。

第二，各国（或地区）隐私保护相关法律法规的要求也在互相借鉴，大多数条款是相似或重复的，在所有适用的法律法规中，按照其中相对较严格的法规执行即可满足大多数国家的法律合规要求，少量不一致的地方仅需所涉及的业务单个处理，不必推广到全部业务。

第三，这些法律法规数量众多，总数量数百部，一一匹配是不现实的。如果业务数量众多，每个业务都直接去跟外部法律适配，则这个工作量实在太大了，业务团队没有足够的时间和精力，且非常容易遗漏重要的条款，导致合规冲突。

为了解决这个问题，我们首先需要将业务适用的最主要的外部法律法规、最佳实践框架进行分解重组，形成企业内部的"合规基准"，然后一切内部工作都基于这个"合规基准"开展。

在实践中，我们可以首先将适用范围最广的法规，如 GDPR 以及主要业务所在国的法规，作为输入。为了尽可能覆盖大多数业务场景，我们还需要采纳一种业界最佳实践的隐私保护框架，比如 ISO 29151、GAPP（Generally Accepted Privacy Principles，公认隐私准则）、OECD Privacy Framework（Organisation for Economic Co-operation and Development，经济合作与发展组织隐私框架）等，因为这几种框架在分解后的要求差异不大，可以从中选择一种作为输入。

将选定的外部法律、隐私保护框架分解，可以理解为"切片"，将这些条款按领域拆分，然后归纳重组，去除重复项，形成内部的合规基准，如图 17-2 所示。

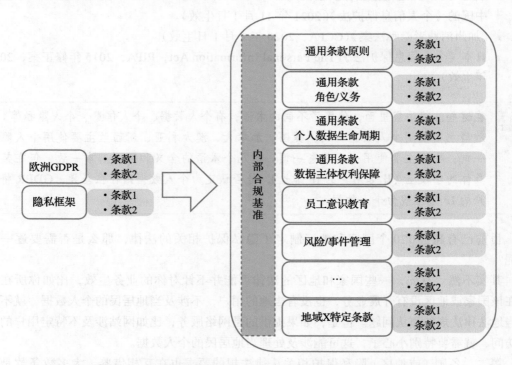

图 17-2 将外部法律法规、最佳实践框架转化为内部合规基准

　　但是，对业务来说，需要使用的并不是这个分解重组的成果，而是隐私保护团队基于这个分解重组的成果，重新构建的内部文件体系。也就是说，上面的这个合规基准，还不是正式的内部文件，并不直接对业务生效。

　　接下来，隐私保护团队需要将"合规基准"作为制定内部文件体系的输入，将合规基准中的要求，在内部文件体系中一一归位，如图 17-3 所示。

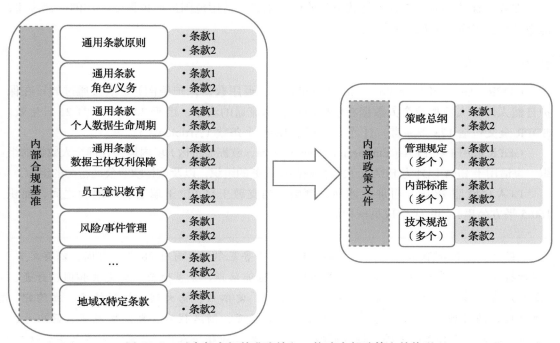

图 17-3　以内部合规基准为输入，构建内部政策文件体系

　　这个模式，在很大程度上避免了"外部的强制要求没有内部的文件对应（或承接）"的风险。这个中间的桥梁，需要根据外部的变化，如新的立法、新的实践、新的风险等，进行定期更新，作为其他一切隐私保护工作的输入。其实不仅仅是文件体系，整个隐私保护体系的工作开展，都可以基于这样的分解重组成果。业务在合规改进的过程中，只需要找到自己领域对应的少量几份政策文件即可开展工作，提高了业务部门的效率。

　　此项工作首次开展的时候，由于外部输入太多，不便于工作快速开展，因此外部输入往往只包含个别法律（如 GDPR）和一个隐私框架。这个工作完成后，业务部门就可以同时行动起来。

　　由于输入（即外部法律）并不完整，上述工作成果是粗放式的，接下来还需要继续结合业务实际，做精细化管理。我们需要梳理出业务适用的其他法律法规（包括其他国家或地区的法律法规），作为上述转化的输入，重复分解重组过程。在分解重组的过程中，如果条款仅针对特定地域生效，也需要在合规基准中体现出来。

> **注意** "合规基准"并不是一成不变的，也需要适应外部法律环境的变化，例如新增立法、业务扩张使得适用的法律增加等。

17.2 GDPR

在隐私保护领域，GDPR 是截至目前最为重要、适用范围最广也最受关注的一部法律，是隐私保护工作最为重要的输入之一。

17.2.1 简介

GDPR（General Data Protection Regulation，通用数据保护条例）是欧盟通过的旨在保护自然人的个人数据及个人数据在欧盟境内自由流通的法律，已于 2018 年 5 月 25 日生效。GDPR 全文包括 173 条序言，11 个正文章节共 99 个条款（Article）。

GDPR 适用于在 EEA（European Economic Area，欧洲经济区）境内运营处理个人数据的组织，也适用于 EEA 以外为 EEA 公民提供商品或服务的组织，以及监控欧盟公民行为的组织。

EEA 由欧盟 28 国，再加上冰岛、挪威、列支敦士登（位于瑞士和奥地利之间，面积 160.5 平方公里），共 31 个成员国构成。

> 欧盟，即欧洲联盟，总部位于比利时首都布鲁塞尔，目前有 28 个成员国，以英文首字母排序，包括奥地利、比利时、保加利亚、塞浦路斯、克罗地亚、捷克共和国、丹麦、爱沙尼亚、芬兰、法国、德国、希腊、匈牙利、爱尔兰、意大利、拉脱维亚、立陶宛、卢森堡、马耳他、荷兰、波兰、葡萄牙、罗马尼亚、斯洛伐克、斯洛文尼亚、西班牙、瑞典、英国。GDPR 的直接管辖区域除了欧盟之外，还包括冰岛、挪威、列支敦士登这三个国家。
>
> 无论是欧盟，还是 EEA，上述清单在未来均有可能发生变化，比如英国脱欧。
>
> 这里，需要单独提一下瑞士，瑞士虽然位于欧洲腹地（德国、法国、意大利之间），但它既不在欧盟，也不在 EEA 国家名单中，并不是 GDPR 直接适用的国家。不过，瑞士有自己的联邦数据保护法案（Swiss Federal Data Protection Act），在 GDPR 发布后，该法案参考 GDPR 做了修订，可认为是类似 GDPR 的法案。

如果你的企业在 EEA 境内开展业务，GDPR 自然适用；如果不在 EEA 开展业务，则需要看是否面向 EEA 内的数据主体（即自然人，包括但不限于用户、客户、商业联系人、雇员、求职者等）提供商品或服务，或监控欧盟境内的个人活动，如果是，则需要遵循 GDPR。

假设某国内公司开发并运营了一款手机 App，那么需要遵循 GDPR 吗？需要看该 App 是否面向欧洲用户提供服务，或监控欧盟境内的个人活动，如果有，那么就需要遵循。

如何理解"面向欧洲用户"呢？就是以欧洲用户为目标，或瞄准欧洲市场提供服务。如果该 APP 存在如下行为（一种或多种），可能会受到 GDPR 影响：

- 提供的产品或服务指定向欧盟或至少一个成员国提供（比如在 Google Play 应用市场的德国区发布）。
- 在搜索引擎中投放面向欧盟用户的营销广告。
- 提及欧盟境内的专用地址或专用电话号码。
- 使用欧盟或成员国的顶级域名，如 ".eu"、".de"。
- 提供从一个或多个欧盟成员国出发的旅行指令。
- 使用一个或多个欧盟国家特定的语言文字（比如意大利语）或货币支付（比如欧元、英镑等）。
- 提供欧盟成员国内的货物交付。
- 面向欧盟用户的点击付费广告。
- 内容存在向欧盟用户提供服务的暗示或证据（比如使用其产品或服务的欧盟客户名称或 Logo）。

上述特性或其组合可能会被认定为"向欧盟境内的数据主体提供商品或服务"，从而需要遵从 GDPR 要求。

如果你提供的是一个不在欧盟境内运营的中文或英文版的网站，向世界各地的人们提供无差别的服务，不具备上述提到的几种特性，则不受 GDPR 影响。不过，你的网站也可能受到其他隐私法律的影响，这些法律或多或少受 GDPR 影响，很可能采用了跟 GDPR 相近或类似的原则，学习 GDPR 还是很有必要的。

此外，GDPR 不适用于因执法或国家安全的目的而执行的个人数据处理，以及个人处理自己或家庭的活动，比如某国海关查验欧盟公民的旅行证件。

> 注意　个人数据是已经识别出来的或者可以识别出来的跟自然人有关的任何数据。GDPR 包含的内容很多，这里仅选取有代表性的内容。如果你是专职从事隐私保护相关的岗位，这里提到的内容还是不够的，需要更加详细的资料，可查询官方文件及相关解读、书籍。

17.2.2　两种角色

GDPR 定义的组织主要包括两类角色：数据控制者（Controller）和数据处理者（Processor）。如图 17-4 所示。

数据控制者决定处理数据的目的和方式，有义务确保它跟数据处理者之间的合同遵从 GDPR 要求。

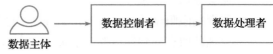

图 17-4　数据控制者与数据处理者

数据处理者代表控制者处理个人数据，有维护数据处理记录的义务。

例如：某医院 A 采购某人工智能公司 B 提供的 AI 服务用于辅助诊断，那么诊疗数据的数据主体是患者，数据控制者是医院 A，而人工智能公司 B 是数据处理者。

又如，使用云服务的企业，对自己的用户来说是数据控制者，云服务提供商是数据处理者。

如果数据处理者在按照数据控制者的意图处理数据之外，还加入了自己的意图和处理活动，就会演变为共同控制者。需要说明的是，共同控制者也属于数据控制者，需要履行数据控制者的义务。数据控制者、数据处理者及共同控制者之间的区别如图 17-5 所示。

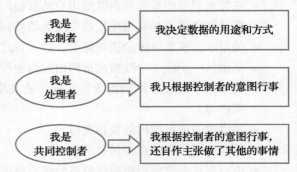

图 17-5 数据控制者、数据处理者、共同控制者的区别

17.2.3 六项原则及问责制

GDPR 第 5 条规定了六项处理个人数据的原则以及一项对数据控制者的问责制（也可以合称为七项原则）。

这六项原则具体包括（如图 17-6 所示）：

- 合法（lawfulness）、公正（fairness）、透明（transparency）：个人数据应当以合法、公正、透明的方式处理（如果数据处理可能引起对某些数据主体的歧视，如价格歧视，可视为公正性受到影响；透明则主要体现在保障用户的知情权和明示同意方面）。

- 限定目的（purpose limitation）：收集的数据只能用于限定的目的。

- 数据最小化（data minimisation）：仅收集必要的数据（例如某计算器应用需要读取用户的通讯录，则明显不符合数据最小化原则）。

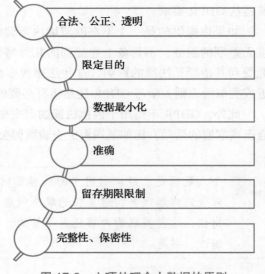

图 17-6 六项处理个人数据的原则

- 准确（accuracy）：个人数据应当准确（例如消费记录和余额显示，如果数据不准，明显会给用户带来恐慌）。

- 留存期限限制（storage limitation）：已达成数据处理目的，不再需要留存的数据应在合理的留存期到期后及时清理，这个留存期通常是为了满足法定的审计要求（如财务报销审计）。

- 完整性和保密性（integrity and confidentiality）：采取适当的技术或组织措施来防止未授权的访问，防止数据被破坏或丢失；

问责制（accountability），即数据控制者有责任且能够证明自身合规，包括隐私保护政策文件以及保留处理隐私活动的记录，在必要时提供给监管机构，相关记录和文档包括：

- 隐私影响评估（PIA）记录。
- 隐私安全设计文档。
- 数据流转审核记录。
- 数据主体请求及处理的记录。
- 隐私泄露事件响应与处理的记录。

17.2.4　处理个人数据的六个法律依据

处理个人数据需要至少具备以下六个法律依据中的一个：

- 数据主体的同意。
- 履行合同。
- 法定义务。
- 保护数据主体或他人的核心利益。
- 公共利益，如公共安全。
- 数据控制者或第三方的合法利益，但不得妨碍数据主体的利益、基本权利和自由，并需要考虑到数据主体的合理期望。

其中，如果数据控制者使用的法律依据属于最后两个，则数据主体拥有较大的控制权，拥有随时提出反对或限制处理的权利。

在实践中产生分歧最多的就是上面第六项"合法利益"了，例如商家为了促销，发送营销邮件、拨打用户电话，经常会招致用户反感并投诉。但如果是用户期望发生的事情，就不会这样，比如某用户之前曾购买了一款畅销型号的手机，今年该系列手机又推出了新的升级型号，那么商家向该用户发送这一升级型号的直接营销信息，可以视为在用户的合理预期之内。

在实践中，应在评估后选择最合适的法律依据。

17.2.5　处理儿童数据

如处理 16 岁以下儿童的个人数据，需要征得监护人的同意或授权。欧盟各成员国也可以通过立法调整年龄阈值，但最低不得低于 13 岁。

一个典型的场景是：能否收集用户的生日，特别是出生年份？如果收集了生日的年份数据，则意味着企业知道了用户的年龄，那么就不可避免地需要履行儿童数据保护义务，确保儿童的监护人知情并同意。

17.2.6 特殊的数据类型

GDPR 第 9 条原则上禁止处理种族、血统、宗教信仰、基因遗传、工会成员、健康以及与性相关的个人数据。

如果需要处理，需要满足特别的条件，如征得数据主体的明示同意，或履行法定义务。通常来说，需要使用"用户明示同意"作为处理这类数据的法律依据。

提示 根据百度百科"希特勒"词条的介绍，历史上的希特勒是一个极端种族主义者，他鼓吹"种族纯化"，并为此实施了人类历史上最疯狂的种族灭绝计划。1942 年起实施了针对犹太人的种族灭绝计划，近 600 万犹太人被屠杀。这期间，个人数据就曾被用来清洗犹太人。

17.2.7 数据主体的权利

1. 知情权

收集个人数据时，一种方式是直接向数据主体（即自然人本人）收集，第二种方式是通过其他渠道获取。

当直接向数据主体收集时，控制者应向数据主体提供：

- 控制者及法定代表人、数据保护官（DPO）的身份、联系方式。
- 个人数据的种类。
- 处理个人数据的目的和法律依据（GDPR 规定了六种法律依据，分别是数据主体同意、法定义务、合同义务、保护数据主体或他人的核心利益、公共利益、数据控制者或第三方的合法利益，至少需要具备其中的一种）。
- 数据是否向第三者或第三国转移、接收者是谁。
- 存储期限或标准。
- 保护措施。
- 声明数据主体有权访问、更正、删除个人数据，以及限制、拒绝、撤销同意的权利。
- 向监管机构投诉等权利。
- 提供个人数据对于法律或合同的必要性，数据主体是否有义务提供个人数据，或者不提供此类数据可能造成的影响，如不能处理交易等。

当通过其他渠道间接获取时，应向数据主体提供：

- 除上述最后一条（法律或合同的必要性）之外的所有信息。
- 数据的来源。

且需要在一个月内通知数据主体，并一次性告知上述信息；如果个人数据是用于跟数据主体沟通，可以在第一次沟通时通知。

2. 访问权

数据主体有权获取如下信息：

- 确认其个人数据是否被处理、处理的目的（用途）、数据类别、存储期限或标准。
- 权利信息（更正、删除、限制、拒绝的权利）。
- 个人数据的副本。

3. 更正权

数据主体有权更正错误的个人数据。

4. 删除权

数据主体有权删除自己的数据。例如用户有注销账号的权利，控制者有配合删除其个人数据的义务。

问题与思考：如果用户提出销户，如何才能彻底删除散落在各处的用户隐私数据？如磁带备份、归档的历史数据等。

参考思路：删除备份磁带上的指定用户的数据基本是不可操作的。但如果执行了加密措施，仅销毁该用户的加密密钥，则由于无法解密，可以达到数据等价于删除的效果。这也是本书提出敏感的用户隐私，需要加密存储的依据。

---

5. 限制处理权

在特定场景下，数据主体有权要求数据控制者限制对他的个人数据的使用。在数据主体认为其个人数据还需要保留，但数据控制者不得使用时，可提出限制处理请求。

典型场景包括：

- 数据不准确：某用户发现自己的燃气费自动扣款金额不对，要求暂停自动扣款，待核实后再决定是否恢复。
- 处理数据的行为没有法律依据，或者使用了非法的手段。
- 数据虽然已不再需要用于原来的目的，但有可能需要作为法律证据保留，这时用户可要求限制处理，但并不删除。
- 处理数据的法律依据是为了公共利益，或数据控制者及第三方的合法利益。

6. 可移植权

数据主体有权要求将自己的数据，转移到另一家数据控制者，数据控制者应当配合。例如博客的主人，有权将自己发布的博文，搬家到另外一家服务提供商。

7. 反对权

数据主体有权撤回自己之前的同意，但是不影响在撤回之前基于用户同意所做的处理。

如果处理数据的法律依据是出于公共利益，或者数据控制者及第三方的合法利益（即处理个人数据的六个法律依据中的最后两个），用户有权提出反对，数据控制者须立即停止这部分的数据处理。

例如商家为了促销，发送营销邮件或拨打用户电话，用户有权提出反对，要求商家不再骚扰自己。又如，某应用会根据用户的浏览记录，推送相关的广告，如果用户对这一做法表示反感，可以行使反对权，拒绝定向广告。

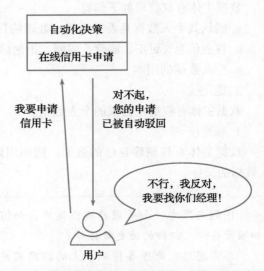

一个特别的场景是，数据主体拥有反对受自动化决策约束的权利，因为自动化决策算法本身过于复杂，比如神经网络，对大众来说不够透明也难以理解，用户不清楚自己的数据是如何被处理的，决策的结果可能影响到自己的基本权利和自由。如某用户在线申请某银行的信用卡时，该银行基于用户画像自动做出驳回信用卡申请的动作，那么该用户有权反对这一决策，并要求人工干预，如图17-7所示。

图17-7　数据主体拥有不受自动化决策约束的权利

特别说明：数字营销、自动化决策（含画像）需要获得用户的明示同意。

17.2.8　数据控制者和数据处理者的义务

1. 保持透明

为每个业务提供明确的隐私政策，并在醒目的位置放置链接，如在网站的每个页面的相同位置放置一个"隐私"或"隐私政策"的链接。

如果多个业务采用单一的一揽子式隐私政策而只有一个同意选项，将违反透明原则。

如果不能单独同意或不同意每一项重要的个人数据处理行为（如基于个人数据推送广告），一揽子同意会被视为不是出于用户的自愿选择，从而可能面临监管机构的严厉处罚。

2. 获取用户授权同意

如果需要收集、使用用户个人数据，则应获取用户明确同意（参考上述知情权部分应当告知的内容）。不能默认勾选用户同意选项，必须确保所有的用途都已明确获得用户的同意。

3. 赋予用户控制权

赋予用户查询、更正、删除个人隐私，及限制访问、撤回同意等权利。

最简单的做法，是向数据主体提供一个表单，用户可以在这里填写自己的请求，如图17-8所示。

这在开展隐私保护工作时可能问题不大，但随着请求数量的增多，处理表单的工作量会越来越大，而且由于这种模式过于简单，且不够透明（用户看不到处理的进度），容易招致用户的投诉。在条件具体的情况下，还需要考虑建立面向用户的自助管理后台，让用户可以在这里执行查询、更正、删除、导出、调整同意选项等操作，充分保障用户的权利。

图 17-8　数据主体请求表单

4.任命数据保护官

如果控制者或处理者对数据主体进行例行的系统性监控，或者处理大量的敏感个人数据或者刑事犯罪数据，需要设置数据保护官（DPO）。数据保护官的职责是监控合规遵从情况、为 DPIA（数据保护影响评估）提供建议，以及与 GDPR 监管机构沟通。

> 注意　按照 GDPR 的要求，数据保护官的工作是独立开展的，在法律规定的框架下履行职责，不能接受来自企业内部的"指导"，比如告诉数据保护官应该怎么做，不应该怎么做，也不能因为拒绝内部的"指导"而受到处罚。

5.问责制与自我证明合规

凡属 GDPR 管辖的数据控制者，需要证明自身的合规性并能够向监管机构出示，包括：

- 数据处理记录。
- 隐私影响评估记录。
- 定期执行隐私合规审计和政策审核，作为证明自身合规的一部分。

作为数据处理者，需能够向数据控制者证明自身的合规性并接受数据控制者或其委托人的审计。

6.事件报告

在发生危及欧盟公民个人信息的安全事件后 72 小时之内，企业须上报欧盟数据保护机构。发生个人数据泄露事件后，数据处理者当立即通知数据控制者。

如果泄露事件可能会给数据主体带来高危风险（比如信用卡资料泄露），还需要及时通知到数据主体（用户、客户、商业联系人、雇员、求职者等）。

17.2.9 违规与处罚

当数据主体认为其权利遭受损害时，可向监管机构投诉，并有权寻求司法救助，有权就其遭受的损失获得控制者或处理者的赔偿（无论是财产性损失还是非财产性损失）。上述行动也可委托数据保护机构、组织、协会等进行。

违反 GDPR 条款[⊖]，比较严重的（例如违反六项原则），最高罚款可达 2000 万欧元或企业上一财政年度全球营业总额的 4%（取其中较高者）；其他最高罚款可达 1000 万欧元或企业上一财政年度全球营业总额的 2%（取其中较高者）。

2019 年 1 月 22 日，法国数据保护委员会 CNIL（National Data Protection Commission）宣布，对美国某搜索引擎巨头处以 5000 万欧元的罚款。根本原因是其个性化广告推送服务违反 GDPR 的透明性原则，且没有在处理用户信息前获取有效同意：

- 多个业务采用一揽子式同意及隐私政策（只要用户勾选一个同意选项，就视为用户同意任何服务均可以收集和处理个人数据），这也违反了透明性原则，用户失去了自主选择的权利。
- 违反了自愿原则，未尽到告知义务（个人信息被收集和处理的目的、使用的业务及产品范围、存储期限、用户权利等），默认勾选了"同意提供个性化广告服务"，且故意放在不容易发现的位置。
- 如果一款产品属于占市场主导地位的产品，用户明显处于弱势地位，且用户不同意就无法使用的话，则用户同意的有效性将被削弱（可能不被视为有效的同意）。

17.3 个人信息安全规范

《个人信息安全规范》在业界有"中国版的 GDPR"之称，其在国内隐私保护领域的重要性可想而知。

17.3.1 简介

《个人信息安全规范》的全称为《信息安全技术个人信息安全规范》（GB/T 35273—2020），旨在规范个人信息在收集、存储、使用、共享、披露等环节的行为，遏制个人信息非法收集、滥用、泄露等问题，保护个人合法权益和社会公共利益。该规范由国家市场监督管理总局和国家标准化管理委员会发布，于 2018 年 5 月 1 日正式实施。

该标准目前仅仅是推荐性标准，还不是强制性标准。这里将基于最新的修订稿，简单介绍这个规范的主要条款。

⊖ GDPR: https://eur-lex.europa.eu/eli/reg/2016/679/oj

个人信息是以电子或者其他方式记录的能够单独或者与其他信息结合识别特定自然人身份或者反映特定自然人活动情况的各种信息。其中，一旦泄露、非法提供或滥用可能危害人身和财产安全，极易导致个人名誉、身心健康受到损害或歧视性待遇等的个人信息，称为个人敏感信息。

个人敏感信息包括：

- 个人身份信息：各种身份证件，以及网络账号、口令、口令保护、数字证书等
- 个人财产信息：如账号、口令、存款及流水记录、房产、信贷、征信、虚拟财产等
- 个人健康生理信息：如既往病史及诊疗记录、生育信息、健康状况等
- 个人生物识别信息：如基因、指纹、声纹、虹膜、面部识别特征等
- 其他敏感信息：如婚史、性取向、宗教信仰、犯罪记录、通信记录、定位及轨迹、住宿记录、上网浏览记录等

17.3.2　个人信息安全原则

个人信息控制者应遵循以下基本原则：

- 权责一致：收集了用户个人信息，就需要对其安全负责，对处理不当造成的损害负责。
- 目的明确：需要有合法、正当、必要、明确的用途。
- 选择同意：向用户明示个人信息的用途、范围、规则，征得用户授权同意。
- 最少够用：基于用户同意的目的，只处理所需的最少个人信息，且目的达成后删除。
- 公开透明：公开处理个人信息的范围、目的、规则，接受外部监督。
- 确保安全：采取足够的安全管理措施和技术手段，保护个人信息的保密性、完整性、可用性。
- 主体参与：向用户提供查询、更正、删除其个人信息，以及撤回授权、注销账号、投诉等方法。

17.3.3　个人信息的生命周期管理

1. 个人信息的收集

收集个人信息需要满足：

- 合法性：不得采用欺诈、隐瞒、诱骗/误导的方式；不得从非法渠道间接获取；不得收集法律法规禁止收集的个人信息。
- 必要性：最小化收集（不采集就无法实现相应的功能）。

- 非强迫：不得强迫用户一次性授权各项业务的收集需求；用户已拒绝的收集需求，不得频繁征求同意。
- 明示与授权：需要明确告知用户收集的个人信息类型、用途、收集方式和频率、存储期限、自身安全能力等，并获取用户的授权；收集 14 周岁以下儿童的个人信息，需要征得其监护人的明示同意。

据人民网 2019 年 1 月 25 日电[一]，中央网信办、工信部、公安部、市场监管总局等四部门召开新闻发布会，联合发布《关于开展 App 违法违规收集使用个人信息专项治理的公告》，并成立 App 违法违规收集使用个人信息专项治理工作组，明确 App 运营者收集使用个人信息时，不得收集与所提供服务无关的个人信息；收集个人信息时要以通俗易懂、简单明了的方式展示个人信息收集使用规则，并经个人信息主体自主选择同意；不以默认、捆绑、停止安装使用等手段变相强迫用户授权，不得违反法律法规和与用户的约定收集使用个人信息。倡导 App 运营者在定向推送新闻、时政、广告时，为用户提供拒绝接收定向推送的选项。

---

2. 个人信息的使用

- 对被授权访问个人信息的人员，应建立最小化授权的访问控制策略；如默认只能用户自己操作自己的个人信息（如相册），但在出现异常的时候，还需要授权客户服务人员、技术支持人员临时访问，且该授权跟流程状态关联，只有问题单生成且未解决的情况下才允许参与支持的人员访问，问题解决后回收权限。
- 对个人信息的重要操作设置内部审批流程，如批量下载。
- 对数据操作、安全管理、审计等角色，执行职责分离，不能由同一人担任其中两种重要角色。
- 对个人信息加工处理产生的信息，如能单独或者结合其他信息识别出自然人的身份，则该信息也认定为个人信息。
- 使用个人信息，如超出收集时向用户明示的范围，应再次征得用户同意。
- 对于个性化定制内容（如推送广告、新闻或信息服务），应显著标识个性化展示等字样，并提供简单直观的退出选项。

3. 个人信息的删除

个人信息控制者违反约定，收集、使用约定范围之外的个人信息，或向第三方共享 / 转让个人信息，或披露个人信息，用户要求删除的，应删除个人信息。

4. 撤回授权

应向用户提供撤回授权的方法，并在撤回后不再收集、使用其个人信息。应保障用户

[一] http://it.people.com.cn/n1/2019/0125/c1009-30590840.html

拒收基于其个人信息推送广告的权利。

5. 注销账户

应向用户提供简便的注销账户的方法，注销后，应及时删除其个人信息或做匿名化处理。

17.4　GAPP 框架

GAPP 即 Generally Accepted Privacy Principles，公认隐私准则，是由美加会计师协会 2003 年联合发布的隐私保护准则框架，后又经过多轮修订（目前版本为 2009 年 8 月修订），旨在方便隐私管理，促进隐私合规，以及为隐私认证或审计提供一个可供参考的标准。

GAPP 确立了 10 项隐私原则：

- 管理（Management）：建立并文档化隐私政策、控制流程、沟通机制、问责机制。
- 告知（Notice）：向数据主体提供隐私政策、控制措施，标明个人信息被收集、使用、留存、披露的目的；
- 选择同意（Choice and consent）：向数据主体提供选择机制，并获得数据主体对其个人信息收集、使用、留存、披露等用途的明示同意。
- 收集（Collection）：收集的个人数据仅用于明确告知的用途。
- 使用 / 留存 / 披露（Use, retention, and disposal）：个人数据限定使用于明确告知的用途并需要得到个人的明示同意，留存时间不超过法规要求或实现该用途所需的时间，并在到期时清理。
- 访问（Access）：提供个人访问其个人数据的渠道，用于查询、更新；
- 披露给第三方（Disclosure to third parties）：向第三方提供个人信息时，仅限已向个人告知的用途并获得个人的同意。
- 隐私安全（Security for privacy）：保护个人数据，防止未授权的访问，包括物理访问（如接触到存储介质）以及逻辑上访问（如通过网络访问业务应用）。
- 质量（quality）：保证个人信息准确、完整，仅用于告知的用途。
- 监督和实施（Monitoring and enforcement）：应监督隐私政策和控制措施，确保合规，并具备针对用户投诉、争议的处理流程。

有读者可能会问，GAPP 跟 GDPR 有什么区别呢？

最典型的区别，GDPR 是隐私保护的法律文件，对适用范围内的企业具有强制性效力；GAPP 是协助管理隐私政策和隐私项目的综合性框架，不具有强制性。GAPP 要早于 GDPR，从上面 GAPP 的原则可以看出，GDPR 的原则和要求很多来自于 GAPP、OECD 等框架（这些框架可以视为业界的最佳实践）。一句话就是：GDPR 吸收了业界最佳实践的做法，并将它们转化为法律。

17.5 ISO 27018

ISO27018，旨在保证云上个人可识别信息（Personally Identifiable Information，PII）的安全。

ISO 27018 对云服务提供商提出了如下几项核心原则：

- 同意（Consent）：云服务提供商不得使用其收集的个人信息用于广告营销目的，除非获得客户的明确同意；
- 控制（Control）：客户可以明确地控制对他们的个人信息的使用；
- 透明度（Transparency）：云服务提供商必须告知客户，他们的数据被存储在哪里，披露是否有分包商处理 PII，并且对如何处理这些数据做出明确的承诺；
- 问责制（Accountability）：任何信息安全事件都需要触发对云服务提供商的审核，确定是否存在 PII 泄露、篡改；
- 沟通（Communication）：在出现 PII 数据泄露的时候，云服务提供商需告知客户及监管机构，并清楚地记录本次事故及响应。
- 独立审计（Independent audit）：云服务提供商应定期（每年一次）交由独立第三方审计。

第 18 章

隐私保护增强技术

在前面产品安全架构和安全技术体系架构中，已经讲述了通用的数据保护技术，如存储加密、传输加密、展示脱敏等等。这些技术也同样适用于对个人隐私的保护，不过，当用于保护个人数据的时候，还需要一些专用的技术，包括去标识化、差分隐私等，这些技术统称为 PET（Privacy Enhancing Technologies，隐私增强技术）。本章将介绍隐私数据的泄露风险、去标识化技术、差分稳私的原理和案例。

18.1　隐私保护技术初探

在过去的实践中，也或多或少使用了一些用于保护个人隐私或泄露跟踪的技术。

首先，我们来看一个 APP 后端服务拨号的场景。通过平台交易的双方，为了防止用户的手机号码泄露，在 APP 界面上仅展示用户脱敏后的手机号码，需要拨号时，通过 App 后台自动拨号中转，如同双方接入了同一个电话会议。又如快递员看不到收货人的完整手机号码，而只能看到脱敏后的部分数字，可通过后端服务间接拨号，如图 18-1 所示。

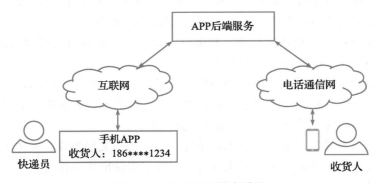

图 18-1　APP 后端服务拨号

又如二次查询机制，在一些需要展示完整信息的场景，前面章节提到的做法是先不展示，或者展示脱敏后的数据，需要点击一次按钮，执行单次单条查询并记录查询日志（如图 18-2 所示），这里的信息如果是数字，还可以将其转换为图片格式（图片上显示数字，如图 18-3 所示），供核对使用。由于默认不展示并且在具体查询时记录了日志，一方面提高了批量查询的难度，另一方面会让查询者产生敬畏心理，知道自己的查询会被记录，因此停止批量查询行为。

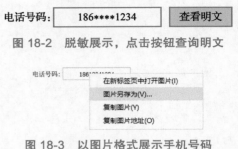

图 18-2　脱敏展示，点击按钮查询明文

图 18-3　以图片格式展示手机号码

还有，插入正常业务访问不到但可定位到数据流转接收方的伪数据记录（行数据）、插入特征跟踪字段（列数据）、数字水印等 DLP 技术，可用于数据泄露定位，如图 18-4 所示。

UserID	Name	CardNumber	Dept
1001	Alice	6225999988886666	To B销售部
1002	Bob	6224666677778888	To C产品部
9876	Smith	9876987698769876	BGHTRED部门

插入正常业务不会使用的数据

图 18-4　插入正常业务不会使用的数据用于跟踪

但这些还是不够的，在涉及个人隐私的大数据分析或统计场景时，如何保护个人隐私，此前介绍的技术并没有覆盖到，典型场景包括：

- 数据集提供给研究机构，数据经过清洗（匿名化等）措施后再提供，比如医院的诊疗数据，如果能够提供给业界的大数据分析机构，研究成果可以反哺给医疗机构，非常有助于提升医学水平，更好地服务于人类；但这里同时会带来一个验证的问题：可能有人会从这份数据集中，获取到一条或多条（甚至接近全部）隐私记录所对应的自然人，从而给当事人带来严重的风险（如歧视、排挤等）。
- 数据集不直接提供给研究机构，只提供一个接口，研究机构可以跟这个接口交互，根据查询条件，由接口返回统计结果。
- 互联网用户的浏览记录，可用于分析需求量比较大的商品、商品广告推荐、社会关注热点等，但这些记录本身涉及用户隐私，一般是不能直接提供给其他组织的，甚至连企业内部的不同业务团队，也不能直接提供。
- 输入法的文字输入、表情的使用记录等，用于候选文字推荐、候选表情推荐等；当输入专业词汇，或新的流行语出现时，它就能很快出现在候选词列表，以提高用户输入效率及体验；但用户的输入却是个人隐私。

接下来，我们将主要介绍：

- 数据集对外发布的隐私保护技术：主要包括匿名化（含 K‒匿名）、假名化（使用假名替换真名）等去标识化手段，将数据集清洗后提供给第三方，目的是让第三方无法从发布的数据集定位到真实的自然人，保护自然人的隐私。
- 针对统计聚合数据添加噪声的差分隐私技术，主要用于对外开放的交互式统计查询接口、用户侧数据统计等场景。

18.2　去标识化

去标识化就是通过使用匿名、假名等方法，让攻击者无法从处理后的数据记录定位到自然人的过程。

18.2.1　匿名化

所谓匿名化，就是通过一定的算法，不可逆地去除数据集中的身份标识信息，使得无法从中定位到任何自然人。

根据这个定义，匿名化是一个目标，匿名化之后，无法定位到任何自然人，也就不会泄露个人数据了，可以不再看成是个人数据。

但是也要意识到，在实践中，往往很难做到真正的匿名化并同时保持数据的可用性，而需要在数据的可用性与隐私保护之间进行权衡。也就是说，匿名化是一个非常难以达成的目标。

我们假设原始记录包含如表 18-1 所示的原始数据（数据为虚构）。

表 18-1　诊疗样本数据

姓名	身份证号	性别	出生年月	邮编	家庭住址	疾病
张三	92345619250102101X	男	1925/01	999988	河州市越湾区解放路 1001 号	心脏病
李四	913456193609151825	女	1936/09	999957	黄宁市夹边沟村一组	高血压
王五	933456196111021317	男	1961/11	999966	河关市桃源镇新街路 38 号	皮肤病
赵六	953456193602091624	女	1936/02	999955	三峰市柳林镇沙河路 99 号	乙型肝炎

其中的姓名、身份证号和家庭住址，很容易直接关联到该患者本人，且这几个字段对于学术研究用处不大，应首先排除。这样，数据集就简化成表 18-2。

表 18-2　匿名的诊疗样本数据

性别	出生年月	邮编	疾病
男	1925 年 1 月	999988	心脏病
女	1936 年 9 月	999957	高血压
男	1961 年 11 月	999966	皮肤病
女	1936 年 2 月	999955	乙型肝炎

是不是这样就可以保证患者隐私不泄露了呢？其实不然。在 2000 年，来自卡内基梅隆大学的 Latanya Sweeney 教授（现为哈佛大学教授）发表了一篇报告"Simple Demographics often Identify People Uniquely"（简单的人口统计往往能识别出人的独特性）报告，报告指出：少数特征的组合结合在一起即可唯一地识别部分自然人。他基于美国选举人公共注册信息，统计出：

- 87% 的美国人基于（邮编、性别、出生日期）可被唯一确定。
- 53% 的美国人通过（地址、性别、出生日期）可被唯一确定。
- 18% 的美国人通过（县、性别、出生日期）可被唯一确定。

也就是说，上述简化后的数据集，有大概 87% 的记录可唯一定位到个人。

可见这样简化后的数据也是不能发布的，简单地删除敏感字段或假名化（姓名替换为假名），并不足以保护个人隐私。

2006 年 8 月，为了学术研究，美国在线[一]（AOL）公开了匿名的搜索记录。纽约时报通过这些搜索纪录，找到了 ID 匿名为 4417749 的用户在真实世界中对应的个人。因为隐私泄露事件，AOL 遭到了起诉（诉讼请求包括赔偿受影响用户每人 5000 美元）。

18.2.2 假名化

假名化，就是对可标识的用户身份信息用假名替换。但是需要了解的是，假名化的数据，仍是有很大概率找出对应的自然人，难以达到去标识化的目的，所以假名化的数据仍将被视为个人数据，需要跟明文数据一样加以保护。

💡 提示　假名对应的英文是 Pseudonymisation[二]或 Pseudonymization（源于 pseudonym，笔名或假名）。

18.2.3　K – 匿名

上面提到的删除姓名或使用假名，虽然无法直接标识用户，但攻击者还是有可能通过多个属性值，结合其他已知的背景知识，识别出真实的个人，从而导致自然人的隐私数据泄露。

K – 匿名（k-anonymity）是由 Pierangela Samarati 和 Latanya Sweeney[三]提出的隐私保护模型，它通过引入等价类的概念，保障每条隐私数据都能找到相似的数据，从而降低了单条数据的识别度。K – 匿名的使用场景主要是数据集发布或数据集提供给第三方研究机构。

K – 匿名要求发布的数据中 k 条记录为一组，其中的每一条记录都要与其他至少 k–1 条记录不可区分（这 k 条记录相似，称为一个等价类）。

○　AOL search data leak: https://en.wikipedia.org/wiki/AOL_search_data_leak
◎　Pseudonymization: https://en.wikipedia.org/wiki/Pseudonymization
◉　Latanya Sweeney 简介：https://en.wikipedia.org/wiki/Latanya_Sweeney

这里，参数 k 为一个整数，表示隐私保护的强度：

- k 值越大，隐私保护的强度越强（任何一条疑似某人的记录，都可以再找到 k−1 条相似的记录）。
- k 值越大，丢失的信息更多，数据的可用性就越低（一些比较罕见的样本如果无法凑成一个等价类就不能用了）。

怎么理解呢？我们来看一个最简单的 k=2 的场景，处理后的数据如表 18-3 所示。

表 18-3　K–匿名（k = 2）的诊疗样本数据

性别	出生年份	邮编	疾病
女	1935 ～ 1940 年	99995*	高血压
女	1935 ～ 1940 年	99995*	乙型肝炎

这两条信息在可用于定位的三个字段上完全相同（疾病是隐私信息，假设数据集发布前除了医院和自己家人，没有外人知道），无法从这个信息中判断具体的自然人患了何种疾病，从而降低了具体自然人的隐私泄露风险。

前面举例中的另外两条数据无法构成一个等价类，而需要和其他的数据组合成等价类。如果一条记录由于样本实在太少，无法构成包含 k 条记录的等价类，则这条记录就不应纳入数据集。

当研究者拿到 K–匿名处理后的数据时，将至少得到 k 个不同人的记录，进而无法做出准确的判断；也就是说，任何一条记录，都可以再找到 k−1 条相似的记录。

但这仍然是存在缺陷的，如果一个等价类中的多个样本都是同一种疾病（比如乙型肝炎），则所涉及的几位自然人的隐私就泄露了，可能会被周围认识的人高度怀疑其患了该病，称之为一致性攻击，如表 18-4 所示。

表 18-4　K–匿名（k = 2）的一致性攻击

性别	出生年份	邮编	疾病
女	1935 ～ 1940 年	99995*	乙型肝炎
女	1935 ～ 1940 年	99995*	乙型肝炎

为了防止一致性攻击，L-Diversity（L–多样性）隐私保护模型在 K–匿名的基础上，要求保证任意一个等价类中的敏感属性都至少有 L 个不同的值。

上面的数据样本，如果在一个等价类中，疾病种类小于 L，则这个等价类中的记录就不能使用了。因为，只有一个人患该病的话，也会造成该患者的隐私泄露，至少需要在一个等价类中为其找到 L−1 个病友（行记录），才能降低其中每一患者隐私泄露的风险。

不过，就算满足 L-Diversity，仍有可能导致隐私泄露，假如有一个敏感字段为 HIV 筛查结果（阳性、阴性），可以达成 2-Diversity，但这个多样性其实没有意义，无论结果是阴性还是阳性，记录出现在这个数据集本身就造成部分隐私信息泄露。

此外，L-Diversity 还存在没有考虑敏感字段的总体分布、语义等方面的缺陷。

为解决 L-Diversity 模型的缺陷，引入 T-Closeness 模型，保证在一个等价类中，敏感信息的分布情况与整个数据集的敏感信息分布情况接近（close），不超过阈值 t。不过，这也并不能防止隐私信息泄露。结合背景知识和数据集披露的信息，攻击者仍可能获取更多的信息。由于在实践中使用较少，这里仅做概念介绍，不再展开。

K–匿名在实践中，总是不断地被发现存在缺陷以及不断地改进；基于当前知识判断不会造成隐私泄露，也不能排除将来有攻击者从中找出真实的自然人的隐私，因此直接提供数据集的方式所面临的风险还是非常高的。

麻省理工学院学者 Yves-Alexandre de Montjoye 的一份研究中表明，仅仅需要 4 个跟用户相关的外部信息，比如运动轨迹或定位、点评或评分、消费记录等，攻击者就有超过 90% 的概率识别出特定的用户。因此，尽量不要直接对外提供数据集。

在差分隐私出现后，我们可以不必再直接提供经过 K–匿名处理的数据集，而是提供经差分隐私保护的统计查询接口（查询的数值结果上添加噪声），可以更好地保护个人隐私。

18.3　差分隐私

在提到差分隐私之前，需要先了解差分攻击，让我们先看一个简单的例子：假设某医院具备电子化的候诊大屏幕，显示的是当前候诊人数准确的数字，在某人进去之前显示当前排队 90 人，进入之后显示当前排队 91 人，则现场的人会认为他是来看病的，而不是来看望朋友的，医院就泄露了一部分隐私。如果显示近似值且不连续变化，如当前排队大约 90 人，且他进去前后显示未发生变化，则保护了他的隐私。

差分隐私（Differential privacy，DP）就是为了解决差分攻击而引入的解决方案，是微软研究院的 Dwork 在 2006 年提出的一种隐私保护模型，可以有效防止研究人员从查询接口中找出自然人的个人隐私数据。其原理是在原始的查询结果（数值或离散型数值）中添加干扰数据（即噪声）后，再返回给第三方研究机构；加入干扰后，可以在不影响统计分析的前提下，无法定位到自然人，从而防止个人隐私数据泄露。

差分隐私主要适用于统计聚合数据（连续的数值，或离散的数值），如交互式统计查询接口、API 接口、用户侧数据统计等。

18.3.1　差分隐私原理

为了防止攻击者利用减法思维获取到个人隐私，差分隐私提出了一个重要的思路：在一次统计查询的数据集中增加或减少一条记录，可获得几乎相同的输出。

也就是说任何一条记录，它在不在数据集中，对结果的影响可忽略不计，从而无法从结果中还原出任何一条原始的记录。

假设原始数据集为 D（可以理解为一张表），在其基础上增加或减少一条记录构成 D'，这时 D 和 D' 为临近数据集；假设某个差分隐私算法为 A()，对数据集 D 运算并添加噪声的结果为 A(D) = V；对数据集 D' 运算并添加噪声的结果为 A(D') = V'；V 和 V' 就是统计运算的结果，差分隐私要求对临近数据集的运算结果基本一致，即 V = V'。

选用不同的输入（D），输出（V）也会不同，我们用 P() 表示 A(D) = V 的概率，则对于所有的输出 V，要求：

$$e^{-\varepsilon} \leqslant \frac{P\,(A(D) = V)}{P(A(D') = V)} \leqslant e^{\varepsilon}$$

提示　这里的 ε 为希腊字母的第五个字母，发音 /epsilon/ 或 /'epsila:n/。e 为自然常数，约等于 2.71828。

在数学上，当 ε 比较小时，

$$e^{\varepsilon} \approx 1 + \varepsilon$$

如：

$$e^{0.1} \approx 1.105$$
$$e^{0.2} \approx 1.221$$
$$e^{0.3} \approx 1.350$$

于是，当 ε 比较小时，公式也可以写为：

$$1 - \varepsilon \leqslant \frac{P\,(A(D) = V)}{P(A(D') = V)} \leqslant 1 + \varepsilon$$

这个公式可以帮忙理解差分隐私的原理，不过目前在数值型差分隐私的运用中，还较少看到这么小的 ε。

用于对两个临近数据集进行运算时，该差分隐私运算称为 ε – 差分隐私运算。在所有的临近数据集上获得基本相同的输出的概率基本相等，这样的算法才满足 ε – 差分隐私（或写作 ε-DP）的保护要求。

ε 被称为隐私保护预算，用于控制隐私保护算法 A() 在邻近数据集上获得相同输出的概率比值。ε 越小，隐私泄露的风险就越小，但是引入的噪声就越大，输出的数据集的研究价值也越小。如果 ε = 0，则表示该差分隐私算法在所有邻近数据集上获得了完全相同的输出，即不可能泄露任何用户的隐私，但这样对研究机构来说就没有研究价值了。

差分隐私从数学上证明了，即使攻击者已掌握除某一条指定记录之外的所有记录信息（即最大背景知识假设），它也无法确定这条记录所包含的隐私数据。差分隐私同时也对隐私保护水平给出了严谨的定义和量化评估方法。差分隐私的这些优势，使其一出现便成为隐私保护研究的热点。

18.3.2 差分隐私噪声添加机制

通常使用如下机制来实现差分隐私保护：

- 拉普拉斯[⊖]（Laplace）机制，在查询结果里加入符合拉普拉斯分布的噪声（也可以在输入或中间值加噪声），用于保护数值型敏感结果；假设某公司有 5000 名研究生学历的职员，在查询结果中加入噪声之后，每次查询得到的结果都不一样，有很高的概率得到 4990 ～ 5010 之间的数值，而出现 4975 以下或 5025 以上数字的概率很小。
- 指数（Exponential）机制，用于保护离散型敏感结果（如疾病种类）。

18.3.3 数值型差分隐私

针对数值型查询结果，差分隐私从数学上证明，如下在结果上添加噪声的公式，满足 ε – 差分隐私要求：

$$DP(D) = f(D) + (Y_1, Y_2 \cdots Y_n), \quad Y \sim Lap(0, \frac{GSf}{\varepsilon})$$

其中：

$DP(D)$ 表示基于数据集 D 添加了噪声的结果输出；

$f(D)$ 表示未添加噪声的基于数据集 D 的原始查询的结果，结果可以是多维的，如二维（sum_a, sum_b）；

$(Y_1, Y_2 \cdots Y_n)$（记为 Y），表示每个维度的噪声，服从参数 $\mu = 0$, $b = GSf/\varepsilon$ 的拉普拉斯分布；

$GSf = \max \|f(D) - f(D')\|$ 表示 $f(x)$ 的全局敏感度（Global Sensitivity，GS），为函数 $f(D)$ 作用在所有临近数据集的曼哈顿距离的最大值；由于临近数据集有很多对，需要取最大值才能避免隐私泄露。

> 所谓曼哈顿距离，就是所有维度上的距离之和，而不是直线距离；如果查询结果是一维的（select sum_a from ...），则曼哈顿距离为 |sum_a – sum_a'|（两个数字的差的绝对值）；如果查询结果是二维的（select sum_a, sum_b from ...），则曼哈顿距离为 |sum_a – sum_a'| + |sum_b – sum_b'|；在平面坐标上，就是横轴距离加上纵轴距离（如同棋盘上的边线距离，或者方块街区上出租车经过的距离）。

如果固定数据集 D（是原始数据集中的一个子集），计算与其所有临近数据集的曼哈顿距离的最大值，则为局部敏感度（Local Sensitivity，LS）。所有局部敏感度的最大值，即为全局敏感度。

$Lap(\mu, b)$ 表示拉普拉斯分布函数，如图 18-5 所示，其中 μ 为位置常数，默认取 0，b 为

⊖ Laplace distribution：https://en.wikipedia.org/wiki/Laplace_distribution

尺度参数，取值 GSf/ε，其概率密度函数 $p(x)$ 如下：

$$p(x) = \frac{1}{2b} e^{-\frac{|x-\mu|}{b}}$$

图中 4 条分布曲线分别为不同的 μ、b 取值情况下的结果分布。以 $\mu = 0$ 和 $b = 1$ 为例（图中最陡的一条），结果以很高的概率分布在 0 附近（横轴），且绝大部分都在 $(-2, 2)$ 之间。

那么如何得到符合拉普拉斯分布的噪声呢？公式如下：

$$Y = \mu - b\ sgn\ (U)\ \ln\ (1 - 2\ |\ U\ |)$$

其中 sgn() 表示符号函数，正数为 1，负数为 –1；U 是服从 $(-0.5, 0.5)$ 区间均匀分布的随机数。

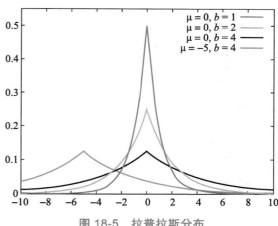

图 18-5　拉普拉斯分布

这样计算出来的结果符合拉普拉斯分布。

将 GSf/ε 作为尺度参数 b，即可得到在原始查询结果上添加噪声的输出 $DP(x)$。

我们假设某个查询（例如 select sum (privacy_num) from table where ...）正常应该返回 5000，全部临近数据集的全局敏感度 GS=10（可理解为：增减一条记录，原始的查询结果在 4990 ～ 5010 之间变动），隐私保护预算 ε=1，下面使用 Python3 测试一下：

```python
import numpy as np

def get_noisy_digit(GSf, epsilon):
    beta = GSf/epsilon
    u = np.random.random()-0.5
    noisy_digit = 0.0 - beta * np.sign(u) * np.log(1.0 - 2 * np.abs(u))
    return np.rint(noisy_digit)


if __name__ =='__main__':
    GSf = 10
    epsilon = 1
    count_err_lt_5  = 0   # 误差在 5 以内的出现次数统计
    for i in range(30):
        result = 5000    # 假设原始的查询结果为 5000，真实值
        result += get_noisy_digit(GSf, epsilon)   # 添加符合拉普拉斯分布的噪声
        if np.abs(result-5000) <= 5.0:
            count_err_lt_5 += 1
        print(result)
    print(count_err_lt_5, " times error<5.")
```

运行结果如下：

```
4982.0
5005.0
```

```
4979.0
5005.0
5025.0
4996.0
4990.0
5011.0
5008.0
4980.0
4992.0
5001.0
4991.0
4996.0
4990.0
4999.0
5003.0
5001.0
4986.0
4980.0
5020.0
5001.0
4996.0
5000.0
5006.0
5005.0
4987.0
4994.0
5003.0
5012.0
13 times error<5.
```

由于输出篇幅限制，上面的代码仅执行了 30 次干扰；在 30 个添加噪声的数值中，有 13 个左右误差在 5 以内，看上去好像是与拉普拉斯分布吻合的。具体是不是这样呢？让我们修改一下代码，执行 1000 次干扰并将结果分布图绘制出来，如下所示：

```python
import numpy as np
import seaborn as sns
import matplotlib.pyplot as plt


def get_noisy_digit(GSf, epsilon):
    beta = GSf/epsilon
    u = np.random.random()-0.5
    noisy_digit = 0.0 - beta * np.sign(u) * np.log(1.0 - 2 * np.abs(u))
    return np.rint(noisy_digit)

if __name__ =='__main__':
    GSf = 10
    epsilon = 1
    output = []
    for i in range(1000):
        result = 5000                               # 假设原始的查询结果为 5000，真实值
        result += get_noisy_digit(GSf, epsilon)     # 添加符合拉普拉斯分布的噪声
        output.append(result)
    sns.set(style="white", palette="muted", color_codes=True)
```

```
sns.distplot(output)
plt.show()
```

运行结果如图 18-6 所示。

从图 18-6 的分布结果上看，跟预期一致，符合拉普拉斯分布。

接下来，我们尝试修改隐私保护预算，看看有什么变化。

首先，使用 $\varepsilon = 0.1$，其结果如图 18-7 所示。

从图 18-7 横轴上的数字分布范围可以看出，使用太小的 ε，引入的噪声较大，从而数据误差较大，有可能导致数据不可用。

再使用 $\varepsilon = 4$ 得到图 18-8 所示的结果。

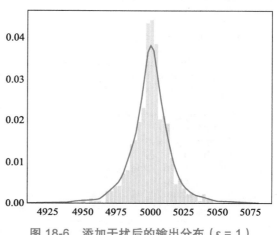

图 18-6　添加干扰后的输出分布（$\varepsilon = 1$）

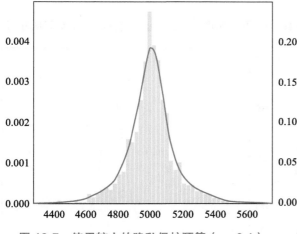

图 18-7　使用较小的隐私保护预算（$\varepsilon = 0.1$）

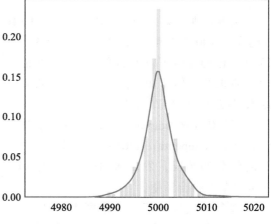

图 18-8　使用较大的隐私保护预算（$\varepsilon = 4$）

可以看出，ε 越大，引入的噪声越小，输出的结果更接近正确的数值，但这样隐私泄露的风险也会增大。

18.3.4　数值型差分隐私的局限性

在上面的例子中，我们只用了一个维度，但实际查询往往是多维的（返回结果包含多个值），这里我们增加一个维度，假设某次查询的结果是（5000, 50），全局敏感度增加为 12，我们看看第二个维度的输出干扰情况，如下所示：

```python
import numpy as np
import seaborn as sns
import matplotlib.pyplot as plt


def get_noisy_digit(GSf, epsilon):
    beta = GSf/epsilon
    u = np.random.random()-0.5
    noisy_digit = 0.0 - beta * np.sign(u) * np.log(1.0 - 2 * np.abs(u))
    return np.rint(noisy_digit)


if __name__ =='__main__':
    GSf = 12
    epsilon = 1
    output = []
    for i in range(1000):
        result = [5000, 50]
        result[0] += get_noisy_digit(GSf, epsilon)
        result[1] += get_noisy_digit(GSf, epsilon)
        output.append(result[1])
    sns.set(style="white", palette="muted", color_codes=True)
    sns.distplot(output)
    plt.show()
```

实测发现，第二个维度添加噪声后的取值范围（如图 18-9 所示，横轴上的数字从小于 0 到大于 100 均有可能），相对于原始的数值 50，已经发生了较大的变化，甚至可能大于原来的两倍（100），噪声过大，查询结果可能严重偏离真实结果。

将代码中的 output.append(result[1]) 修改为 output.append(result[0])，输出第一个维度的分布情况，发现跟 GSf=10 时区别不大，基本符合预期。

这个测试只对第一个维度表现良好，而第二个维度表现较差，主要是由于数值量级偏差太大。这也表明差分隐私的全局敏感度对于单个返回值的场景表现较好，但不太适合复杂的具有多个返回值的复杂

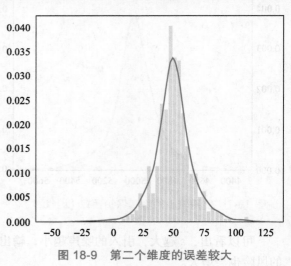

图 18-9 第二个维度的误差较大

查询场景，特别是多个返回值不在同一量级时；如果使用局部敏感度，可能会造成隐私泄露；这时可能需要引入新的敏感度或算法。

18.3.5 离散型差分隐私

我们假设这样一个场景：

在足球协会的一次在线选举投票中，得票最多的候选人将出任协会主席，共收到 100 张投票，三位候选人实际得票如下：张三 50 票、李四 35 票、王五 15 票。该场景下隐私保护的目标是：任何人都不能知道其中具体的任何一张票投给了谁。

为了防止投票人隐私泄露，不再输出每个候选人的得票数，而是输出每位候选人添加干扰后的胜出概率。

投票记录中记录的，是三位候选人的名字，是离散型的结果，而不是数值。针对这种离散型的数据，我们引入指数机制：

记 D 为数据集（对应上述全部 100 张投票），o 为候选项目（对应上述三位候选人之一）；用函数 $q(D, o)$ 表示 o 在数据集 D 中的出现次数（对应上述得票数，如 q（D，张三）＝ 50）；敏感度记为 Δq，在上述场景中，$\Delta q = 1$（增删一张选票，得票数最多变化 1）如果一个算法 M，输出 o 的概率正比于 $exp(\varepsilon\, q(D, o)/(2\, \Delta q))$，则 M 是满足 ε－差分隐私的指数机制。

证明过程略，现在用代码来验证一下，如下所示：

```python
import numpy as np

def calc_proportion(epsilon, value, delta):
    return np.exp(epsilon * value / (2 * delta))


if __name__ =='__main__':
    candidate = ['zhangsan', 'lisi', 'wangwu']
    vote_count = [50, 35, 15]
    epsilon = 0.1                  # ε
    delta = 1                      # 敏感度
    proportion = []                # 所占份额
    result_probability = []        # 最终胜出的概率
    total_proportion = 0.0
    for i in range(len(candidate)):
        proportion.append(calc_proportion(epsilon, vote_count[i], delta))
        total_proportion += proportion[i]
    for i in range(len(candidate)):
        result_probability.append(proportion[i]/total_proportion)
    print(result_probability)
```

运行结果为：

```
[0.6074815620620585, 0.28695397132498135, 0.10556446661296022]
```

张三以约 60.75% 概率胜出。

下面我们看看这个概率是否符合差分隐私的定义。

将张三的得票减去一票（50 改为 49），概率结果为：

```
[0.5954972684652321, 0.2957151919677618, 0.108787539567006]
```

张三的胜出概率变为 59.55%。60.75%/59.55% 约等于 1.02，exp(-0.1) 约等于 0.90，exp(0.1) 约等于 1.11，从而：

```
exp(-0.1) < (60.75% / 59.55%) < exp(0.1)
```

可见，符合 ε – 差分隐私（$\varepsilon = 0.1$）的定义。

如果 $\varepsilon = 0$，输出如下所示：

```
[0.333333333333333, 0.3333333333333333, 0.3333333333333333]
```

输出已经没有任何差异，不会泄露任何隐私，但数据没法用了。

如果 $\varepsilon = 0.5$，输出如下所示：

```
[0.9768713905676077, 0.022973813097375215, 0.0001547963350170097]
```

如果 $\varepsilon = 1$，输出如下所示：

```
[0.9994471962808382, 0.0005527786230510056, 2.509611066071874e-08]
```

可见当 ε 增大时，得票最多的选项（"张三"），其胜出概率被极度放大了。因此，ε 的选择，需要在保障数据可用的前提下进行权衡。

18.3.6 差分隐私案例

差分隐私按处理位置的分布，可分为如下两种：

本地化差分隐私：当隐私数据从用户侧采集时（比如手机 APP），如用户的浏览记录，按就近处理的原则，使用本地差分隐私，将本地的抽样统计数据加入噪声后再上传。

中心化差分隐私：当隐私数据存在于服务器侧交互式查询接口时，如医疗数据，按就近处理的原则，使用中心化差分隐私，查询结果添加噪声后再提供。

例如苹果手机 iOS 系统采用了本地化差分隐私[○]的技术，从本地缓存数据中抽样统计，添加噪声后，再将抽样统计结果提交到后端服务器，使用的 ε 如表 18-5 所示。

表 18-5　苹果 iOS 中各应用使用的隐私保护预算

应用	ε
健康数据	2
Safari 浏览器中耗电域名监测	4
搜索数据	4
Emoji 表情	4
QuickType 智能输入法	8

从这里也可以看出，敏感度比较高的数据，使用相对比较小的 ε。

18.3.7 差分隐私实战

假设我们需要统计某大型公司员工的平均身高，但是又不能获取到具体员工的真实身

○ Differential Privacy by Apple: https://www.apple.com/privacy/docs/Differential_Privacy_Overview.pdf

高，有没有什么办法可以做到呢？

让我们尝试使用添加噪声的方法，不发送员工的真实身高数据，只发送添加噪声后的身高数据，看看真实的平均身高和添加噪声后获取到的平均身高误差情况。

测试代码如下：

```python
import numpy as np

def get_noisy_digit(GSf, epsilon):
    beta = GSf/epsilon
    u = np.random.random()-0.5
    noisy_digit = 0.0 - beta * np.sign(u) * np.log(1.0 - 2 * np.abs(u))
    return np.rint(noisy_digit)

if __name__ =='__main__':
    GSf = 50                    # 假设该公司最高和最矮的两个人相差 50 厘米左右
    epsilon = 4
    real_height = []         # 假设为真实身高
    pseudo_height = []     # 添加噪声后的身高
    for i in range(10000):
        height_i = 150.0 + np.random.random()*50.0     # 随机生成 10000 个范围在 (150,
200) 之间的身高数值
        real_height.append(height_i)
        pseudo_height.append(height_i + get_noisy_digit(GSf, epsilon))
    print("平均身高 = ", np.average(real_height))
    print("添加噪声后的平均身高 = ", np.average(pseudo_height))
```

输出为：

```
平均身高 = 174.77494902529313
添加噪声后的平均身高 = 174.8238490252931
```

误差在 0.1 厘米（也就是 1 毫米）左右。不过马上应该就有读者指出来了，上面使用的原始身高采用的是平均分布，而实际上身高一般是符合正态分布的。下面的代码使用正态分布来模拟原始数据：

```python
import numpy as np

def get_noisy_digit(GSf, epsilon):
    beta = GSf/epsilon
    u = np.random.random()-0.5
    noisy_digit = 0.0 - beta * np.sign(u) * np.log(1.0 - 2 * np.abs(u))
    return np.rint(noisy_digit)

if __name__ =='__main__':
    real_height = np.random.normal(170, 4, 10000) # 随机生成 10000 个符合正态分布的身高
    GSf = 50
    epsilon = 4
    pseudo_height = []                              # 添加噪声后的身高
    for i in range(10000):
        pseudo_height.append(real_height[i] + get_noisy_digit(GSf, epsilon))
    print("平均身高 = ", np.average(real_height))
```

```
print("添加噪声后的平均身高 = ", np.average(pseudo_height))
print("前 3 位真实身高: ", real_height[:3])
print("前 3 位干扰后的身高: ", pseudo_height[:3])
```

结果为:

```
平均身高 = 170.03739275090942
添加噪声后的平均身高 = 170.2091927509094
前 3 位真实身高: [176.53559034 172.2531054   173.31495198]
前 3 位干扰后的身高: [184.53559033920968, 214.25310540446483, 149.31495197631645]
```

平均身高误差在 2 毫米左右,这样的数据是完全可以接受的。而干扰后的身高数值,看起来已明显跟真实身高偏差较大,不会泄露员工的真实身高数据。如果将 ε 调大,还可以获得更加接近的结果,只是这样添加的干扰就会小一些。

> 可能有的读者会产生疑问,这里的噪声是在同一台电脑上添加的,而实际场景中噪声是不同的电脑上添加的,效果能一样么?实际上,每一个添加噪声的行为都可以看成是一个独立事件。既然是独立事件,就不受其他添加噪声的动作影响,在一台电脑上模拟多次跟使用多台电脑各模拟一次,结果都符合统计意义上的拉普拉斯分布。

第 19 章
GRC 与隐私保护治理

如同数据安全需要治理，隐私保护也需要治理。这一章，我们将引入对风险进行治理的 GRC 方法论，并将其运用于隐私保护的治理实践，主要包括风险治理框架 GRC，隐私保护治理实践，以及如何评判隐私保护的成熟度。

19.1 风险

2001 年 12 月，因为假账、内部腐败等问题，美国最大的能源企业安然公司宣告破产。2002 年 6 月，世界通信（WorldCom）38 亿美元假账事件，极大地打击了投资者对资本市场的信心。为了改变这一局面，重拾投资者的信心，美国国会和政府快速通过了《萨班斯法案》（简称 SOX 法案），对在美国上市的公司提供了"必须控制 IT 风险在内的各种风险以保障财务数据的准确可靠"的合规要求，其中最重要的部分，就是第 404 条（通常称为 SOX 404，或 404 条款）"内部控制的管理评估"，明确了管理层对财务报表和内部控制制度有效性的责任，并需要管理层签署并发表书面的声明。如果提供不实的财务报告或销毁审计档案，企业高管可被判处 10 年或 20 年的监禁。

《萨班斯法案》对企业管理体系产生了重大影响，也促成了 GRC 理论的诞生。GRC（Governance, Risk management and Compliance），即治理、风险管理与合规，是一种企业风险治理的框架模型。

不过在介绍 GRC 之前，我们有必要了解一下企业所面临的各种风险，以初步建立起对风险管理的全局性视野。

在之前的章节中，我们已经知道了数据安全方面的风险，如：

- 未经安全设计、方案评估、安全测试就对外提供不安全的 IT 产品或服务。
- 隐私合规风险（如个人数据泄露、隐私声明或隐私通知的透明性不够、数据出境导致的法律冲突等）。

但是，也必须认识到，这些风险只是企业所面临的诸多风险中的一部分。企业在治理过程中，还会遇到其他各种各样的风险，如：

- 战略 / 市场风险，例如进入的行业不符合产业政策、并购重组、大股东撤资、市场份额下降等。
- 采购风险，例如管理人员吃回扣引入不符合要求的供应商、原材料供应中断等。
- 财务风险，例如现金流中断、投资失败、成本超支、财务报告不真实、融资带来的控制权丧失等。
- 生产管理风险，例如火灾、不安全操作等。
- 人力资源风险，例如招聘了不合格的人员、核心人才流失、用工风险、职业健康等。
- 质量管理风险，比如残次品。
- 法律合规风险，如隐私法律合规、国际贸易合规，以及各种法律纠纷。

此外还有合同管理风险、投资风险、信用风险、公关风险、知识产权风险等。

如果一个企业不能管理好跟自身有关的各种风险，提前做好预防，那么企业顺利存活下去的风险就比较高。

这些风险，可能是由于多个方面的原因所导致，例如：

- 战略方面：缺乏健康的盈利模式。
- 管理方面：九龙治水，权责不清，造成资源浪费了，事情没有做好。
- 员工方面：疏忽、营私舞弊、内外串通、滥用权力。
- 流程方面：缺乏流程管控导致不合规的结果，如未经安全测试对外提供不安全的 IT 产品或服务、缺少对供应商的尽职调查导致上游产品或服务不合格。
- 企业文化方面：缺乏诚信的文化以及问责机制。

为什么要提这些风险呢？其实，在各种风险的管控上，有很多的共同之处。

一个领域风险管理的方法，可以加以借鉴，运用到另一个领域；反之，要做好安全领域的风险管理，也可以借鉴其他领域的方法，下面将要介绍的 GRC 风险治理框架模型就是一套可用于企业风险治理的框架模型。

我们可以通过了解 GRC，来了解通常的风险治理是如何实践的。

也有读者可能会说，GRC 是用于企业整体风险治理的，只用在隐私保护领域，是不是"大材小用"或"杀鸡用牛刀"？

其实不然，GRC 提供了对风险治理的通用方法，也可以用于各细分领域的风险治理，如隐私保护领域就是一个非常适用的领域。GRC 这把"屠龙刀"用好了，也可以在隐私保护这个细分领域发挥巨大作用，给我们提供有效的、体系化的解决方案参考。

19.2 GRC 简介

GRC 由国际智库组织 OCEG[⊖]所倡导的一种风险治理框架（参考定义[⊜]）。GRC 是通过

⊖ https://www.oceg.org/

⊜ GRC is the integrated collection of capabilities that enable an organization to reliably achieve objectives, address uncertainty and act with integrity.

解决不确定性以及诚信行事，保障组织可靠地实现目标的能力集合。这一能力集合，被称为"有原则的绩效"（Principled Performance），如图 19-1 所示。

> 　　不确定性，就是无法事前预防或无法提前预知何时发生的风险事件，以数据安全领域为例，利用未知漏洞或方法的入侵事件、数据泄露事件对企业内部来说就是一种不确定性，我们无法预知事件在什么时间发生，只能通过流程控制、建设防御基础设施、主动扫描发现问题及改进，来加强安全防御能力，通过员工安全意识教育、应急响应预案、恢复演练等确定性的活动来预防和应对不确定性的事件。对于隐私保护领域，外部隐私法律法规的变化、没有明确标准的处罚金额（比如当前的 GDPR 在处罚金额方面只有上限标准，没有下限标准），也是一种不确定性，一笔 5000 万欧元的罚款，可能导致财报和市值的剧烈变化。
>
> 　　诚信行事，融合了企业文化要素，要求员工在日常活动中不做假，确保过程合规。可见，合规不仅仅是结果合规，也要求过程合规，如同交通安全法，即使没有造成交通事故，驾车过程中的高风险行为如接打电话、超速、闯红灯，也将受到处罚。

　　"有原则的绩效"就是在内外合规的前提下，在管理不确定性和保持正直诚信的同时，可靠地达成目标。为了管理不确定性，需要综合运用战略、人员、流程和技术。

　　"有原则的"（Principled）一词，确定了治理活动的边界，即确保所采取的各种活动不越过设定的边界。这个边界的最低要求，就是合法合规，企业可在此基础上，

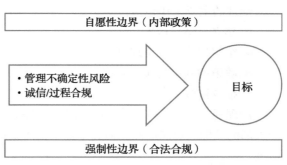

图 19-1　GRC 的目标："有原则的绩效"

设定自己的边界，也就是企业内部的内部政策，以追求卓越和竞争力优势。

　　由此可以总结出，绩效（Performance）一词，包括了三个方面的含义：

- 结果，是否达成目标。
- 行为，实现目标过程中的行为表现是否合规。
- 考核，将员工的技能、发展潜力和是否诚信的价值观纳入考核。

19.2.1　GRC 三领域

　　GRC 的三个要素分别是治理、风险管理、合规，但这三个要素并不互相独立，而是深度有机地融合，如图 19-2 所示。

1. 治理

治理的英文单词是 Governance，是不是立即想到另一个同源的单词 Government（政

府），或者上层建筑？

治理，是一种自上而下所采取的整体制度性安排，是企业所有部门和员工管理性工作的总和，如图 19-3 所示。类似的，"数据安全治理"就是企业内部所有个人和部门管理数据安全事务的总和。

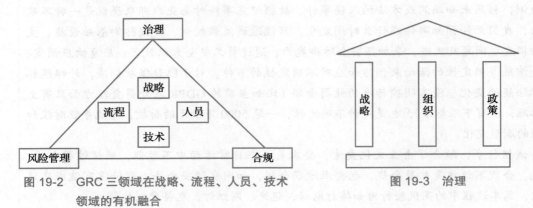

图 19-2　GRC 三领域在战略、流程、人员、技术　　　　　图 19-3　治理
　　　　　领域的有机融合

治理的主要工作包括：

- 建立战略与边界。
- 组织架构与权责划分。
- 政策的制定与流程管控。
- 绩效监督。

治理通过一种分工协作而又互相制衡的组织和制度设计，采用合适的治理框架，使每个人都能发挥主观能动性，但又不至于偏离太远，让各团队总是能朝着"大致正确"的方向前进。

首先，在组织架构设计上，按照"三道防线"进行组织架构设计（参见第 10 章对三道防线的介绍），在各业务体系建立风险防控团队，构建第一道防线；在公司层面，建立整体的风险管理团队，整体负责领域内的风险管理；审计部门也建立相应的审计机制。

其次，建立战略和边界。战略（Strategy），原指军队将领指挥作战的谋略，现在主要用来指为了实现长期目标而采取的全局性规划。在安全领域，如果高层领导只是口头上支持，而不提供实际的资源支持和资金预算，这就说明安全并没有纳入公司的战略规划。战略，需要通过高层决议、讲话让全体员工知悉，并提供实际的资源支持。

边界，包括强制性边界和自愿性边界。强制性边界是由法律法规、合同义务、监管要求等构成的必须满足的合规边界。自愿性边界，是由企业内部建立的政策、管理规定、规范、流程控制点、选定的合规框架等内部政策，以及基础设施和技术限制所构成。

第三，制定政策，需要建立并完善该领域内的文件体系（类似于国家层面的立法），将管理要求、流程文档化，作为风险管理的依据。对隐私保护领域来说，最终交付的政策文件体系，可参考第 16 章的内容建立四级文件体系（政策总纲、管理规定\标准\规范、流程\指南、模板\Checklist），但构建该体系的过程却不是那么简单了。为了将外部法律法规转化为内部文件，这里我们引入一个"桥梁"，可称之为"分解与重组"，在分解与重组的过程中重新分类、合并、去重（即去除重复的内容）、归纳，构成制定内部文件的依据或基石。

以隐私法律合规为例，如图 19-4 所示，这些政策文件要落地，需要采取必要的风险控制活动，并嵌入业务流程，降低或消除确定性的风险。所谓"确定性的风险"，就是可以通过流程降低或消除的风险（数据安全实践表明，这些风险往往是一些低级的人为的疏忽或错误，如弱口令、上线前未扫描就发布导致本来可以识别的漏洞被黑客利用等）。以 SDL 为例，方案评审活动、代码审计活动、上线前的安全测试活动，均可以有效地降低安全风险。

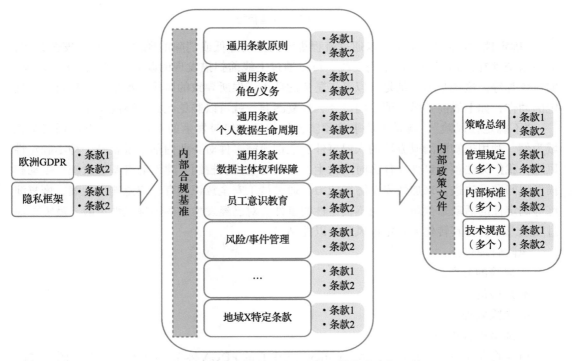

图 19-4　外部法律法规及实践框架转化为内部文件

图 19-5 为跨部门的流程示意图，其中流程 1 表示该流程依次流经部门 1、部门 2 和部门 3，其中圆点表示流程经过时的活动（比如业务自检、风险管理部门的抽检、验收确认等）。

治理还包括监督，将关键的活动动作、评估控制措施的有效性、合规情况、绩效度量传达给管理团队，供管理决策使用。

2. 风险管理

风险管理（Risk Management）主要在于管理各种确定性的风险和不确定性的风险，包括对所有业务和法规风险进行结构化地识别、评估、处置、监视和控制，将风险控制在可接受的水平之内。这个可接受的水平，通常位于强制性边界（法律法规）和自愿性边界（内部政策）之内。

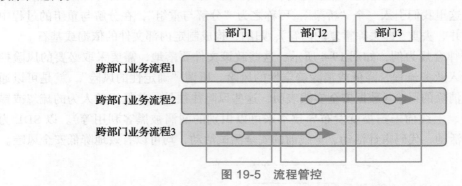

图 19-5 流程管控

"确定性的风险"，就是可以通过流程规定的活动降低或消除的风险。以数据安全为例，应用系统存在已知漏洞但仍带病上线、可以通过上线前扫描发现的漏洞被引入到生产环境、弱口令等等，这些基本上都是可以事先避免的低级错误所导致的风险。如果严格执行流程规定的动作，如上线前扫描、消除弱口令、修复漏洞，就可以避免此类风险的发生。

"不确定性风险"，就是无法事前预防或提前预知何时发生的意外风险，以数据安全领域为例，利用未知漏洞或方法的入侵事件、数据泄露事件对企业内部来说就是一种不确定性风险，我们无法预知事件在什么时间发生，只能通过流程控制、建设防御基础设施、主动扫描发现问题及改进，来加强安全防御能力，通过员工安全意识教育、应急响应预案、恢复演练等确定性的活动来预防和应对不确定性的事件。对已经发生过的不确定性风险，就需要通过复盘总结，将其转化为确定性风险加以控制。

风险管理包括：

- 风险的分类。
- 风险的评估方法。
- 风险处理。
- 风险报告机制。

风险管理体系其实就是以政策（Policy）为中心的 PDCA 体系，参见第 15 章的图 15-26。

这里的政策，就是我们前面所讲述的数据安全政策文件体系，包括数据安全政策总纲、各种管理规定、标准、规范所构成的文件合集，是风险评估的依据，对业务的符合性、流程、活动、控制措施等方面进行风险评估（Plan）。

风险的分类与定级，可以纳入数据安全政策文件体系的第二层文件，作为标准进行提供。风险评估的方法，通常作为数据安全政策文件体系的第三层文件（即流程/指南这一级）。

识别出风险之后，开始对风险进行改进（Do），包括业务自身的安全机制、管理规定的制定、流程控制点的设立、第二道防线中安全防御机制的启用等。

对改进后剩余的风险进行检查度量（Check），以检验或评估跟内部文件体系要求的差距。

　　第四个阶段，对前面的活动进行复盘总结（Action），做得好的地方通过控制项、流程检查点固化下来，残留风险及问题进入下一个循环。

　　这个过程中，也有可能发现文件体系的问题，例如要求的控制措施过于严格或过于宽松，可以作为安全体系改进（特别是文件体系改进）的输入。

　　3. 合规

　　合规（Compliance）即符合法律法规、监管要求、行业标准、合同以及内部管理政策的要求。外部合规就是要符合所有适用的法律法规、监管要求、行业标准、合同的要求；内部合规就是要符合内部政策、管理规定、技术规范的要求。

　　为了简化内部和外部的合规要求，外部法律法规需要首先转化为内部文件，然后合规就可以基于内部文件进行。

　　合规领域的主要工作包括：

- 各种不合规风险的文档化。
- 定义流程中的合规控制点并文档化（控制点，就是在流程中指定的阶段设立关卡，在这个关卡需要完成指定的动作，例如对隐私设计的自检或审核）。
- 评估控制点的有效性。
- 解决发现的合规问题。

通过内部控制的管理机制和体系，确保内部各项管理规定、规范、流程得以遵从。

　　此外，合规不仅仅是结果合规，也包括过程合规、人员合规。为了保障这一点，GRC将"诚信"的企业文化因素也纳入了考虑。

　　图 19-6 对 GRC 三个领域的关系做了一个简单的小结。

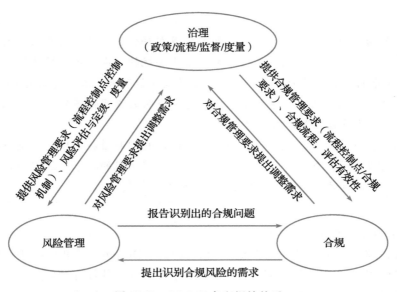

图 19-6　GRC 三者之间的关系

19.2.2 GRC 控制模型

GRC 在整体的控制上，其主线可以概括为："设目标、定政策、融流程"，如图 19-7 所示。

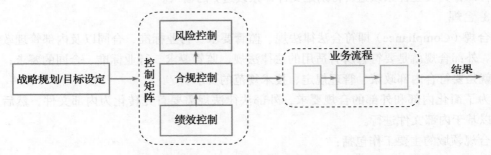

图 19-7　GRC 的控制主线

"设目标"，对于企业来说，是设定长期经营目标，通常由业务管理层规划并在董事会决策确定。对于细分的风险领域，如数据安全、隐私保护，是设定该领域内的长期目标，如防止数据泄露、合规等，通常由对应领域的风险管理委员会最终决策。

"定政策"，就是制定内部管理的各种政策、规定、标准、规范等文件，将其文档化，并基于这些内部政策文件，确定需要融入流程的控制点，输出到控制矩阵（控制矩阵即流程及流程中的控制点的集合）。内部政策文件也是风险控制的依据。

"融流程"，是将风险控制活动嵌入到业务流程中去，从而让确定性的风险得到正确处置，让结果合规。

合规，包括外部合规和内部合规，外部合规即符合法律法规的要求，内部合规即符合内部政策文件的要求，如果已经将外部的法律法规转化成了内部的政策文件，则只需要满足内部合规即可。不合规，不一定会给企业或组织带来技术上的风险（如数据泄露），但有可能带来监管层面的处罚等风险，比如隐私声明的透明性不够，没有充分尊重用户的知情权，可能导致数据保护机构的罚款。

合规控制，就是为了达成合规这个目标而制定的控制措施，比如要发布什么管理规定，或在某流程里面添加一个什么活动才能覆盖法律法规的要求。这里的合规控制、风险控制加起来，就是通常所说的"内控"或"内部控制"。

风险控制的方法包括但不限于：

- 在产品开发设计过程中构建安全（"Security by Design"、"Privacy by Design"），这是本书推荐的首选方法，因为它是从根本上改善安全并具有持久性。
- 通过项目建设，构建并完善安全防御体系，在产品运行过程中执行防御。

- 通过管理政策，比如禁止将高危服务向互联网开放。
- 通过流程控制，在适当的时间节点，执行规定的任务，比如发布前的漏洞扫描、发布后的安全加固等。
- 通过监控和人力投入，在监控告警时人工干预，控制风险。

愿望是美好的，但现实往往是残酷的：

- 制定的政策不一定能够覆盖到业务所遇到的风险，还会有意外的风险发生。
- 业务人员在执行流程的时候，不一定按照政策设定的控制活动执行，可能被不诚信的员工忽视或绕过了，导致过程不合规。
- 就算执行了规定的活动，结果也不一定达到预期的效果。

为了对上述情况进行纠正，就需要度量与反馈机制，对过程执行监督，对结果执行度量，并将这些度量反馈到控制系统中去。这个过程，在控制系统中通常被称为"负反馈"，如图 19-8 所示。

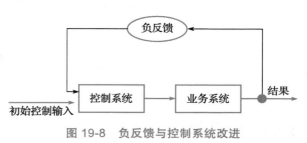

图 19-8　负反馈与控制系统改进

"负反馈"，是由维纳（Norbert Wiener）于 1948 年在《Cybernetics》（控制论）中正式提出，并广泛应用于各种控制系统，如温度调节、转速调节、方向调节等。负反馈是将输出的一部分（偏离目标的那一部分），重新作为输入，对控制系统进行负向调节，从而让系统达到平衡状态。以空调的温度调节为例，当检测到环境温度高于目标设定温度时，偏离目标值为正值，负反馈后，温度控制系统采取制冷机制，让环境温度保持在目标温度附近一定误差范围之内（进入平衡状态）。

任何一个平衡的系统都需要依赖负反馈机制来维持平衡，避免崩溃性的风险发生。负反馈机制其实就是一种纠偏机制。

为了实现"有原则的绩效"（即管理不确定性，以及诚信与过程合规），我们将上述反馈要素添加到图 19-10 中，即得到 GRC 控制的全景图，如图 19-9 所示。

当不确定性的风险事件影响到业务时，可将其作为风险控制的输入，将这种不确定性转化为确定性，即通过流程中的控制点覆盖该风险。

中间的控制矩阵，是基于合规管理、风险管理和绩效管理，而做出的控制决策的集合。从这个意义上来说，治理的核心是依据合规管理、风险管理和绩效管理，做出决策（如图 19-10 所示），及时纠偏，朝着目标方向（"有原则的绩效"）继续改进。

决策，可用于下一个 PDCA 循环的输入，对接下来的工作进行改进，以及改进控制矩阵。

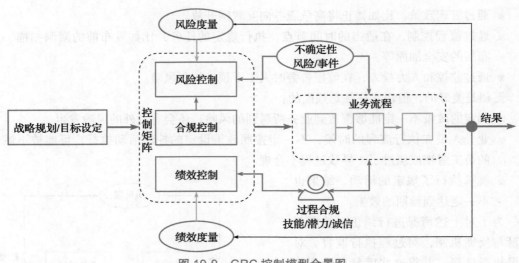

图 19-9 GRC 控制模型全景图

19.3 隐私保护治理简介

如同数据安全管理，隐私保护的治理也是一项系统化的工程。

如果你所在的企业面临较强的合规压力，可借鉴数据安全管理的相关做法，以及合规要求，构建隐私保护的管理体系，包括：

- 建立隐私保护政策总纲，并在管理层达成共识。
- 建立隐私保护的组织和团队、职责分工，包括按照法律法规要求设立区域性的 DPO（数据保护官），负责隐私保护监督、审计以及与监管机构沟通（可以兼任）。
- 建立隐私保护的政策与框架（建立文件体系，及运用于实践）。

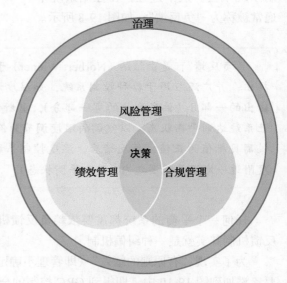

图 19-10 GRC 的决策机制

- 确定适用的法律法规清单，并将其转化为内部文件。
- 建立隐私影响评估（PIA，Privacy Imapact Assessment）或数据保护影响评估（DPIA，Data Protection Imapact Assessment）的方法论与操作流程（PIA 为行业内通用说法，DPIA 为 GDPR 法律术语，含义一样）。
- 隐私生命周期的管理与落地（如隐私声明、收集、数据主体同意、流转审批流程、有效期管理与数据清理等）。

- 建立数据目录（解决"隐私数据在哪里"的问题）以及隐私运营支撑系统（如合规情况、隐私风险统计与展示等），用于对隐私风险进行度量，支撑隐私保护工作的例行开展，并可用于向监管机构证明自身的合规性（隐私保护数据目录、数据流向记录、隐私影响评估记录等）。
- 建立数据主体请求的相关流程和系统（用于支撑用户查询、修改、删除、撤回同意等）
- 隐私数据泄露事件的响应与报告机制。

> 提示　数据主体，即自然人，包括但不限于用户、客户、商业联系人、雇员、求职者等，不包括法人。

19.4　隐私保护治理 GRC 实践

隐私保护是一个主要受外部法律法规影响的领域，面临的主要风险是法律冲突，因此合规是主要的目的，可以参照 GRC 的方法论加以规范化治理。

前面讲到，当我们切入一个新领域的时候，可以按照 PDCA 的方法论着手开始工作。接下来，我们将 GRC 风险治理方法论融入 PDCA 循环，探讨隐私合规的具体实践，如图 19-11 所示。

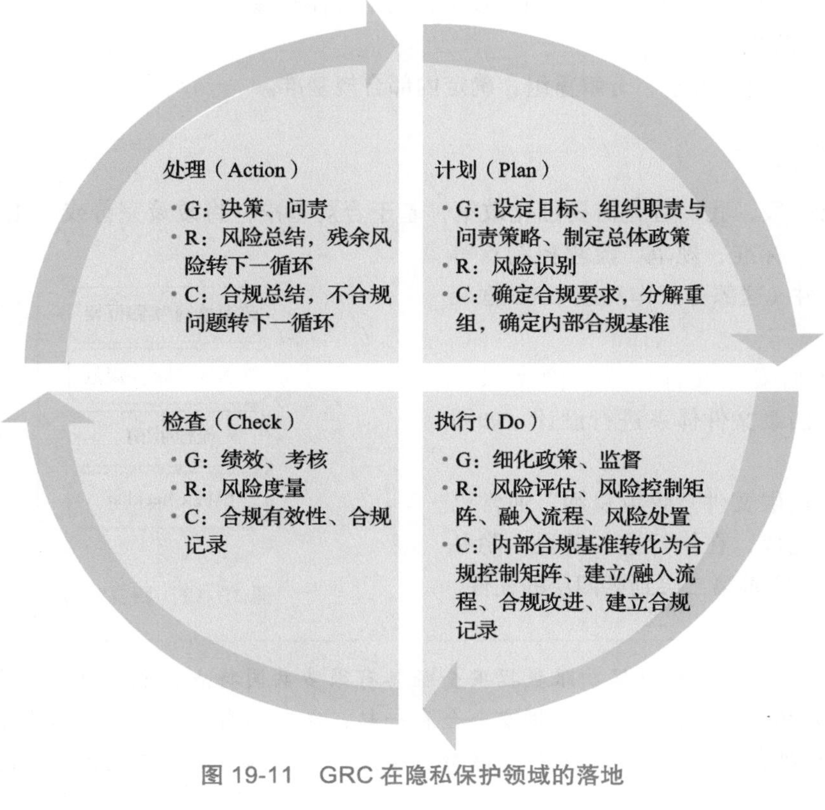

处理（Action）
- G：决策、问责
- R：风险总结，残余风险转下一循环
- C：合规总结，不合规问题转下一循环

计划（Plan）
- G：设定目标、组织职责与问责策略、制定总体政策
- R：风险识别
- C：确定合规要求，分解重组，确定内部合规基准

检查（Check）
- G：绩效、考核
- R：风险度量
- C：合规有效性、合规记录

执行（Do）
- G：细化政策、监督
- R：风险评估、风险控制矩阵、融入流程、风险处置
- C：内部合规基准转化为合规控制矩阵、建立/融入流程、合规改进、建立合规记录

图 19-11　GRC 在隐私保护领域的落地

19.4.1 计划

在计划阶段，切入具体工作之前，最重要的一件事情就是确定所有跟企业自身业务有关的法律合规要求及管辖区域，形成相关法律文件的清单。

为了识别出企业面临的合规风险，各业务逐一对照每部法律是不现实的。这时，我们需要将外部法律法规及实践框架转化为内部文件，首先转化为内部的合规基准，这是一切内部合规工作的基石和出发点。

这个工作，对应 GRC 框架中的合规，通常是由第二道防线，也就是独立于业务的隐私保护领域的专业风险管理团队来承担。工作成果即合规基准，是外部合规与内部合规之间的桥梁，是制定政策文件体系的输入。

与此同时，相关的目标设定、组织结构与人员任命、总体政策、问责机制，可以在隐私保护领域的最高管理机构（例如隐私保护委员会）确定并发布。这个部分工作，对应 GRC 框架中的治理。

有了内部的合规基准之后，风险识别工作就可以启动了，对应 GRC 框架中的风险管理。

总体而言，计划阶段的主要任务就是：

- G：设定目标、组织职责与问责政策、制定总体政策。
- R：风险识别。
- C：确定合规要求，分解重组，确定内部合规基准。

19.4.2 执行

在执行阶段，我们首先需要细化政策，基于合规基准，将政策完善或转化为业务直接可用的规定、标准、规范、流程控制点等内部政策文件（这部分工作对应 GRC 框架中的治理）。

参考数据安全文件体系，隐私保护也可以按照四级文件体系进行设计，如图 19-12 所示。

其中，顶层文件"政策总纲"通常已在计划阶段完成，在执行这一阶段，隐私保护团队需要完善第二层到第四层的文件。

图 19-12 四层文件体系

特别说明，由于隐私保护跟数据安全既具有很多共同特点，也有自己的差异性，故隐私保护的相关工作，可以跟数据安全合在一起，也可以自成体系，这取决于企业最高的风险管理机构的决策意见。无论是跟数据安全合在一起，还是自成体系，隐私保护相关的文件清单，都可以参考第 15 章数据安全领域的文件清单，将隐私保护的相关内容纳入到数据安全体系，或者建立起自己的文件清单。接下来，跟数据安全基本一致的部分就不讲了，只讲隐私保护领域独有的部分内容。

　　隐私生命周期的第一个阶段："数据收集"，为了保障数据主体的**知情权**，获取用户的**有效同意**，需要对隐私声明 / 通知加以规范化管理。当直接向数据主体收集数据时，使用"隐私声明"向数据主体展示隐私政策；当不直接向数据主体获取数据（例如从第三方购买）后，应当**通知**到数据主体（使用"隐私通知"这个说法）。GDPR 虽然规定了隐私声明 / 通知必须包含的内容（参见 GDPR 数据主体的"知情权"部分），但要在企业内部各业务落地，还需要通过内部文件加以规范化管理。

　　如图 19-13 所示，规范化管理至少涉及：

- 一个管理规定："隐私声明 / 通知管理规定"（提要求）。
- 一个流程控制点（产品发布前执行自检动作，这个流程可以是线上流程，即通过 IT 化的流程管理系统审核发布，也可以线下对照 Checklist 自检）。
- 一份隐私声明的模板，或 Checklist（业务执行自检动作时对隐私声明的内容进行逐条检查确认）。
- 一个独立或内置于业务的"同意管理"IT 子系统，记录每个用户对隐私声明的每个版本的同意情况（这一条不属于文件体系）。

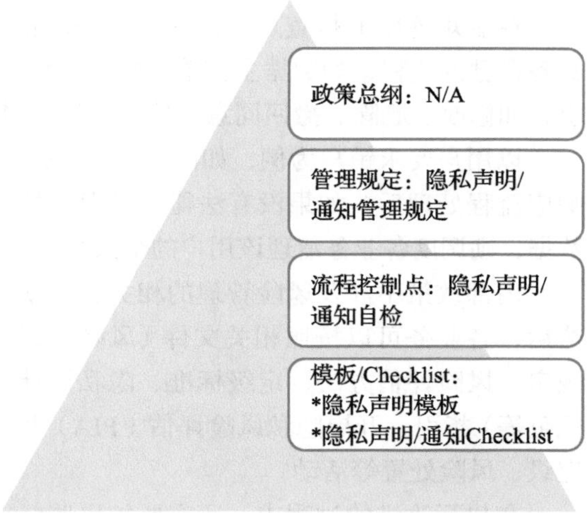

　　收集到个人数据之后，在处理个人数据的过程中，需要保障个人数据的安全，这一部分，可以通过融入数据安全设计规范或建立单独的隐私设计规范来加以明确，在产品设计过程中加以保障，体现出"Privacy by Design"（在设计中构建隐私安全，简称 PbD）和主动预防的思想。

图 19-13　对隐私声明 / 通知的规范化管理

　　个人数据在内部不同业务间流转，可能会超出数据主体同意的范围；或者需要跨境流转时，按照法律要求，需要满足一定的条件并签署数据传输协议（DTA）；当需要委托外部的数据处理者处理数据时，需要对数据处理者进行尽职调查并签署数据处理协议（DPA）。这些要求和操作，均需要通过管理文件"数据流转管理规定"加以明确，并在流程中落地。

　　当个人数据已不再需要使用，例如产品下线，应在法律规定的留存期（用于财务审计等目的）期满之后，及时清理，这就需要建立个人数据留存与清理的管理规定。

其他方面，如风险管理、事件管理、意识教育等方面的政策文件，可考虑跟数据安全整合在一起。

政策文件要求要真正落地，还需要跟流程结合起来（"定政策，融流程"），梳理出需要在流程中设置的控制点，形成控制矩阵（即所有跟隐私保护有关的流程以及控制点的集合），包括：

- 合规控制矩阵（对应 GRC 框架中的合规）。
- 风险控制矩阵（对应 GRC 框架中的风险管理）。

这个控制矩阵，就是监督业务是否真正在流程中落地的依据。例如，我们在前面提到，在产品发布前，设置（或增加）一个检查隐私声明是否规范的控制点，防止隐私声明违反 GDPR 的透明性原则。

> 2019 年 1 月美国某搜索引擎巨头被法国数据保护监管机构 CNIL 处罚 5000 万欧元，原因就在于隐私声明的透明性不足以及缺乏数据主体的有效同意。

控制矩阵中的检查点，落地到业务流程中才能发挥作用。此外，隐私保护业务还需要具备自己的流程，如数据主体请求响应流程（用于保障数据主体的权利，响应用户的各种请求，如修改、删除、撤回同意、投诉等）、数据流转与跨境审批流程等。

以用户要求销户为例，如图 19-14 所示，用户首先在线提交销户请求，经数据主体请求响应流程处理后，如果没有法律要求保留的数据，则调度各业务清理该用户的个人数据。

内部政策中涉及风险管理的相关文件就绪后，各业务可以按照相关文件（风险管理规定、风险评估方法、定级标准、隐私设计规范等）指引，开展隐私风险评估（PIA）及定级、风险处置等活动。

在执行改进的过程中，还需要加以监督（对应 GRC 框架中的治理），及时纠偏，以及留下合规记录，如流转审批记录，用于向监管机构证明（对应 GRC 框架中的合规）。

综上所述，执行阶段的主要任务是：

- G：细化政策、监督。
- R：风险评估、风险控制矩阵、融入流程、风险处置。
- C：内部合规基准转化为合规控制矩阵、建立 / 融入流程、合规改进、建立合规记录。

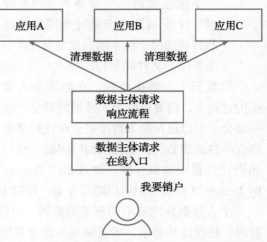

图 19-14 数据主体权利保障系统（销户场景）

19.4.3　检查

检查就是检验政策文件体系中规定的各种动作（即控制措施）是否真正落地，员工在执行流程的过程中是否执行到位以保障过程合规。

检查阶段的主要任务包括：

- G：对团队努力的成果、过程、态度进行绩效考核。
- R：对风险的度量，就是用数据来量化风险，可用于各业务团队间对比，表彰先进；例如隐私设计的符合情况、数据主体请求响应的 SLA 达成情况（即服务水平，如是否存在超期滞留现象等）。
- C：对合规有效性的检查、合规记录的检查；这里的有效性，包括但不限于隐私声明是否经过自检、是否具备数据流转审批记录、是否具备对供应商的尽职调查记录、数据主体请求是否得到处理等。

19.4.4　处理

处理阶段的任务是对本轮 PDCA 循环进行复盘总结，主要任务包括：

- G：依据合规检查的结果、风险度量的结果、绩效度量的结果，执行决策和问责。
- R：风险总结，残余风险继续转入下一轮 PDCA 循环。
- C：合规总结，遗留的不合规问题继续转入下一轮 PDCA 循环。

19.5　隐私保护能力成熟度

能力成熟度模型是一种很好的工具。一方面，基于成熟度模型的评估结果，可广泛用于评价现状、展示差距，将不同业务的成熟度进行对比，还可达到驱动业务改进的效果。两次不同时间的评估结果，还能体现出改进的效果（或绩效）。另一方面，在申请资源时，有了更强的说服力。

成熟度水平在向上汇报的时候比较有用，例如领导问："当前我们的隐私保护做得怎么样了？"，我们可以回答："经过外部评估，我们的成熟度水平已达到 2.9 分，比去年提升 0.3 分，预计年底可以达到 3.2 分"。

"那为什么达不到 4 分以上呀？"

"是这样的，如果要达到 4 分以上，预算大概需要 5000 万，还需要领导大力支持…"

在数据安全部分，我们已经提到过数据安全能力成熟度标准，外部的数据安全能力成熟度模型可用于评估企业整体的数据安全能力在业界的水平、差距。内部的数据安全能力成熟度模型可用于评估各业务的数据安全能力水平和差距，促进业务改进。

能力成熟度标准通常分为五级，其中三级要求充分定义活动过程以及文档化，可视为及格线；四级要求可度量，即量化（用具体的数据来描述风险程度），可视为 80 分标准；五级要求基于度量的量化反馈和持续改进。

在隐私保护领域，同样具备相应的能力成熟度评价机制，比如由 AICPA/CICA（美国及加拿大会计师协会）制定的 PMM（Privacy Maturity Model，隐私成熟度模型），是基于 GAPP（公认隐私准则）和 CMM（能力成熟度模型）而发展出来的隐私成熟度模型，可用于评价企业隐私保护体系的当前水平。

AICPA/CICA PMM 采用的指标，直接对应 GAPP 确立的 10 项隐私原则：

- 管理（Management）：建立并文档化隐私政策、控制流程、沟通机制、问责机制。
- 告知（Notice）：向数据主体提供隐私政策、控制措施，标明个人信息被收集、使用、留存、披露的目的。
- 选择同意（Choice and consent）：向数据主体提供选择机制，并获得数据主体对其个人信息收集、使用、留存、披露等用途的明示同意。
- 收集（Collection）：收集的个人数据仅用于明确告知的用途。
- 使用 / 留存 / 披露（Use, retention, and disposal）：个人数据限定使用于明确告知的用途并需要得到个人的明示同意，留存时间不超过法规要求或实现该用途所需的时间，并在到期时清理。
- 访问（Access）：提供个人访问其个人数据的渠道，用于查询、更新。
- 披露给第三方（Disclosure to third parties）：向第三方提供个人信息时，仅限已向个人告知的用途并获得个人的同意。
- 隐私安全（Security for privacy）：保护个人数据防止未授权的访问，包括物理访问（如接触到存储介质）以及逻辑上访问（如通过网络访问业务应用）。
- 质量（quality）：保证个人信息准确、完整，仅用于已告知的用途。
- 监督和实施（Monitoring and enforcement）：应监督隐私政策和控制措施确保合规，并具备针对用户投诉、争议的处理流程。

图 19-15 与图 19-16 为 AICPA/CICA PMM 能力成熟度得分的样例。

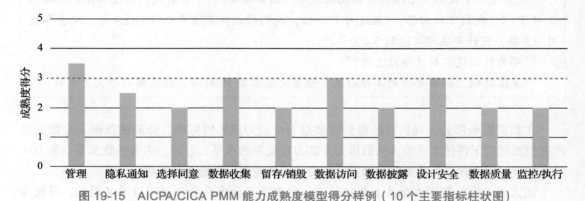

图 19-15 AICPA/CICA PMM 能力成熟度模型得分样例（10 个主要指标柱状图）

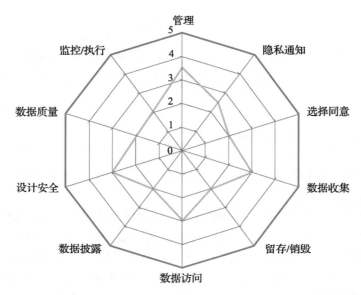

图 19-16　AICPA/CICA PMM 能力成熟度模型得分样例（10 个主要指标雷达图）

　　PMM 虽然看起来只有 10 项指标，但这 10 项指标中的每一个指标又做了细粒度地分解，仅第一个指标就分解了 14 个子项，10 项指标共 73 个子项，每个子项都有对应的 5 个级别的成熟度标准。

　　通过这样的成熟度能力模型，来检查企业整体隐私保护水平跟业界的能力差距，问题不大。不过，作为隐私领域的风险管理部门，我们也希望对内部的各个业务线或子公司执行内部评价，直接使用外部的成熟度模型未免过于复杂了。这就引出制定自己的隐私保护能力成熟度模型的需求，以方便快速评估。

> 　　对内部各业务使用的能力成熟度模型在添加少量几项指标后，也可以用于对企业整体的隐私保护体系的成熟度进行自我评价，虽然不被业界认可，但在内部使用还是可以的，如用于自我评估、下一步工作计划、申请资源等。

　　我们可以基于风险现状，选取合适的指标，并参考表 19-1 中的能力成熟度分级，制定出内部的成熟度分级。但在具体选取哪些指标上，并没有强制的或统一的要求。一般来说，需要纳入重点关注的领域、风险高的子领域，目的在于引导各业务朝着风险管理部门关注的方向努力。比如，受 "2019 年 1 月法国数据保护监管机构 CNIL 开出 5000 万欧元罚单" 的影响，隐私声明的透明性、用户的有效同意就是风险比较高的子领域。当风险发生较大变化时，如某一项指标已经整改得差不多了，在内部的不同业务线或不同的子公司之间体现不出差距，得分趋同，这项内部指标就可以拿掉了，换上可以牵引业务改进的新指标。

表 19-1 能力成熟度标准参考

级别	能力简述
五级	持续优化级,基于量化反馈、审计的持续改进,需要大量记录作为证据
四级	可度量(隐私合规风险量化)或可管理(如可视化跟踪),能够通过有效性审查
三级	充分定义与文档化
二级	可重复的活动过程
一级	单例,基本不重复

按照这个原则,我们不追求完全覆盖全部子领域,先把当前风险比较高的子领域作为指标,以下指标仅供参考:

- 组织与政策,包括子公司相关的隐私组织架构设置与人员任命、地域特定版本的隐私政策文件、流程等;如果全公司仅涉及同一套组织、政策体系与流程,那么这一个指标在内部版本中就可以拿掉了,仅在对标业界相关公司时加上。
- 隐私声明,隐私声明的透明性不够可引起用户投诉或监管机构大额处罚,可考察隐私声明的管理规定、模板、Checklist、Checklist 自检记录等。
- 选择 / 同意,即用户对每一份隐私声明的每一个版本的主动勾选与同意记录。
- 数据清单与分级分类标识,分级分类标识是隐私设计中的重要输入,以便采取不同的保护措施。
- 数据流转,主要考察流转审核记录;如涉及供应商,考察尽职调查记录、数据处理协议(DPA)签署记录;如涉及跨境,考察数据传输协议(DTA)的签署记录。
- 隐私设计,即体现"Privacy by Design"的部分,这一部分是跟数据安全高度重合的部分;这一指标的构成,可以基于 Checklist 自检进行度量,比如共有 20 个检查项,某业务 16 项达标,达标率 80%,但这并不意味着隐私设计成熟度可以达到 4 分(或四级),还取决于隐私设计规范的要求是否严格,如果基本都是最低要求,则 20 个检查项全部达标(100%),才能视为达到能力成熟度的 3 分(或三级)。
- 数据主体请求,可考察 SLA(Service-Level Agreement,服务水平),使用各业务在过去一个月(或其他周期)内处理主体请求(如更正、删除或销户等)的及时完成率等指标折算。
- 隐私影响评估(PIA),在已具备隐私影响评估操作指导的前提下,考察 PIA 的执行情况及记录。
- 意识教育,管理规定及基于隐私保护培训 / 考试数据进行折算。
- 事件管理,管理规定、事件处理流程、处理记录,以及对记录的统计分析。

提示 上述指标并不需要非常完备,因为它的主要用途是不同业务线之间的内部评价,牵引业务改进。在起步时,也可以仅采用很少的指标。

这些指标需要达到什么样的要求才算达到及格线（3 分）呢？

外部法律合规是及格线，这个判断的标准已经有了，就是前面将外部标准转化为内部文件的那个桥梁，也就是内部合规基准。

如果一项指标要达到 4 分，就需要可量化或可管理，如完整的可视化的跟踪记录。要达到 5 分，就需要通过例行的量化反馈、定期的内部审计和外部审计，来持续改进并留下相关的过程记录，至少在目前看来，大多数指标要达到 5 分还是一个难以企及的目标。

表 19-2 列出了最常用的三级、四级成熟度标准模型，供制定内部的隐私保护能力成熟度参考。

表 19-2　内部隐私保护能力成熟度参考

细分领域	三级（充分文档化定义）	四级（可度量 / 可管理）
组织与政策	一、二、三道防线的组织体系设计与任命文件、问责制度；相对完善的政策文件体系、流程	问责记录、对政策文件的评审记录、修订记录、审计记录
隐私声明	隐私声明 / 通知的管理规定、模板、检查表；检查表自检记录	对自检进行量化，统一展示得分
选择 / 同意	充分保障数据主体的选择权，重要选项均需要用户主动勾选，不执行一揽子式同意；记录用户对隐私声明的每个版本的同意情况	数据主体的同意，量化管理，可视化或可查询
数据目录 / 分级	数据分级分类的政策文件；数据目录及数据的分级分类标识	数据统计与可视化管理
数据流转	数据流转的管理规定；流转审核记录；如涉及供应商，具备尽职调查记录、数据处理协议（DPA）签署记录；如涉及跨境，具备数据传输协议（DTA）的签署记录	数据记录统计与可视化管理
隐私设计	设计规范、检查表检查表自检记录	自检结果度量（得分）统计与分析
数据主体请求	管理规定、处理流程；处理记录	数量度量（分类型统计，如销户、更正等；分业务统计，各业务请求数据）；SLA 度量（及时完成率等）
风险评估	风险管理规定、评估方法、定级标准；评估记录	评估报告统计与分析、风险分类
意识教育	管理规定（从业人员资质要求、培训要求）培训 / 考试记录	培训 / 考试数据量化与统计分析
事件管理	管理规定、事件处理流程、处理记录	统计与分析

这个成熟度模型可供读者定制企业内部的成熟度模型参考，用于对各业务线或各子公司进行评价使用，如图 19-17 所示。如果需要将企业整体的隐私保护能力跟业界对标，建议跟业界公认的成熟度模型结合起来进行评估。

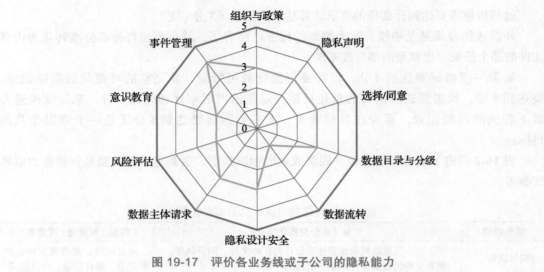

图 19-17 评价各业务线或子公司的隐私能力

业界的能力成熟度模型，设置的指标比较全面（即使有修改，目的也是为了优化），可以帮助我们了解企业整体隐私保护水平，以及跟业界最佳水平的差距。

内部的能力成熟度模型，选取的指标不必很全（各业务都做得比较好的指标可以去掉，只纳入风险比较高的指标），主要目的在于驱动各业务线或各子公司的合规改进。

第 20 章
数据安全与隐私保护的统一

网络世界的隐私以数据为载体，即个人数据。对个人数据的保护，也在数据安全的范围内。具体的隐私保护工作可以单独进行，也可以融入数据安全的相关政策、流程、系统中，统一治理。本章将介绍：以数据为中心的统一治理，以及如何设计统一的数据安全生命周期管理。

20.1 以数据为中心的统一治理

个人数据安全相对于传统的安全治理实践，更加关注以数据为中心，强调合规性证明的问题（即向监管机构证明自身的合规性）。为了达成这个目的，我们需要借助数据目录、数据流图等工具，展示个人数据管理的现状，以及数据流转的合规过程记录（比如数据传输协议的签署等）。通用的数据安全，也可以采取此做法，熟悉自己的家底，做到心中有数，在向上汇报工作时，可以用数字来描述合规现状（比如达标的百分比）。

20.1.1 统一的数据安全治理

以数据为中心，可以把数据安全与隐私保护治理统一起来，包括战略、组织、政策的统一设置，如图 20-1 所示。

战略上，将"从源头开始保障个人数据全生命周期的安全"、"防止个人数据泄露"明确写入企业的安全战略。

组织上，数据安全的相关组织，同时将隐私保护的相关职责承接起来。负责数据安全治理的组织，通常由第二道防线中的合规与风险管理团队以及相应的指导委员会承担，治理层面的交付（战略、组织、政策等），在高级别的风险管理委员会决策后作为治理的依据。

政策总纲上，纳入对个人数据的合规原则，可以选定某个业界最佳实践框架作为内部治理的参考，比如 PCI-DSS、GAPP 等。

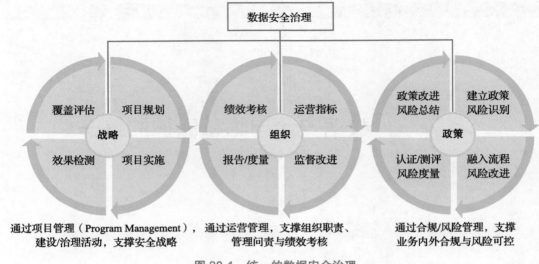

图 20-1　统一的数据安全治理

在合规与风险管理方面，可对各种类型的数据统一分级分类，将隐私相关的法律法规通过前面介绍的方法，转化为内部政策要求，在文件体系层面进行整合，如图 20-2 所示。

图 20-2　统一的内部政策文件体系

将外部的法律法规转化为内部政策之后，对业务来说只需要满足内部合规就可以了。合规管理团队则需要定期例行审视外部法律法规的变化，将其转化为内部政策。

从风险管理的视角，整个流程可总结为：

- 定政策，除了原有的数据安全政策之外，也包括将外部法律法规转化为内部政策。
- 融流程，将安全要求在流程中设置控制点并进行落地。
- 降风险，通过各种方式（扫描、检测、威胁情报等）识别风险，跟进改进，并开展例行的风险度量活动。

20.1.2 统一数据目录与数据流图

数据目录，即数据集的清单，是将各数据集的元数据（Meta Data）统一管理起来，可用于数据流转决策、合规性证明等用途。元数据，就是描述数据的数据。如数据的管理责任人（或数据 Owner）、数据的存储位置、对每个字段的描述、每个字段的数据分级分类标识等。图 20-3 是数据目录的示例。

图 20-3　数据目录示意

数据流图，即数据流转关系图，表示数据的消费流向，可用于追踪数据的扩散范围。图 20-4 是网上商城购物场景下的数据流图。

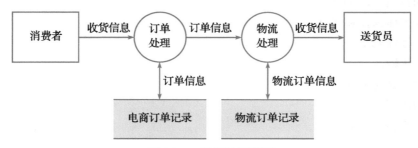

图 20-4　数据流图举例

以上数据目录、数据流图仅为举例，实际工作中请根据需要来进行设计和定制。如果数据已经通过统一的存储系统管理起来，为简单起见，也可直接采用表格这种数据目录。

20.1.3 统一数据服务

使用 API 网关，将数据 IO 统一管理起来，统一执行身份认证、访问控制措施，统一管理数据消费。在这种情况下，可以做到以数据为中心，数据即服务，将数据作为生产力或生产资料，更好地服务于各业务的需要。

按照本书第三部分所述，在 API 网关，可以统一实施身份认证、授权、访问控制、脱敏等安全机制。在 API 网关统一配置脱敏消费规则，让流出的敏感数据自动按照设定的规则脱敏后提供给消费方，防止敏感数据泄露，如图 20-5 所示。

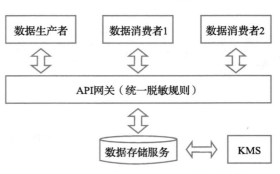

图 20-5　统一经 API 网关提供数据服务

在存储级，可以配合 KMS 密钥管理统一实施存储加密。

当数据都以这种方式统一管理起来后，API 网关及数据存储服务，就构成了以数据为中心的数据中台。所有数据都从 API 网关流出，统一管控。

20.2 统一的数据安全生命周期管理

数据面临的各种安全风险，究其根本原因，来自内部的各种不安全因素所占的比例越来越高，成为数据泄露的首要威胁。一些典型的场景包括：

- 数据共享给其他业务，结果其他业务疏于采取安全措施，导致数据泄露。
- 敏感数据展示时没有采取脱敏措施。

数据安全生命周期管理，是从数据的安全收集或生成开始，覆盖数据的安全使用、安全传输、安全存储、安全披露、安全流转与跟踪，直到安全销毁为止的全过程安全保障机制。参考法律合规的要求，我们把隐私生命周期划分为如下几个阶段：

- 告知数据主体（隐私声明或通知）。
- 数据主体选择和同意。
- 数据收集或生成。
- 数据传输。
- 数据存储与留存期管理。
- 数据使用。
- 数据流转与出境。
- 数据披露。
- 数据销毁。

此外，还包括全生命周期的数据主体权利保障，如图 20-6 所示。

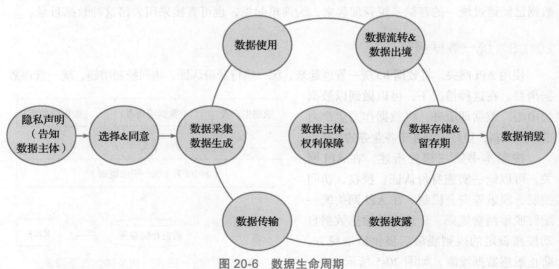

图 20-6　数据生命周期

20.2.1　数据安全生命周期

1. 告知数据主体

应从数据收集开始，就明确所收集数据的用途、使用的业务和产品范围、保护措施等，避免收集不必要的用户数据。为了保障数据主体的知情权，以及符合法律法规的透明性要求，需要将我们的隐私政策告知数据主体。

以最常见的网站在线服务为例，数据直接从数据主体处收集，通常需要在网站的每个页面的固定位置（比如最下方）放置一个名为"隐私声明"、"隐私政策"的超链接。

也许你会说，我们的网站不在欧洲，也不收集欧洲用户的个人数据，难道也会受影响？

答案是：会有影响。互联网是开放的，谁都可以公开访问，自然也能够被欧洲用户访问到。隐私法律法规，也不是只有 GDPR，世界上很多国家都制定了隐私相关的法律，或在行业立法中包含了隐私保护的条款。

而且，就算网站不需要登录，也不能保障"没有收集欧洲用户的个人数据"，事实上，以下几个常见的信息已经属于 GDPR 认定的个人数据了：

■ Cookie。

■ IP 地址（没错，IP 地址在通常情况下会被视为个人数据，因为他们认为 IP 可用于定位到具体的自然人）。

也就是说，只要你的网站使用到 Cookie，或者记录用户的 IP 地址，就已经是在处理个人数据了。可见，在不需要用户登录的情况下，只有不使用任何 Cookie、不记录用户 IP 地址的情况下，才可以不受 GDPR 的影响。

难道要把欧洲排除掉？这不是一个好办法。如果你提供的网站不面向欧洲用户（如何理解"面向"，可参考 17.2.1 节），比如语言不是欧洲的语言文字（如使用韩文、日文、中文等），那可以视为目标受众不包括欧洲用户，不受 GDPR 影响。但是越来越多的国家和地区制定了跟 GDPR 类似的法律，因此，按照业界的最佳实践或合规的方式处理，才是正确的方式。

针对只使用 Cookie 的网站，典型的做法是在用户首次访问网站时，提醒用户该网站使用了 Cookie。图 20-7 和图 20-8 为某些网站使用的浮窗 Cookie 提示示例。

图 20-7　某网站 Cookie 政策提示

图 20-8　另一网站的 Cookie 政策提示

提示 上述 Cookie 提示是否就合规了呢，我们将在案例部分继续探讨。

如果收集用户的个人数据（含 IP 地址），那么就需要提供隐私声明了，并且隐私声明里面需要包括必要的信息。

2. 数据主体选择和同意

前面提到，处理个人数据，至少需要具备六个法律依据中的一个。这六个依据是用户同意、合同义务、法定义务、数据主体或他人的核心利益、公共利益、数据控制者及第三方的合法利益。

这六个法律依据中：

- 合同义务、法定义务、数据主体或他人的核心利益、公共利益这四个依据使用的场景非常有限，不具有普适性。
- 合法利益争议最大、投诉最多，需要尽量避开。

因此，实践中最常用、最重要的一个法律依据是用户同意。

在可能对数据主体造成较大影响时，尤其需要征得数据主体的有效同意（或明示同意）。所谓有效同意，就是默认不能替用户勾选同意，需要用户主动勾选同意选项，如图 20-9 所示。

图 20-9　数据主体选择与同意

提示 默认不勾选，需要用户主动勾选，这被称之为 opt-in（选择加入）；默认勾选，允许用户取消，这称为 opt-out（选择退出）。

不同类型的业务应使用不同的隐私声明，而不应使用一揽子式的隐私声明。

隐私声明里面提到的一些可能影响数据主体利益的活动，比如个性化广告推送，应设置开关选项，且默认不能打开。

为了有效管理数据主体的同意，后台需要记录每个数据主体对每个隐私声明版本的同意记录，当隐私声明版本更新时，需要数据主体重新同意。

3. 数据的安全收集或生成

用户同意后，应按照隐私声明告知的范围，最小化收集。

对接收的数据，应确定其数据分级和分类。数据分级和分类决定了应该采取什么样的措施来保护它。

为防止个人信息泄露，数据在收集后应采取适当的预处理，或降低隐私敏感性的措施，再上传到服务器，而没有必要传输原始的敏感信息。下面是一些典型的场景：

- 口令，可以先在用户侧执行慢速加盐散列操作，然后再上传。

- 生物特征，能在用户侧完成比对的，不上传特征值（生物识别图像是肯定不能上传的）。
- 浏览、输入记录等，可在抽样的基础上执行差分隐私处理，即添加噪声后再传输（参见第 19 章）。
- 身高数字为例，应在用户侧采取差分隐私算法处理，添加噪声后再上传（参见第 18 章差分隐私部分）。

4. 数据的安全传输

传输信息应使用 HTTPS 或其他加密通道。在外网传输，毫无疑问，应该启用加密传输机制，首选 HTTPS 加密传输机制。推荐采用统一的接入网关，统一管理证书私钥，统一启用 HTTPS。在内网，可考虑 RPC 加密传输、HTTPS 等机制，加密传输敏感数据。

5. 数据的安全存储与留存期管理

前面提到，针对以下这几类数据应当采取加密存储措施：
- 口令、密钥，包括数据库、配置文件中的口令和密钥。
- 敏感的个人隐私数据。
- 敏感的 UGC 数据。

至于业务数据，则需要权衡，特别是涉及检索、排序、求和计算等场景。

在客户端场景，比如移动 APP，一些敏感的数据，如个人信息、UGC 数据等，有的 APP 过于信赖移动设备所提供的沙盒机制，直接明文存储在本地，但是这种沙盒机制所能提供的保障是有限的，一般设备被越狱（让用户获取 root 权限），这些数据可能就泄露了。

在留存期方面，主要涉及两类数据。其中，数据主体的身份类数据通常是收集一次后，如无更正需求，则存储较长的时间，直至产品下线或用户销户，删除相应的数据。还有一类数据，是在注册后的活动过程中生成的，比如支付／消费记录、运动记录等，这些记录也是个人数据，相应记录的生成日期可用于留存期管理，作为计算留存期的起始日期。

6. 数据的安全使用

在数据使用、留存、存储的过程中，需要采取必要的安全控制措施，来保障个人数据的安全，这个部分，通常被称为"在设计过程中构建安全与隐私保护能力"（Privacy by Design，简写为 PbD），内容可包括安全架构的 5 个要素：
- 身份认证，确认敏感数据接口具备身份认证机制，防止"任何人都可以访问和遍历查询"的情况。
- 授权，比如除了用户自己，授权其好友查看其朋友圈信息。
- 访问控制，比如防止"数据库直接对外开放或存在弱口令"。
- 可审计。
- 资产安全，比如存储加密、数据脱敏以防止敏感数据泄露。

在留存期管理上，对于支付／消费记录、运动记录等数据，应按设定的留存期，到期自动删除或删除对应的加密密钥。对于身份相关的数据，在产品下线或用户注销后，如无法律要求，应立即删除。

为了满足法律合规要求（典型场景如财务审计），设定的留存期不能小于适用法律规定的留存时长。设定的留存期到期之后，应予以删除。

《金融机构客户身份识别和客户身份资料及交易记录保存管理办法》（2007 年 8 月 1 日起实行）第 29 条：第一、客户身份资料，自业务关系结束当年或者一次性交易记账当年计起至少保存 5 年。第二、交易记录，自交易记账当年计起至少保存 5 年。

按照"基于身份的信任原则"，访问数据需要基于身份执行授权、访问控制、审计机制。

此外，数据在展示或对外披露时，需要防止个人隐私泄露。

1）数据的展示。

有的数据是不能展示的，比如口令、用于身份识别的生物特征等；就算需要展示指纹认证效果，也只能用一个事先数字化生成的、跟任何真实个人无关的指纹。

有的数据是需要脱敏后才能展示，如姓名、手机号码、地址、银行卡号等，如将银行卡号展示为：**** **** **** 1234（参见图 20-10）。

需要展示敏感个人信息的业务场景，则要增加操作或频率限制、总量限制，如一次只能查询一条记录，且需要记录日志。

2）数据对外披露。

很多公司每年都会发布一些基于大数据的各种分析报告，如互联网用户分析报告、医疗/疾控报告、安全报告

图 20-10　脱敏展示

等，或者将数据处理后提供给其他单位进行研究。

这些数据对外披露前，应当采取严格的脱敏、去标识化措施，例如 K-匿名（参见第 18 章）、提供统计查询接口时采用差分隐私保护措施（参见第 18 章），防止定位到任何真实的自然人，或怀疑为某个自然人的数据。

数据披露给数据处理者（通常是执法数据处理的供应商）之前，应进行尽职调查及签署 DPA（数据处理协议），确保数据处理者能够提供充分的数据安全保证。

7. 数据流转与出境

一些典型的风险场景：

- 数据共享给其他业务，结果其他业务疏于采取安全措施，导致数据泄露。
- 数据出境，未履行必要的义务，导致法律合规冲突。

为了强化对数据的管理，需要为数据设置数据安全责任人，由业务的管理层担任，称之为数据 Owner（即数据所有者），负责数据流转的审批、权限授予与权限回收决策等事宜。如果数据需要在一个企业内部不同的业务间流转，不涉及出境的话，除了需要在隐私声明里面包含新的用途之外，还需要经过数据 Owner 的审批。

通常来说，某业务收集的数据并不是完全仅限于在该业务范围内使用，往往还有其他业务

需要使用的场景，比如客户服务人员在提供服务的时候，需要核实用户身份，需要访问业务系统中用户的资料用于确认用户身份。有的场景虽然是在业务范围内流转，但查询或使用数据的人员太多，容易失控，比如快递员在送货的时候，需要知道收件人的手机号码、地址等信息。

如何安全地流转，以及在流转后出现数据泄露事件后如何定位，就是一个不得不考虑的问题。为了对流转的数据进行跟踪，建议不提供原始数据，而是封装为数据服务，插入可唯一定位到具体业务的追踪字段，提供脱敏的数据查询接口，为其他业务建立相应的账号并为其授权、限定查询频率、记录查询日志等；如果不得不提供原始数据时，可考虑插入一些可唯一定位到对方业务的假数据，用于数据批量泄露时定位泄露责任方。

以数据接口向其他业务提供数据的方式，需要其他业务需求方承诺或签署保密协议，禁止缓存、禁止删除追踪字段，并在对方业务上线时检查执行情况。

关于批量数据出境，很多国家都有限制数据出境的法律法规。以 GDPR 为例，数据可以在欧洲经济区内自由流动，但流出欧洲经济区，需要具备如下条件之一：

- 目的地国家是被欧盟认可的具有充分保护水平的国家[一]，如瑞士（不在欧洲经济区）、阿根廷、加拿大（商业组织）、以色列、日本、新西兰、乌拉圭，以及美国（仅限于已加入隐私盾协议框架[二]的企业）等。
- 跨国企业申请加入 BCR 框架（Binding Corporate Rules，约束性企业规则），BCR 是由欧盟委员会制定，适用于跨国企业在组织内部对个人数据进行跨境转移，但需要经过申请和严格的审批程序（所需时间较长）。
- 在数据发送方和接收方签署欧盟认可的标准数据传输协议（DTA），并遵守标准协议中的条款。

如果是国内收集或生成的数据，默认应在境内存储。如果要向境外转移，需要经过严格的评估，并咨询企业法务部门的意见。

如果是手机 APP 等直接涉及个人数据出境的场景，至少应征得用户的明示同意。明示同意包括在隐私声明中主动明确地告知、用户主动勾选同意。

8. 数据销毁

当业务下线但系统存在敏感数据时，就需要考虑数据销毁措施了；此外，法律法规也授予用户拥有删除自己个人资料、账号的权利。

为了确保数据真正做到安全意义上的销毁或不可用，难度还是相当高的，因为数据不仅仅出现在生产环境数据库中，也可能存在于过去的归档记录或备份磁带上，而找出磁带，删除对应的用户记录是基本上不可实现的。

为了能够实现这一点，前面的标准也提到，应当加密存储用户敏感的个人信息 / 隐私、敏感的 UGC 内容等，当用户提出删除请求时，可通过删除对应记录的密钥的方式，让备份

○　https://ec.europa.eu/info/law/law-topic/data-protection/international-dimension-data-protection/adequacy-decisions_en

○　https://www.privacyshield.gov/

中的原始加密数据不再可用。

针对退役下来的硬盘，一般需要通过低格（低级格式化）、消磁、物理折弯销毁等手段，而普通的删除只是标记为删除，文件内容并未被擦除掉，普通的格式化也达不到安全意义上销毁的目的，因为它只是创建了新的索引，将所有扇区标记为未使用的状态，如果使用数据恢复工具，还是可以恢复大部分数据的。

20.2.2　全生命周期的数据主体权利保障

前面提到，为了保障数据主体（用户、雇员、前雇员、求职者、商业联系人等）的权利，我们需要建立数据主体请求响应流程系统。简单的数据主体响应流程如图 20-11 所示。

图 20-11　数据主体请求响应流程

在收到数据主体的请求之后，为其创建一个流程单，用于跟进。请求的类型跟数据主体的权利有关。前面已介绍过数据主体的权利包括：知情权、访问权、更正权、删除权、限制处理权、可移植权、反对权。其中知情权主要通过隐私声明告知用户，而其他几项权利，就需要通过数据主体请求来解决了。

接下来，就是验证数据主体的身份。如果已经为数据主体建立了自助式的个人后台管理系统，那么用户登录个人后台的时候已经通过了身份认证。如果尚未建立自助后台，而是通过简单的表单来收集数据主体请求，身份的确认就相当重要，应防止恶意的数据主体请求，如代替他人提出销户请求，如果不加区分地一律响应，就有可能误删。

在身份确认之后，需要评估其请求是否有效。数据主体虽然有权提出请求，但并不是每一个请求都是合理的。一个典型的场景是，为了满足法定义务而采取的数据处理，比如实名制登记，如果用户希望在保持账号正常使用的条件下删除实名制信息，那么这个请求就跟法定义务冲突了，不能被满足，除非是用户提出了销户的请求。

如果请求合理合法，就需要根据用户的请求采取处置措施，这一动作在初期可以采取人工方法，但随着请求数量的增多，人工成本会越来越高，就需要考虑建设自动化接口，自动完成相应的操作。

为了考核数据主体请求响应团队的绩效，可设定 SLA（服务水平协议）指标，从及时完成率、用户满意度等维度，为团队进行打分。

数据主体请求处置完成，无论是正常响应还是请求不合理被驳回，都需要通知到数据主体。在通知环节，需要设置标准化的回复模板，避免将个人化的、情绪化的词语带入回复中，维护公司形象。

20.2.3　典型案例

案例 1：隐私声明包含的内容

我们以苹果公司的隐私政策[1]为例，看看隐私政策包括哪些内容（备注：隐私政策可能调整，截图仅代表截图当时的状态，解释权归苹果公司）。

如图 20-12 所示，这一段的最后一句，表明不提供个人信息的影响，或者说收集个人信息的必要性。

个人信息的收集和使用

个人信息是可用于识别或联系特定个人的数据。

任何时候你与 Apple 或 Apple 关联公司联系，都可能会要求你提供个人信息。Apple 及其关联公司可共享这些个人信息，并按本隐私政策使用这些信息。Apple 及其关联公司还可将这些信息与其他信息结合起来，用于提供和改进我们的产品、服务、内容和广告宣传。你不是一定要提供我们要求的个人信息，但在许多情况下，如果你选择不提供，我们将无法为你提供我们的产品或服务，也无法回应你遇到的任何问题。

图 20-12　不提供个人信息可能导致的问题或后果

1）隐私声明应当包含收集的个人数据种类，如图 20-13 所示。

我们收集哪些个人信息

- 当你创建 Apple ID、申请商业信贷、购买产品、下载软件更新、报名参加 Apple Store 零售店的课程、连接到我们的服务、联系我们或是参与在线调查时，我们可能会收集各种信息，包括你的姓名、邮寄地址、电话号码、电子邮件地址、联系方式偏好、设备识别码、IP 地址、位置信息以及信用卡信息。
- 当你使用 Apple 产品与家人和朋友分享内容、发送礼券和产品，或邀请他人使用 Apple 服务或论坛时，Apple 可能会收集你提供的与上述人士有关的信息，如姓名、邮寄地址、电子邮件地址以及电话号码。Apple 将使用此类信息来满足你的要求，提供相关的产品或服务，或实现反欺诈目的。
- 在某些司法辖区，出于提供商业信贷、管理预订或遵守法律规定的目的，我们可能会要求用户提供由政府发放的身份证明，但仅限于为数不多的情形，例如开设无线帐户和激活设备。

图 20-13　收集的个人信息种类

2）隐私声明应当包含处理个人数据的合法性依据（如下面的“同意”）和目的，如图 20-14 所示。

我们如何使用你的个人信息

当 Apple 需要履行法定的义务时、我们认为有必要保护 Apple 的合法利益时，或 Apple 有必要向第三方披露信息时，我们将在取得你同意的前提下，出于本隐私政策中描述的目的对你的个人信息进行处理。

- 利用我们收集的个人信息，我们可以将 Apple 的最新产品发布、软件更新及活动预告及时通知你。如果你不希望列入我们的邮寄列表，可随时通过更新偏好设置选择退出。
- 我们还会将个人信息用于以下目的：帮助我们创建、开发、运作、提供和改进我们的产品、服务、内容和广告宣传，以及防丢失和防欺诈目的。我们可能还会出于帐户和网络安全的目的使用你的个人信息，包括为了全体用户的利益而保护我们的服务。当出于反欺诈的目的使用你的信息时，相关信息来源于你与我们完成的在线交易。我们仅在满足以下两个条件时将你的数据用于反欺诈的目的：绝对有必要；经评估，使用数据符合我们保护顾客和服务的合法利益。对于特定在线交易，我们可能还会通过公开的来源验证你提供的信息。
- 我们可能会使用你的个人信息（例如出生日期）来验证身份、协助识别用户，以及确定适当的服务。例如，我们可能会使用出生日期来确定 Apple ID 帐户持有人的年龄。
- 有时，我们可能会使用个人信息发送重要通知，例如关于购买的相关信息以及条款、条件和政策的变更。由于这些信息对你与 Apple 之间的沟通至关重要，你不能拒绝接收此类信息。
- 我们还会将个人信息用于审计、数据分析和研究等内部目的，以改进 Apple 的产品、服务和与客户之间的沟通。
- 如果你参与抽奖、竞赛或类似推广活动，我们会将你提供的信息用于管理此类活动。

图 20-14　使用个人信息的目的

[1] https://www.apple.com/legal/privacy/szh/

3）隐私声明应当包含是否向第三方披露的情况，如图 20-15 所示。

向第三方披露

有时候 Apple 会向与 Apple 合作提供产品和服务或者帮助 Apple 向客户进行营销的战略合作伙伴提供某些个人信息。例如，当你购买并激活 iPhone 时，你即授权 Apple 及你的运营商交换你在激活过程中提供的信息，以便相关方面提供服务。如果你获准使用服务，你的帐户需要遵守 Apple 以及你的运营商的隐私政策。Apple 只会出于提供或改进我们的产品、服务和广告宣传之目的而与第三方共享个人信息；而不会出于第三方的营销目的与第三方共享个人信息。

服务提供商

Apple 会与提供信息处理、提供信贷、履行客户订单、向你交付产品、管理和增强客户数据、提供客户服务、评估你对我们产品和服务的兴趣以及开展客户调查或满意度调查等服务的公司分享个人信息。这些公司有义务保护你的信息，并可能位于 Apple 从事经营活动所在的任何地点。

其他

根据你居住国境内外的法律、法律程序、诉讼和/或公共机构和政府部门的要求，Apple 可能有必要披露你的个人信息。如果我们确定就国家安全、执法或具有公众重要性的其他事宜而言，披露是必须的或适当的，我们也可能会披露关于你的信息。

如果我们确定为了执行我们的条款和条件或保护我们的经营或用户，披露是合理必要的，我们也可能会披露关于你的信息。此外，如果发生重组、合并或出售，则我们可将我们收集的一切个人信息转让给相关第三方。

图 20-15　向第三方披露的情况

4）隐私声明应当说明对个人数据的保护措施，但不需要涉及非常具体的细节，如图 20-16 所示。

个人信息的保护

Apple 非常重视你的个人信息的安全。Apple 在线服务（如 Apple Store 在线商店和 iTunes Store）会使用传输层安全协议 (TLS) 等加密技术，在传输过程中保护你的个人信息。在 Apple 存储你的个人数据时，我们会使用具有有限访问权限的电脑系统，这些系统部署在通过物理安全措施加以保护的设施之中。例外情况是 iCloud 邮件，iCloud 数据以加密形式存储，在我们使用第三方存储空间时也是如此。

当你使用某些 Apple 产品、服务或应用软件或者在 Apple 论坛、聊天室或社交网络服务上发帖时，你分享的个人信息和内容会被其他用户看到，他们可能会阅读、收集或使用你的个人信息。对于你决定在上述情形中分享或提交的个人信息，你应自行负责。例如，如果你在论坛发帖公布你的姓名和电子邮件地址，这些信息便是公开的。在使用此类功能时请多加小心。

如果你或其他任何使用家人共享的用户登录到第三方所有的设备，则在你的家庭群组中共享的任何信息（包括日历、地点、照片和 iTunes 购买项目）可能会被下载到该第三方设备上，进而导致任何此类共享信息的泄露。访问家人共享了解更多信息。

图 20-16　对个人数据的保护措施

5）隐私声明应当说明是否存在自动化决策，如图 20-17 所示。

自动决策制定 (包括受众特征分析) 的存在

Apple 不会在算法的使用或会给你带来重大影响的受众特征分析方面做出决策。

图 20-17　自动决策的存在性说明

自动化决策，最典型的场景就是用户画像（例如分析购物偏好、行为倾向等），GDPR 规定用户有免于受自动化决策影响的权利，如果使用了自动决策，还应征得用户的明示同意，并提供关闭自动决策的开关。

6）为了保障数据主体的权利，隐私声明还应当包含如何访问个人数据及进一步操作的方式，如图 20-18 所示。

访问个人信息

你可以登录你的 Apple ID 帐户页面，帮助我们确保你的联系方式和偏好设置准确、完整并及时更新。对于我们保留的其他个人信息，我们将为你提供适用于任何目的的访问权限和副本，也包括要求我们在数据不准确时予以纠正，或在依据法律或出于合法商业目的致使 Apple 无权保留此等数据时予以删除。我们有权拒绝处理无实质意义/纠缠式的请求、损害他人隐私权的请求、极端不现实的请求，以及根据当地法律无需查阅预信息访问权的请求。如果我们认为删除数据或访问数据的请求的某些方面可能会导致我们无法出于前述反欺诈和安全目的合法使用数据，可能也会予以拒绝。用于提出访问、更正和删除请求的在线工具视具体地区提供，请登录 privacy.apple.com 查找并使用。如果你所在的国家/地区目前尚未提供用于请求访问权限的在线工具，你可以访问 apple.com/legal/privacy/contact 直接提出请求。

图 20-18　如何访问个人信息的副本，以及修改、删除个人数据

处理儿童个人数据是一种特殊的场景，需要单独说明，如图 20-19 所示。

儿童和教育

对于使用 Apple 产品和服务的儿童，我们很清楚采取额外预防措施保护其隐私和安全的重要性。未满 13 周岁（或相关司法辖区规定的类似最低年龄）的儿童不创建属于他们自己的 Apple ID，除非其家长在通过家人共享创建儿童帐户时提供可证实的同意书，或者儿童已从学校获得了管理式 Apple ID 帐户（如提供）。例如，家长必须先查看 Apple ID 和家人共享信息披露书，并接受 Apple 收集、使用和披露儿童信息同意书以及 iTunes Store 条款和条件，然后他们才能为自己的子女启动 Apple ID 帐户创建流程。此外，对于参与 Apple 校园教务管理的学校，如已查看并同意《适用于学生的管理式 Apple ID 信息披露书》，则可为学生创建管理式 Apple ID。《适用于学生的管理式 Apple ID 信息披露书》描述了 Apple 如何处理学生信息，是对 Apple 隐私政策的补充。详细了解家人共享、管理式 Apple ID 和儿童帐户的限制。

如果我们发现我们收集了年龄未满 13 周岁（或相关司法辖区规定的类似最低年龄）儿童的个人信息，但并不符合上述情况，我们将采取措施尽快删除此等信息。

如果任何时候家长需要访问、改正或删除与其家人共享计划帐户或子女 Apple ID 有关的数据，他们可以通过本页底部提供的任一方式联系我们。

图 20-19　儿童个人数据

应尽量避免处理涉及特殊种类的个人数据如种族、宗教信仰、工会成员身份、政治观点、健康状况、性取向等。这些特殊类型的个人数据，均需要额外的法律依据。

7）隐私声明还应当告知数据主体投诉的权利及投诉渠道、数据控制者及 DPO（数据保护官）的联系方式等信息，如图 20-20 所示。

隐私问题

如果你对 Apple 的隐私政策或数据处理有任何问题或疑问，希望联系我们的 European Data Protection Officer（欧洲数据保护负责人），或者想就可能违反当地隐私权法律的情况进行投诉，请联系我们。你可以随时拨打所在国家/地区的相关 Apple 支持电话号码，与我们联系。

当收到针对访问/下载请求的隐私问题或个人信息问题时，我们有专业的团队对联系人进行甄别分类，并将设法解决您提出的具体问题或疑问。如果您的问题本身涉及比较重大的事项，我们可能会要求您提供更多信息。这些提出比较重大问题的联系人均将收到回复。如果您对我们的答复不满意，您可以将投诉移交给所在司法辖区的相关监管机构。如果您咨询我们，我们会根据您的实际情况，提供可能适用的相关投诉途径的信息。

Apple 可随时对其隐私政策加以更新。如果我们对隐私政策作出重大变更，我们将在公司网站上发布通告和经更新的隐私政策。

Apple Inc. One Apple Park Way, Cupertino, California, USA,95014

图 20-20　告知用户投诉的权利及渠道

由此可见，对隐私声明的内容要求还是比较多的，不可掉以轻心。

作为推荐性建议，如果使用合法利益作为处理个人数据的法律依据，那么隐私声明最好还应包括数据控制者及第三方的合法利益（legitimate interest）以及"平衡测试"（balancing test）说明。只有在保障数据主体的基本权利和自由的前提下，才能谈合法利益。

所谓平衡测试，就是在数据控制者及第三方的合法利益和数据主体的权益之间进行权衡，证明该合法利益高于数据主体的权益。典型的场景包括：

- 用户主动定制的个性化内容推送，让推送内容跟用户的兴趣或专业相关，如行业动态。
- 用户主动参与的用户体验改进计划，如体验新功能、意见反馈等，可以给用户提供更好的服务。
- 安全防御、风控系统、DLP、办公场地视频监控等。

> 📖 注意　如果数据不是直接从数据主体处获取，例如是通过采购的方式获取的，则需要对数据供应商执行尽职调查，确保供应商在收集数据前已履行通知义务，数据主体是知情并同意的。如果供应商无法保障这一点，则需要通知到每一位数据主体（如电子邮件），直接使用可能涉嫌违法，可招致投诉或法律诉讼。

案例 2：招聘

假设某国内企业最近拓展海外业务，需要招聘一些国际化的员工，但面试官都在国内。这时需要注意什么呢？

在招聘过程中，潜在的候选人有可能是欧洲的自然人，其个人数据自然受 GDPR 保护。即使候选人不是欧洲公民，遵循行业内的最佳实践，也是非常有必要的。GDPR 是最受关注的隐私保护法规，其他国家制定自己的隐私保护法律时也会参照 GDPR。因此，参照 GDPR 的相关要求，可满足大多数情况下的合规要求。

最典型的渠道，就是通过企业自己的对外招聘系统发布招聘信息。如果这个系统之前没有用于海外招聘，则需要审视招聘系统的隐私政策了。因为涉及处理欧洲公司的个人数据，则必须要提供隐私声明，保障数据主体的知情权。隐私声明中应包括：

- 数据控制者及法定代表人、数据保护官（DPO）的身份、联系方式。
- 收集数据的用途、必要性、合法性说明（该场景中仅用于面试）。
- 数据是否向第三者或第三国转移、接收者是谁（在这个场景中，涉及简历向国内转移，因此需要事先声明并需要获得求职者的明确同意）。
- 存储期限或标准（如果未能入职，则多长时间后会彻底删除其简历等个人数据）。
- 保护措施（比如简历只在 IT 系统中存储，不下载到个人电脑）。
- 声明数据主体有权访问、更正、删除个人数据，以及限制、拒绝、撤销同意、向监管机构投诉等权利。

有求职者投递简历之后，公司将成为数据控制者，需要履行数据控制者的义务，对数据泄露承担责任。

如果是通过公开的社交网络渠道获取的潜在的求职者的联系方式，比如公布在个人博客、社交软件上面的联系方式，则获取这些信息不需要经过其本人同意，但在第一次联系时，应该明确告知信息来源，如果候选人同意继续，则需要告知隐私政策，获取对方同意后，才能索取简历。

在获取到候选人的简历之后，对简历的处理也很可能产生风险，常见的场景是面试官在自己的笔记本电脑存储候选人的简历，如果发生笔记本电脑丢失等情况，候选人的个人数据面临严重的泄露风险。因此，简历的处理，最好是能够导入到 IT 系统，不再存储简历文件本身。如果未能通过面试，则需要在隐私声明中承诺的留存期到期时将其删除，比如一年，到期后自动删除。

当未采用 IT 化系统而是面试官自行留存简历时，就很可能会出现跟隐私声明不一致的情况，比如留存期超过承诺的时间、感染木马导致数据泄露等。如果面试官的笔记本电脑丢失，且存有欧洲公民的简历文件时，按照 GDPR 的规定，需要在发现丢失后的 72 小时内向监管机构报告；如果数据可能会给候选人带来高风险（如资金损失），还需要通知到候选人本人。

案例 3：Cookie 合规

我们经常发现，刚刚才在某购物网站浏览过某件商品（手机、笔记本电脑、化妆品等等），很快就在浏览其他网页的时候，看到了同款产品的广告，甚至就连具体的型号、款式都是一模一样的！是谁监视了我们的浏览记录？

其中发挥关键作用的，就是平常看起来非常不起眼的 Cookie。如同它的英文含义"饼干"，Cookie 是在浏览器里缓存的一小块"饼干"（数据），用于在浏览器和服务器之间记住一些小秘密，例如身份、会话与登录状态、个性化设置等。

在互联网时代，发展出很多基于 Cookie 跟踪分析的业务模式，最为典型的就是网站分析、广告营销等场景。以某厂商的 Analytics（分析）插件为例，当用户浏览了嵌入该 Analytics 插件的网页，用户的浏览器会自动向 Analytics 厂商发送一个请求，这个请求包含用户访问的页面等信息，同时，Analytics 使用了 Cookie，为用户生成唯一 ID，浏览器在向 Analytics 厂商发送请求时会自动带上这个 ID，这样 Analytics 厂商就知道你访问了哪个页面。通过这种方式厂商就可以根据用户的历史访问记录，推送相应的广告。

作为用户，如果你对上述收集数据的行为比较反感的话，可考虑使用浏览器插件拦截各种追踪分析，比如 Google Analytics Opt-out Add-on（只适用于 Google Analytics）、Ghostery（可拦截各种追踪器、分析器、广告）等。

作为企业，如果对网站所使用的相关 Cookie 处理不当，可能面临来自欧洲用户的投诉或监管层面的处罚。那么，企业应该如何处理 Cookie 才算合规呢？让我们先来看看欧盟相关的法律要求。

电子隐私条例（ePrivacy Regulation，简记为 ePR）是欧盟正在立法过程中的一项旨在保护欧洲公民电子通信信息的隐私法案（当前最新草案为欧洲理事会 2019 年 3 月 13 日批准，但尚未确定最终生效日期）。电子隐私条例的前身为 2002 年发布的电子隐私指令（ePrivacy Directive 2002/58/EC）并在 2009 年做了修订。所以，当前有效的版本为 2009 年版本。ePrivacy Regulation 将来正式生效后，再以 ePrivacy Regulation 为准。

> 提示 ePrivacy 和 GDPR 都是基于欧盟基本权利宪章而制定，其中 GDPR 主要是用来规范个人数据处理，ePrivacy 主要用于规范私人信息交换，覆盖的范围非常广泛，除了自然人之外，也包括法人和非个人数据（例如元数据），并覆盖各种通信方式，包括但不限于电话、短信、网络通信（VoIP 等）、网络服务、物联网等。跟 GDPR 一样，具有长臂管辖权，即使企业位于欧洲经济区之外，但只要从欧洲经济区的公民和居民那里收集任何数据，就会受到影响。

电子隐私条例中最为知名的部分，就是它要求网站在使用 Cookie 处理用户数据之前征得用户的同意，因此也常常被称之为"Cookie 法"，尽管它还包括很多 Cookie 以外的要求。

按照 ePrivacy 指令的要求，以及 WP29（第二十九条工作组，是由欧盟各成员国数据保护机构的代表所组成的顾问机构，现为欧洲数据保护委员会，European Data Protection Board，简写为 EDPB）的指导建议，以下 7 类 Cookie 可以豁免，不需要获得用户的同意：

- 用于跟踪用户输入的相关 Cookie，比如购物车里面的物品清单。
- 用于身份认证的 Cookie，比如记住登录状态。
- 登录安全有关的 Cookie，比如登录尝试次数。
- 多媒体播放器的会话 Cookie，比如记住上次播放位置。
- 负载均衡会话 Cookie，用于在一组连续会话中访问同一个负载均衡节点，防止 IP 变化等因素导致用户会话失效。
- 自定义 UI 有关的 Cookie，比如界面语言、每页展示的记录条数等。
- 用于社交网络插件内容分享的 Cookie。

而对于其他功能的 Cookie，则需要征得用户的同意，并提供退出选项，或者默认不勾选，提供用户主动选择的选项。

如下三个典型的场景通常不被豁免，需要征得用户的同意：

- 社交插件的跟踪 Cookie。
- 第三方广告 Cookie。
- 第一方分析 Cookie。

这里涉及两个概念，第一方（First Party）Cookie 和第三方（Third Party）Cookie。简单地说，当我们浏览一个网页时，如果某个 Cookie 的域名和浏览器地址栏的域名一样，那么这个 Cookie 就是第一方 Cookie；如果不一样，则是第三方 Cookie。在 Google Analytics 的网站[⊖]上，也明确表明 Google Analytics 使用的 Cookie 属于第一方 Cookie。第三方 Cookie 是在

⊖ https://developers.google.com/analytics/devguides/collection/analyticsjs/cookie-usage

线广告常使用的方式，通常涉及跨域 Cookie 操作，以 DoubleClick 广告为例，实际请求的域名跟写入 Cookie 的域名不同，用于跨站跟踪。

图 20-21　在网页下方展示 Cookie 通知框

你需要在用户首次访问时显示 Cookie 横幅，实施 Cookie 政策并允许用户提供同意。在同意之前，不能安装任何 Cookie，上述豁免的 Cookie 除外。可以采用类似图 20-21 的做法，在网页的上方或下方展示 Cooke 通知框（横幅），如果用户点击"接受"则关闭该通知框。

如果用户想了解完整的 Cookie 策略，可以通过点击"更多信息"，跳转到隐私政策或单独的 Cookie 政策页面。如果用户打算修改设置，可点击" Cookie 首选项"，进入下一菜单，如图 20-22 所示。

此时可以提供非基本 Cookie 的退出选项，或者将二者整合在一起，如图 20-23 所示。

图 20-22　Cookie 首选项（以浮层出现在网页上层，提供关闭选项）

图 20-23　除了必要的 Cookie，给用户退出其他 Cookie 的选择

> **注意**　对于非基本功能的 Cookie，到底是应该默认同意（即默认是勾选的，用户可退出），还是应该默认不同意（即默认是不勾选的），业界存在分歧。如果要求选择后同意，那么网站统计分析类的业务模式基本上没法持续了。鉴于 ePrivacy Regulation 尚未正式发布，有关 Cookie 的法律要求还存在一定的变数，需关注该条例的发布动态，在发布后审视并适当调整 Cookie 的处理方式。对于统计类插件，建议默认只开启最基本的统计功能，而不要开启增强功能，因为个性化营销/广告是需要用户明示同意的。

20.3 数据安全治理能力成熟度模型（DSGMM）

数据安全治理经过一段时间的运作之后，我们往往很想知道，当前公司整体的数据安全治理水平如何，做得好不好，或者说如何评价当前的数据安全治理水平，怎样才算做得比较好？

一方面，我们可以借助外部的 DSMM（阿里牵头拟制的国家标准《信息安全技术 数据安全能力成熟度模型》，Data Security Maturity Model），来对公司的现状进行评估，看看处在哪一级。另一方面，本书也打算用自己的理解，概述一下理想中的数据安全治理能力成熟度（DSGMM，Data Security Governance Maturity Model）应当是怎样的。

在评价维度上，我们选取了两个维度：

- 第一个维度包括安全治理的三个核心要素（战略、组织、政策）。在实际的治理工作中，战略主要通过项目建设交付的基础设施、流程系统、工具和技术等技术因素来支撑；组织主要通过权责划分、管理问责、绩效运营等跟组织和人员有关的运营管理来支撑；政策主要通过合规与风险管理来支撑。
- 第二个维度是数据的全生命周期，体现以数据为中心的理念。

在数据安全治理能力成熟度上，主要以三个支撑要素为评价基础。这三个支撑要素为技术支撑（项目管理的交付成果）、绩效运营（运营管理）、合规与风险管理，分别支撑数据安全治理的战略、组织、政策。在成熟度中应同时考虑它们在数据全生命周期中发挥的作用，如图 20-24 所示。

一级为不可重复的初始状态，即使存在好的实践做法，也是单例。

可持续、可重复的过程，可视为成熟度二级，不过这还没有达到及格线。

怎么理解可持续、可重复的过程呢？

以漏洞扫描为例，员工 A 昨天使用的是破解版的某 X 厂商的扫描工具，员工 B 没有使用扫描工具，而是凭借自己的经验，人工渗透测试了一番，那么漏洞扫描这个活动，在公司就是不可持续、不可重复的一个过程。不同的人来执行，结果大不一样，更别提风险量化了。这漏洞扫描这个活动上，就需要大家使用相同的工具（无论是自研工具还是外购产品），执行同样的扫描项目。

再说安全配置，如果每个人实施的结果都不一样，那么这个安全配置其实执行了跟没有执行区别也不大。不仅仅是需要配置规范，还需要相应的工具来支撑，比如提供配置工具，或者将安全配置做进镜像。

入侵防范方面，如果各业务、各产品自行其是，解决方案不一，那也不是可持续可重复的。因为大家的能力参差不齐，少量团队能力很强，但更多团队欠缺安全防护能力。所以也应该具备安全防御的基础设施，并在各业务中统一实施落地。

还有事件响应，如果出了安全事件之后，分工协作上一片混乱，各个具体的环节没有明确的责任人，这也是不可重复的。需要有明确的应急响应流程及预案，通过文件固定下来并在演练中不断完善，出了事件就能有条不紊地处理。

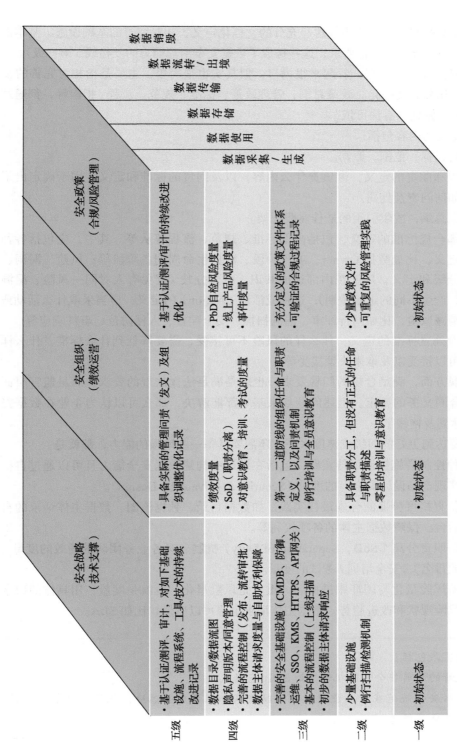

图 20-24　数据安全治理能力成熟度模型

在可重复的基础上，逐步构建起充分的文档化定义、相对完善的基础设施、基本的流程控制，以及满足合规的门槛要求，这些构成了数据安全治理能力的及格线（第三级）。

什么叫充分的定义呢，看起来很拗口，但其实也很简单，主要是指相对完善的文档体系，也就是充分的文档化。政策总纲、管理政策、标准、规范、流程/指南等，都通过文档化确定下来，做到"有法可依"。

需要定义的内容包括：

- 战略目标、范围、原则。
- 组织和职责的定义，谁负责什么内容，以及问责的标准和定义，用于确定出了事之后如何问责及处罚。
- 政策总纲，或供引用的最佳实践框架。
- 内部合规标准的定义，包括内部标准、规范、流程遵从等。其中，应包括各种术语的定义，比如数据 Owner、项目阶段、数据生命周期各阶段等；风险、漏洞、事件的分级和定义，用于在内部达成共识，减少分歧（避免有人对同一风险、漏洞、事件，产生不同的定级预期）；过程或活动（Action）的定义，应当采取什么活动或流程来消减风险，比如同行评审、漏洞扫描、安全配置、入侵防范、事件响应等。
- 风险处置标准的定义，什么样的风险不可接受，需要降低到什么标准，什么样的风险可以接受以及谁来决策接受等。

在合规方面，满足合规的门槛要求，也就是满足法律法规的要求、满足监管层面的要求、满足合同义务的要求。上述问题如果基本都能解决，那么可以认为企业在数据安全领域，已经达到及格线了。

如果要达到更好的四级成熟度水平，还需要具备一些增强的能力，那就是：

- 各种控制措施接近最佳实践，包括在设计中构建数据安全能力且可以通过自检等方式实现产品设计安全上的度量（Security & Privacy by Design）。
- 具备直接可验证的合规最佳实践，如数据目录、数据流图、数据主体请求的自助管理后台，保障数据主体的各项权利等。
- 具备职责分离（SoD，Separation of Duty）机制、对各业务团队的绩效的度量（如打分或排名）、安全培训/考试的度量。
- 具备风险量化与闭环跟进机制。重点是风险量化，也就是度量，用具体的数字来量化风险现状和改进趋势。数据主体请求也要可以度量，比如 SLA。

最佳实践包括：

- 良好的事前安全保障机制（如 SDL 流程）。
- 数据安全规范在产品设计过程中就默认加以考虑并落地，让产品具备一定程度的天然免疫能力。

> ● 具备完善的安全基础设施及配套的支持系统，如应用网关、日志平台、KMS、证书管理等，让这些通用的单元基本不用业务操心。
>
> 　　风险量化即通常所说的度量，并且这些度量数据可用于团队或员工的考核。闭环跟进，让风险得到妥善的处置与关闭。做到这些，可以说数据安全能力达到良好水平（或 80 分标准）了。

　　要做到优秀（90 分以上，五级成熟度水平），就需要在度量的基础上，通过持续的改进和优化，让数据安全治理各方面（战略、组织、政策）均达到业界最佳实践，成为业界学习参考的对象，并坚持长期持续地改进。

　　怎么才能证明这一点呢？在组织上，通过监督、汇报或报告、绩效度量等机制，发现未履行职责或履行职责不到位的团队，执行管理问责，尽早发现落后的团队加以辅导、培训。要达到五级，则需要真正地执行管理问责，或基于上述度量反馈，实施组织架构的调整或优化。

　　对于安全战略和政策，则需要定期、例行的内部或外部的审核机制，如内部蓝军、内部审计、外部认证 / 测评、外部审计等，以及良好的反馈机制，包括各种内部反馈、外部反馈渠道等。

　　审核发现的问题 / 风险或通过各种渠道接收到的问题 / 风险均执行了风险控制，并得到了良好的闭环处理。其中审核记录、反馈记录均需要留存下来，保存一段时间，作为持续改进的活动记录。

> 风险控制的方法包括但不限于：
> ● 在产品开发设计过程中构建安全（Security & Privacy by Design），这是本书推荐的首选方法，因为它能从根本上改善安全并具有持久性。
> ● 通过项目建设，构建并完善安全防御体系，在产品运行过程中执行防御。
> ● 通过管理政策进行控制，比如禁止将高危服务向互联网开放。
> ● 通过流程控制，在适当的时间节点，执行规定的任务，比如发布前的漏洞扫描、发布后的安全加固等。
> ● 通过监控和人力投入进行控制，在监控告警时人工干预，控制风险。

　　数据安全与隐私保护治理目前在国内还属于起步阶段，以上所介绍的方法也仅仅是个起步参考。综合运用 PDCA 方法论，以及 GRC 风险治理框架，可以让我们从传统的安全领域切入数据安全与隐私合规这一领域，并逐步建立起数据安全与隐私保护的第一道防线（业务自身的隐私合规）和第二道防线（企业整体的数据安全与隐私风险管理体系）。不过，能够拿来介绍的方法，都是别人家的方法，如果不能用于工作实践，去亲自感受它，就无法真正地理解它们。大家在了解这些方法之后，还需要深入业务实际，让自己"脸上有汗、脚上沾泥"，在实践中去验证，不断加深理解和提高，并最终形成自己的经验总结或方法论，这是从任何书本中都无法学来的。

附录
数据安全架构与治理总结

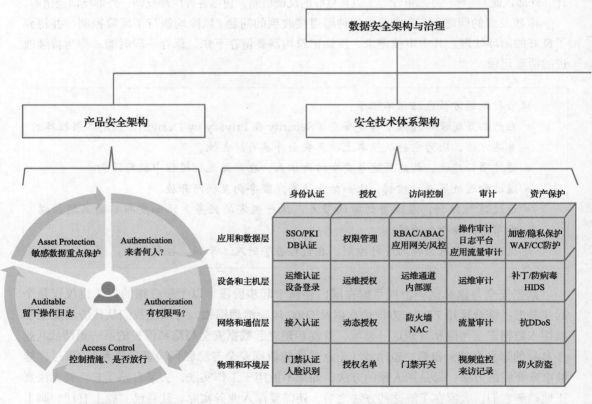

通过安全架构5A，构建产品
自身的安全能力，构成
安全防御的第一道防线

将安全架构5A在各网络分层分解，构建
集中统一的安全能力，构成安全防御的
第二道防线

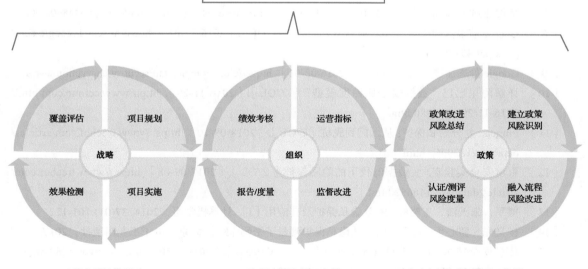

数据安全与隐私保护治理

通过项目管理（Program Management），建设安全体系/产品，支撑安全战略

通过运营管理，支撑组织职责、管理问责与绩效考核

通过合规/风险管理，支撑总体政策，保障业务内外合规与风险可控

参 考 文 献

［1］ 聂君，李燕，何扬军. 企业安全建设指南［M］. 北京：机械工业出版社，2019.

［2］ 赵彦，江虎，胡乾威. 互联网企业安全高级指南［M］. 北京：机械工业出版社，2016.

［3］ UDP-Based Amplification Attacks［A/OL］.（2014-07-17）［2017-03-02］. https://www.us-cert. gov/ncas/alerts/TA14-017A.

［4］ Google 基础设施安全设计概要［A/OL］.［2017-01-16］. http://www. 360doc.com/content/17/ 0116/10/39640507_622778375.shtml.

［5］ 职业欠钱. 我理解的安全运营［Z/OL］.［2018-07-11］. https://zhuanlan.zhihu.com/p/39467201.

［6］ 概览："以全新方式保障企业安全"［Z/OL］.［2014-12-01］. https://research.google.com/pubs/pub43231. html.

［7］ 从设计到在 Google 部署［Z/OL］.［2016-3-1］. https://research. google. com/pubs/pub44860. html.

［8］ Google 前端基础架构 "Access Proxy 简介"［Z/OL］.［2016-12-01］. https://research.google.com/ pubs/pub45728.html.

［9］ Google 静态加密方案［Z/OL］.［2016-08-01］. https://cloud.google.com/security/encryption-at-rest/.

［10］ 详解阿里巴巴 "数据安全成熟度模型"［Z/OL］.［2016-11-29］. http://www.cctime.com/html/ 2016-11-29/1246980.htm.

［11］ Pingch. 差分隐私保护：从入门到脱坑［Z/OL］.［2018-09-10］. https://www.freebuf.com/articles/ database/182906. html.

［12］ 百度安全实验室. 大数据时代下的隐私保护［Z/OL］.［2017-09-08］. https://www.freebuf.com/ articles/database/146652.html.

［13］ 熊平，朱天清，王晓峰. 差分隐私保护及其应用［J］. 计算机学报，2014, 37(01):101-122.

［14］ 杨义先，钮心忻. 安全简史：从隐私保护到量子密码［M］. 北京：电子工业出版社，2017.

［15］ 信息安全技术 个人信息安全规范（草案）［GB/OL］.［2019-1-30］. https://www.tc260.org.cn/ upload/2019-02-01/1549013548750042566.pdf.

［16］ 北京慧点科技有限公司. 有原则绩效之路：GRC 理论与实践初探［M］. 北京：清华大学出版社，2016.

［17］ Martin. How to Maximize the Value of GRC (Governance, Risk and Compliance)［Z/OL］. ［20150-08-16］. https://www.cleverism.com/how-to-maximize-the-value-of-grc-governance-risk-compliance/.

［18］ 阿宽 kevin. GDPR 实践 | 隐私成熟度模型 PM2(一)［Z/OL］.［2019-01-11］. https://www.freebuf.com/articles/es/193658.html.

［19］ 狄乐达. 数据隐私法实务指南：以跨国公司合规为视角［M］. 何广越，译. 3 版. 北京：法律出版社，2018.

［20］ Microsoft. A Guide to Data Governance for Privacy, Confidentiality, and Compliance［Z/OL］.［2010-01-11］. https://iapp. org/media/pdf/knowledge_center/Guide_to_Data_Governance_Part1_The_Case_for_Data_Governance_whitepaper. pdf.

［21］ Diligent. Five Best Practices for Information Security Governance［Z/OL］.［2016-10-01］. http://diligent.com/wp-content/uploads/2016/10/WP0018_UK_Five-Best-Practices-for-Information-Security-Governance. pdf.

［22］ Andrej Volchkov. Information Security Governance Framework［Z/OL］.［2018-06-01］. https://stramizos.com/wp-content/uploads/2018/06/Security-Governance-Framework-Eurocacs-2018. pdf.

推荐阅读

数据大泄漏：隐私保护危机与数据安全机遇

作者：[美] 雪莉·大卫杜夫 著 ISBN：978-7-111-68227-1 定价：139.00元

数据泄漏可能是灾难性的，但由于受害者不愿意谈及它们，因此数据泄漏仍然是神秘的。本书从世界上最具破坏性的泄漏事件中总结出了一些行之有效的策略，以减少泄漏事件所造成的损失，避免可能导致泄漏事件失控的常见错误。

Python安全攻防：渗透测试实战指南

作者：吴涛 等编著 ISBN：978-7-111-66447-5 定价：99.00元

一线开发人员实战经验的结晶，多位专家联袂推荐。

全面、系统地介绍Python渗透测试技术，从基本流程到各种工具应用，案例丰富，便于掌握。

网络安全与攻防策略：现代威胁应对之道（原书第2版）

作者：[美] 尤里·迪奥赫内斯 等 ISBN：978-7-111-67925-7 定价：139.00元

Azure安全中心高级项目经理 & 2019年网络安全影响力人物荣誉获得者联袂撰写，美亚畅销书全新升级。涵盖新的安全威胁和防御战略，介绍进行威胁猎杀和处理系统漏洞所需的技术和技能集。

网络安全之机器学习

作者：[印度] 索马·哈尔德 等 ISBN：978-7-111-66941-8 定价：79.00元

弥合网络安全和机器学习之间的知识鸿沟，使用有效的工具解决网络安全领域中存在的重要问题。基于现实案例，为网络安全专业人员提供一系列机器学习算法，使系统拥有自动化功能。

推荐阅读

Kali Linux高级渗透测试（原书第3版）

作者：[印度] 维杰·库马尔·维卢 等 ISBN：978-7-111-65947-1 定价：99.00元

Kali Linux渗透测试经典之作全新升级，全面、系统阐释Kali Linux网络渗透测试工具、方法和实践。

从攻击者的角度来审视网络框架，详细介绍攻击者"杀链"采取的具体步骤，包含大量实例，并提供源码。

物联网安全（原书第2版）

作者：[美] 布莱恩·罗素 等 ISBN：978-7-111-64785-0 定价：79.00元

从物联网安全建设的角度全面阐释物联网面临的安全挑战并提供有效解决方案。

数据安全架构设计与实战

作者：郑云文 编著 ISBN：978-7-111-63787-5 定价：119.00元

资深数据安全专家十年磨一剑的成果，多位专家联袂推荐。

本书以数据安全为线索，透视整个安全体系，将安全架构理念融入产品开发、安全体系建设中。

区块链安全入门与实战

作者：刘林炫 等编著 ISBN：978-7-111-67151-0 定价：99.00元

本书由一线技术团队倾力打造，多位信息安全专家联袂推荐。

全面系统地总结了区块链领域相关的安全问题，包括整套安全防御措施与案例分析。

系统架构：复杂系统的产品设计与开发

作者：[美] 爱德华·克劳利（Edward Crawley） 布鲁斯·卡梅隆（Bruce Cameron） 丹尼尔·塞尔瓦（Daniel Selva）
ISBN：978-7-111-55143-0 定价：119.00元

从电网的架构到移动支付系统的架构，很多领域都出现了系统架构的思维。架构就是系统的DNA，也是形成竞争优势的基础所在。那么，系统的架构到底是什么？它又有什么功能？

本书阐述了架构思维的强大之处，目标是帮助系统架构师规划并引领系统开发过程中的早期概念性阶段，为整个开发、部署、运营及演变的过程提供支持。为了达成上述目标，本书会帮助架构师：

- 在产品所处的情境与系统所处的情境中使用系统思维。
- 分析并评判已有系统的架构。
- 指出架构决策点，并区分架构决策与非架构决策。
- 为新系统或正在进行改进的系统创建架构，并得出可以付诸生产的架构成果。
- 从提升产品价值及增强公司竞争优势的角度来审视架构。
- 通过定义系统所处的环境及系统的边界、理解需求、设定目标，以及定义对外体现的功能等手段，来厘清上游工序中的模糊之处。
- 为系统创建出一个由其内部功能及形式所组成的概念，从全局的角度对这一概念进行思考，并在必要时运用创造性思维。
- 驾驭系统复杂度的演化趋势，并为将来的不确定因素做好准备，使得系统不仅能够达成目标并展现出功能，而且还可以在设计、实现、运作及演化过程中一直保持易于理解的状态。
- 质疑并批判地评估现有的架构模式。
- 指出架构的价值所在，分析公司现有的产品开发过程，并确定架构在产品开发过程中的角色。
- 形成一套有助于成功完成架构工作的指导原则。